高职高专机械类专业系列教材

数控机床机械装调技术

主　编　李　文　邓名姣　高　健
　　　　纪汝杰
副主编　艾建军　曲小源　董　雷
参　编　张　琳

西安电子科技大学出版社

内容简介

本书以数控机床机械装调为主线，以提高数控机床维修维护人员的能力为目标，采取项目式教学方式组织内容，注重理论与实践知识的结合。

本书共设计了 5 个项目，分别为数控机床机械装调基础、数控机床主传动系统机械装调、数控机床进给传动系统机械装调、数控机床自动换刀装置机械装调以及数控机床整机装调与精度检测，每个项目又分解为若干个任务，每个任务后附有一定数量的思考与练习题。

本书可作为高职高专院校、技师学院、高级技工学校的机电一体化、数控技术、智能装备等专业的教材，也可作为相关工程技术人员的学习参考书。

图书在版编目(CIP)数据

数控机床机械装调技术 / 李文等主编. —西安：西安电子科技大学出版社，2022.9
ISBN 978-7-5606-6625-9

Ⅰ. ①数… Ⅱ. ①李… Ⅲ. ①数控机床—安装 ②数控机床—调试方法 Ⅳ. ①TG659

中国版本图书馆 CIP 数据核字(2022)第 162534 号

策　　划　刘小莉
责任编辑　刘小莉
出版发行　西安电子科技大学出版社(西安市太白南路 2 号)
电　　话　(029) 88202421　88201467　　邮　　编　710071
网　　址　www.xduph.com　　电子邮箱　xdupfxb001@163.com
经　　销　新华书店
印刷单位　陕西天意印务有限责任公司
版　　次　2022 年 9 月第 1 版　2022 年 9 月第 1 次印刷
开　　本　787 毫米×1092 毫米　1/16　印张 13
字　　数　304 千字
印　　数　1～2000 册
定　　价　37.00 元
ISBN　978-7-5606-6625-9 / TG
XDUP 6927001-1
如有印装问题可调换

前　言

随着科学技术的发展和社会需求的不断提高，现代制造业生产的产品日趋复杂、精密，生产领域中自动化技术的含量不断提高，机器人、数控机床等先进设备的应用也越来越广泛，与之相应，制造业对具备相关知识和技术能力的维修工的需求也在不断增长。为满足新时期数控机床维修职业工作岗位对技术应用型、复合型人才的需要，编者在总结多年教学改革实践经验的基础上编写了本书。

本书在内容组织上以“必需、够用、管用”为原则，以工作岗位需求和职业能力要求为依据，以工作任务为中心，以技术实践知识为焦点，以理论知识为背景；在内容编排上遵循高职教学规律，以数控机床为载体，以工作过程为导向，以理论与实践一体化的项目教学形式进行设计；全书内容深入浅出，通俗易懂。本书包括5个项目，每个项目通过具体的任务来实施。每个任务通过学习目标、任务引入、任务分析、相关知识、任务实施、任务评价、思考与练习的形式，引导读者明确各学习任务的学习目标，掌握与学习任务相关的知识和技能。

本书由青岛职业技术学院李文、保定职业技术学院邓名姣、青岛职业技术学院高健、青岛工程职业学院纪汝杰任主编，保定职业技术学院艾建军、青岛职业技术学院曲小源、青岛职业技术学院董雷任副主编，青岛职业技术学院张琳参与部分内容的编写。其中，项目1由高健编写，项目2的任务2.1和任务2.3、项目3、项目4的任务4.2由李文编写，项目5的任务5.2由邓名姣编写，项目2的任务2.2由艾建军编写，附录A由张琳编写，项目4的任务4.1、附录B由曲小源编写，项目5的任务5.1由董雷编写。本书图片由高健、纪汝杰协助完成。全书由李文统稿。

在编写本书的过程中，编者参阅了国内外有关的技术资料和文献，并得到了上海数林软件有限公司沈文霞、纽威数控装备（苏州）股份有限公司戚健、上海凌云汽车模具有限公司李立臣等专家和同行的支持与帮助，在此一并表示衷心的感谢。

由于编者的水平有限，书中难免有不足之处，恳请广大读者批评指正。

本书有配套的学习资源，读者可登录教学资源平台(https://www.xueyinonline.com/detail/227289096)进行学习。

编　者

2022年6月

目　　录

项目 1　数控机床机械装调基础 1
任务 1.1　认识数控机床机械本体 1
学习目标 1
任务引入 1
任务分析 2
相关知识 2
任务实施 12
任务评价 13
思考与练习 14
任务 1.2　认识数控机床机械装调工量具 14
学习目标 14
任务引入 14
任务分析 15
相关知识 15
任务实施 23
任务评价 25
思考与练习 25
项目 2　数控机床主传动系统机械装调 27
任务 2.1　认识数控机床主传动系统 29
学习目标 29
任务引入 29
任务分析 29
相关知识 30
任务实施 42
任务评价 45
思考与练习 45

任务 2.2　数控车床主传动系统机械装调......46
学习目标......46
任务引入......46
任务分析......46
相关知识......47
任务实施......56
任务评价......58
思考与练习......58
任务 2.3　数控铣床(加工中心)主传动系统机械装调......59
学习目标......59
任务引入......59
任务分析......60
相关知识......60
任务实施......71
任务评价......74
思考与练习......75
项目 3　数控机床进给传动系统机械装调......76
任务 3.1　认识数控机床进给传动系统......77
学习目标......77
任务引入......77
任务分析......78
相关知识......78
任务实施......90
任务评价......91
思考与练习......92
任务 3.2　数控车床进给传动系统机械装调......92
学习目标......92
任务引入......92
任务分析......93
相关知识......93
任务实施......100

任务评价……103
思考与练习……103
任务 3.3　数控铣床(加工中心)进给传动系统机械装调……104
学习目标……104
任务引入……104
任务分析……104
相关知识……104
任务实施……110
任务评价……114
思考与练习……115
项目 4　数控机床自动换刀装置机械装调……116
任务 4.1　数控车床四工位刀架机械装调……116
学习目标……116
任务引入……116
任务分析……117
相关知识……117
任务实施……122
任务评价……127
思考与练习……128
任务 4.2　加工中心自动换刀系统机械装调……128
学习目标……128
任务引入……128
任务分析……129
相关知识……129
任务实施……138
任务评价……142
思考与练习……142
项目 5　数控机床整机装调与精度检测……144
任务 5.1　数控机床整机装调……144
学习目标……144
任务引入……144
任务分析……145

相关知识 145
任务实施 166
任务评价 167
思考与练习 168
任务 5.2　数控机床精度检测 168
学习目标 168
任务引入 168
任务分析 169
相关知识 169
任务实施 179
任务评价 182
思考与练习 182
附录 A　职业院校技能竞赛实操试题 184
附录 B　1+X 数控设备维护与维修(中级)实操考核任务书 193
参考文献 200

项目 1　数控机床机械装调基础

数控机床的机械系统由许多零部件组成，数控机床机械装调(装配与调试)就是把加工好的零件按设计的技术要求，以一定的顺序和技术连接成组件、部件，进一步进行必要的测量、检验、调试，组合成一部完整的机械产品，以可靠地实现产品设计的功能。数控机床机械装调是机械制造过程中的最后一个环节，也是决定机械产品质量好坏的关键环节。

通过对本项目的学习，读者可掌握数控机床机械装调与维修的方法、步骤、技巧，认识机械装调与维修常用的工量具，并能规范使用这些常用工量具，使自己成为既有一定的专业理论基础，又具有熟练操作技能的数控机床机械装调维修工。

图 1-1 所示为常见数控机床的机械结构外形。

(a) 数控车床

(b) 立式加工中心

图 1-1　常见数控机床机械结构外形

任务 1.1　认识数控机床机械本体

学习目标

(1) 熟悉数控机床机械装调与维修的工作任务和内容；
(2) 熟悉数控机床的功能、主要组成部分及整体布局；
(3) 领悟机械装调操作规程，并逐渐养成良好的工作习惯，提升职业素养。

任务引入

数控机床是高精度和高生产率的自动化机床，其加工过程中的动作顺序、运动部件的坐标位置及辅助功能都是通过数字信息自动控制的，整个加工过程由数控系统通过数控程序的控制自动完成。在此期间，操作者一般不进行干预，不像在普通机床上那样可以由操作者随时控制与干预，进行薄弱环节和缺陷的人为补偿。因此，数控机床在结构上的要求比普通机床更高。

任务分析

数控机床机械本体是数控系统的被控制对象，是实现零件加工运动的执行部件。它主要由主传动系统(主运动传动装置、主轴组件等)、进给传动系统(工作台、丝杠、联轴器、导轨等)、支承部件(床身、立柱等)、自动换刀装置(刀架、刀库和机械手等)、液压与气动装置(液压泵、气泵、管路等)、辅助装置(分度头与万能铣头、卡盘、尾座、润滑与冷却装置、排屑装置等)等组成。

相关知识

一、机械装配技术的发展

机械装配技术是随着对产品质量要求的不断提高和生产批量的增大而发展起来的，经历了手工装配、半机械/半自动化装配、机械/自动化装配到柔性装配的发展历程。在机械制造业发展初期，装配多依赖手工操作，须对每个零件进行加工处理，再将零件配合和连接起来。18 世纪末期，随着产品批量的增大，加工质量随之提高，出现了互换性装配。例如，1798 年，发明轧棉机的美国发明家伊莱·惠特尼接受了为国会制造一万支滑膛枪的制作任务。在其后的设计与生产过程中，惠特尼提出并尝试了“可替换零件”和“标准化生产”的生产理念，即将产品分解成独立的部件，用相同的标准将各部件分别制作并组装成产品，从而成功地将可替换零件的理念演绎成实用的生产方式，因此他被誉为“美国规模生产之父”。

19 世纪初至中期，互换性装配逐步推广到时钟、小型武器、纺织机械和缝纫机等产品中。在互换性装配发展的同时，还发展了装配流水作业，20 世纪初出现了较完善的汽车装配线。其中，具有代表性的是世界最大的汽车企业之一的福特汽车公司，该公司在 1913 年开发出了世界上第一条装配流水线，其建立者亨利·福特也是世界上第一位将装配线概念应用于实际并获得巨大成功者。二战以后，随着机械制造业的飞速发展，自动化装配得到了进一步发展。近些年，在自动化装配技术发展日趋成熟的基础上，柔性装配技术蓬勃发展。柔性装配技术是一种能适应快速研制和生产及低成本制造要求、设备和工装模块化可重组的先进装配技术。它与数字化技术、信息技术相结合，开创了自动化装配技术的新领域。

二、新职业岗位——数控机床装调维修工

数控机床装调维修工是我国劳动和社会保障部于 2005 年确定的新职业岗位，该岗位的工作任务包括数控机床机械部件装配与调整(简称机械装调)、数控机床电气系统安装与调试(简称电气装调)、数控机床机械维修、数控机床电气维修、数控机床用户服务等。

数控机床装调维修工职业能力包括机床结构及功能分析能力、机电设备的测绘能力、

机电设备的组装及检查能力、机床精度的检验能力、机电联调能力等。

为使数控机床达到精准位置控制和全自动运行，必须正确装配、调试机械部件。数控机床装调维修工通常使用常规钳工工具和测量仪器，按照与制造合同规定的机床技术参数要求一致的机械装配图纸进行机床各机械组件的装配调试(如工作台的装配调试、主轴箱的装配等)；按照调试规程，参阅国家标准、数控机床手册等技术资料，完成合同规定的各技术参数(如数控机床的行程、定位精度、重复定位精度、直线度、平行度等)的调试；对数控机床进行定期维护等。数控机床装调维修工的具体工作包括以下几个方面：

(1) 对数控机床机械部件和整机进行装配与调试；

(2) 对数控机床电气元件进行装配与调试；

(3) 使用测试仪器和试验设备对数控机床机械系统、电气系统进行性能检测与调试；

(4) 操作数控机床进行功能试验；

(5) 对数控机床机械装配工具、检测器具进行维护和保养；

(6) 对数控机床整机装配、调试进行质量控制，提出质量改进方案；

(7) 对数控机床机械系统、电气系统进行定期维护和故障诊断与排除。

在从事数控机床装调维修工作时，多以班组形式组织生产，每个员工要严格按照企业装配工艺卡规定的质量要求(如装配过程规范、机械间隙合理、精度评价有效等)进行，对已完成的工作进行记录存档，要具备企业行业安全意识、责任意识、质量意识、规范意识、成本意识和环境意识。

三、数控机床机械本体组成

数控机床主要由程序载体、数控装置、伺服系统、检测反馈系统和机床机械本体五部分组成。其中，机床机械本体主要由主传动系统、进给传动系统、自动换刀装置、液压与气动装置、辅助装置等部分组成。图 1-1-1 所示为数控车床的机械本体，图 1-1-2 所示为数控加工中心的机械本体。

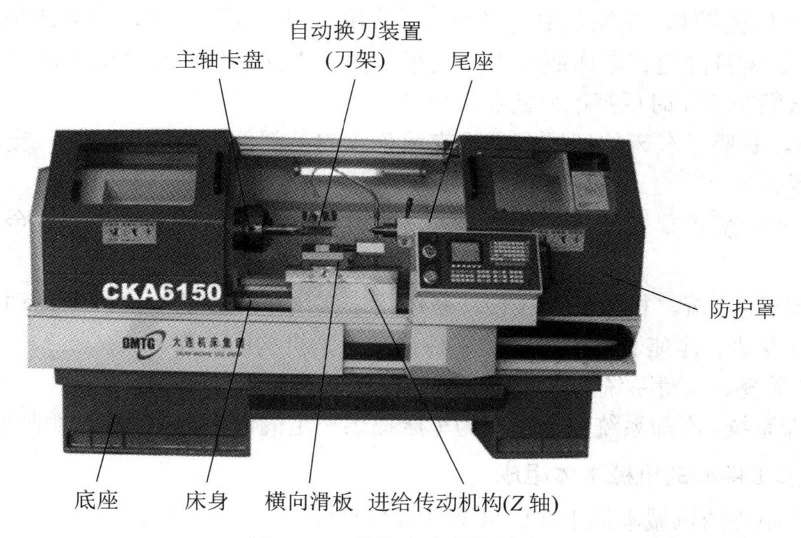

图 1-1-1　数控车床的机械本体

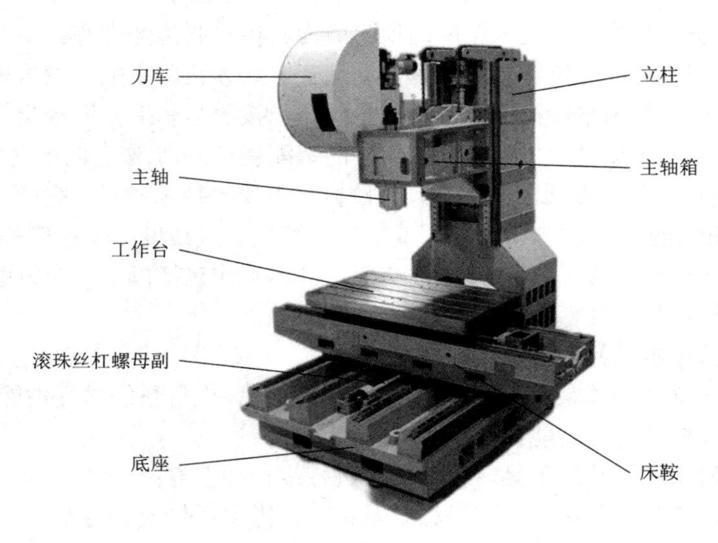

图 1-1-2　数控加工中心的机械本体

1. 卧式数控车床的机械本体组成

卧式数控车床的机械本体主要由以下几部分组成：

(1) 主轴箱(床头箱)。主轴箱固定在床身的最左边，其功能是支承并传动主轴，使主轴带动工件按照规定的转速旋转，以实现车床的主运动。

(2) 刀架滑板。刀架滑板由纵向(Z 向)滑板和横向(X 向)滑板组成。纵向滑板安装在床身导轨上，沿床身做纵向(Z 向)运动；横向滑板安装在纵向滑板上，沿纵向滑板上的导轨做横向(X 向)运动。刀架滑板的作用是使安装在其上的刀具在加工中实现纵向进给和横向进给运动。

(3) 刀架。刀架安装在车床的刀架滑板上，加工时可实现自动换刀。

(4) 尾座。尾座安装在床身导轨上，并沿导轨进行纵向移动来调整位置。尾座的作用是安装顶尖，支承工件，在加工中起辅助支承作用，或者安装刀具，用来切削加工。

(5) 床身。床身固定在车床底座上，是车床的基本支承件。床身的作用是支承各主要部件，并使它们在工作时保持准确的相对位置。

(6) 底座。底座是车床的基础，用于支承车床的各部件，连接电气柜，支承防护罩和安装排屑装置。

(7) 防护罩。防护罩安装在车床底座上，用于在加工时保护操作者的安全和保持环境的清洁。

(8) 液压传动系统。机床的液压传动系统用来实现车床上的一些辅助运动，主要是实现车床主轴的变速、尾座套筒的移动及工件自动夹紧机构的动作。

(9) 润滑系统。润滑系统为车床运动部件提供润滑和冷却。

(10) 冷却系统。冷却系统在加工中为车床提供充足的切削液，以满足切削加工的要求。

2. 数控加工中心的机械本体组成

数控加工中心的机械本体主要由以下几部分组成：

(1) 支承件。支承件由底座、立柱和工作台等大件组成。它们可以是铸件，也可以是焊接钢结构件，均承受加工中心的静载荷以及在加工时的切削载荷，所以刚度必须很高，是加工中心上质量和体积较大的部件。

(2) 主轴组件。主轴组件由主轴箱、主轴电机、主轴和主轴轴承等零件组成。其起动、停止和转动等动作由数控装置控制，并且通过装在主轴上的刀具参与切削运动，是切削加工的功率输出部件。主轴组件是加工中心的关键部件。

(3) 伺服传动系统。伺服传动系统的作用是把来自电动机的旋转运动转换为机床移动部件的运动，主要包含减速机构、滚珠丝杠螺母副、导轨副、工作台等部件，其性能是决定加工中心的加工精度、表面质量和生产效率的主要因素之一，分为主传动系统和进给传动系统两大类。

(4) 自动换刀装置。自动换刀装置由刀库、机械手等部件组成。刀库是存放加工过程所要使用的全部刀具的装置。当需要换刀时，根据数控系统的指令，由机械手(或别的方式)将刀具从刀库取出再装入主轴孔中。

(5) 辅助系统。辅助系统包括润滑、冷却、排屑、防护、液压和随机检测系统等部件，对加工中心的加工效率、加工精度和可靠性起保障作用，是加工中心不可缺少的部分。

(6) 自动托盘更换系统。有的加工中心为了进一步缩短非切削时间，配有两个自动交换工件的托盘，一个安装在工作台上进行加工，另一个则位于工作台外装卸工件；当一个托盘上的工件完成加工后，便自动交换托盘，进行新零件的加工，这样可以减少辅助时间，提高加工效率。

提示：

机床支承件(底座、床身、立柱、工作台)、伺服传动系统(主传动系统、进给传动系统)以及液压、润滑、冷却等辅助装置是构成数控机床的机械本体的基本部件，是必需的；其他部件则按数控机床的功能和需要选用。尽管数控机床的机械本体的基本构成与传统的机床十分相似，但由于数控机床在功能和性能上的要求与传统机床存在着巨大的差异，所以数控机床的机械本体在总体布局、结构、性能上与传统机床有许多不同，出现了许多适应数控机床功能特点的完全新颖的机械结构和部件。

四、数控机床机械本体总体布局

数控机床是一种全自动的机床，但是有些工作还得由操作者来完成，如装卸工件和刀具(加工中心可以自动装卸刀具)、清理切屑、观察加工情况和调整等辅助工作。因此，在考虑数控机床总体布局时，除遵循机床布局的一般原则外，还应考虑在使用方面的特定要求。例如，是否便于同时操作和观察，刀具、工件装卸与夹紧是否方便，是否便于排屑和冷却等。

1. 数控车床的布局形式

数控车床的布局形式如图 1-1-3 所示。图 1-1-3(a)所示为主轴卧式安装、平床身—平滑板结构；图 1-1-3(b)所示为主轴卧式安装、斜床身—斜滑板结构；图 1-1-3(c)所示为主轴卧式安装、平床身—斜滑板结构；图 1-1-3(d)所示为主轴立式安装、导轨垂直安装的立式床身结构。

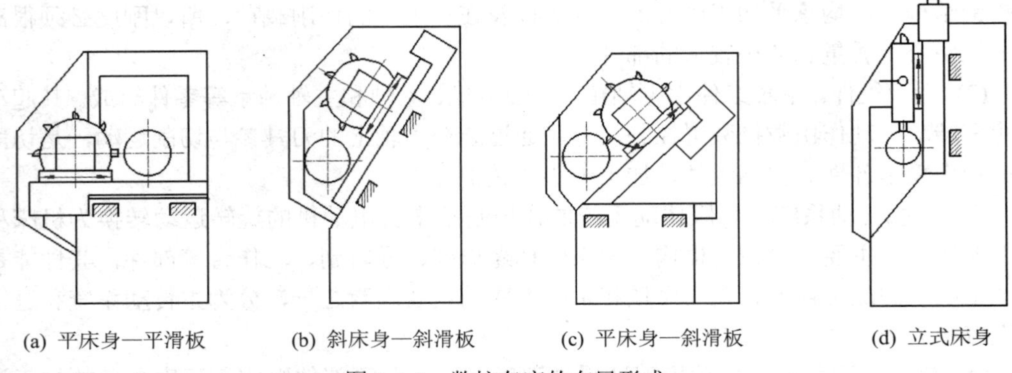
(a) 平床身—平滑板　(b) 斜床身—斜滑板　(c) 平床身—斜滑板　(d) 立式床身

图 1-1-3　数控车床的布局形式

数控车床各布局形式的特点如下：

(1) 平床身—平滑板结构。水平床身配置水平滑板，工艺性能好，便于导轨面的加工。水平床身配置水平放置的刀架，可提高刀架的运动精度，一般用于大型数控车床或者小型精密数控车床的布局，但水平床身中部下方悬空，刚性差；下部空间小，排屑不畅。就结构尺寸讲，刀架水平放置使得滑板横向尺寸较大，从而加大了车床宽度方向的结构尺寸。

(2) 斜床身—斜滑板结构。斜床身配置斜滑板，床身和底座为一体，结构紧凑、刚性好、抗振性好。这种结构的导轨倾斜角度多采用 30°、45°、60°、75° 和 90°。倾斜角度小，排屑不便；倾斜角度大，导轨的导向性及受力情况不理想。导轨倾斜角度的大小直接影响机床外形尺寸和高度和宽度比例。综合考虑以上各因素，小规格的数控车床，其床身的倾斜角度多用 30°、45°，中规格的数控车床以 60° 为宜。

(3) 平床身—斜滑板结构。水平床身配置倾斜放置的滑板结构，一般还配置倾斜式防护罩，一方面具有水平床身工艺性好的特点，另一方面具有车床宽度方向的尺寸较水平配置滑板要小，且排屑方便的特点，普遍用于中小型数控车床。

(4) 立式床身结构。立式床身配置 90° 的滑板，即导轨倾斜角度为 90° 的滑板结构称为立式床身。立式床身的车床上工件重量所产生的变形方向正好沿着垂直运动方向，对精度影响较大，并且立式床身结构的车床受结构限制，布局比较困难，限制了车床性能的发挥。

2. 数控铣床的布局形式

数控铣床一般由数控系统、主传动系统、进给伺服系统、冷却润滑系统等几大部分组成，其布局形式如图 1-1-4 所示。

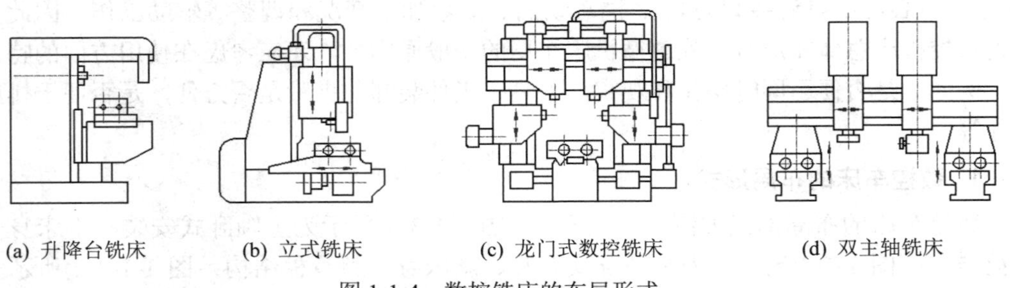
(a) 升降台铣床　(b) 立式铣床　(c) 龙门式数控铣床　(d) 双主轴铣床

图 1-1-4　数控铣床的布局形式

数控铣床各布局形式的特点如下：

(1) 升降台铣床：工件完成的三个方向的进给运动由工作台、滑鞍和升降台配合实现。当加工件较重或者尺寸较大时，不宜由升降台带动工件作垂直方向的进给运动，而是改由铣刀头带着刀具完成垂直进给运动。

(2) 立式铣床：这种布局形式的铣床尺寸参数(即加工尺寸范围) 较图 1-1-4(a)所示布局可以取得大一些。

(3) 龙门式数控铣床：工作台载着工件作一个方向上的进给运动，其他两个方向的进给运动由多个铣头部件在立柱与横梁上移动来完成。这样的布局适用于大重量工件的加工。由于铣头增多，铣床的生产效率得到很大的提高。

(4) 双主轴铣床：当加工很大、很重的工件时，由工件作进给运动在结构上难以实现，因而全部进给运动均由铣头运动来完成，这种布局形式可以减小铣床的结构尺寸和重量。

3. 加工中心的布局形式

加工中心是一种配有刀库并且能自动更换刀具、对工件进行多工序加工的数控机床。从总体来看，加工中心主要由基础部件、主轴部件、伺服系统、数控系统(CNC)、自动换刀系统(ATC)、辅助装置等几大部分组成。加工中心按形态不同，分为卧式加工中心、立式加工中心和五轴联动加工中心。

1) 卧式加工中心

卧式加工中心常采用移动立柱式的 T 形床身结构。T 形床身又分一体式和分离式两种。一体式 T 形床身的刚度和精度保持性较好，但其铸造和加工工艺性差；分离式 T 形床身的铸造和加工工艺性较好，但必须在连接部位用大螺栓紧固，以保证其刚度和精度。

卧式加工中心的布局形式如图 1-1-5 所示。

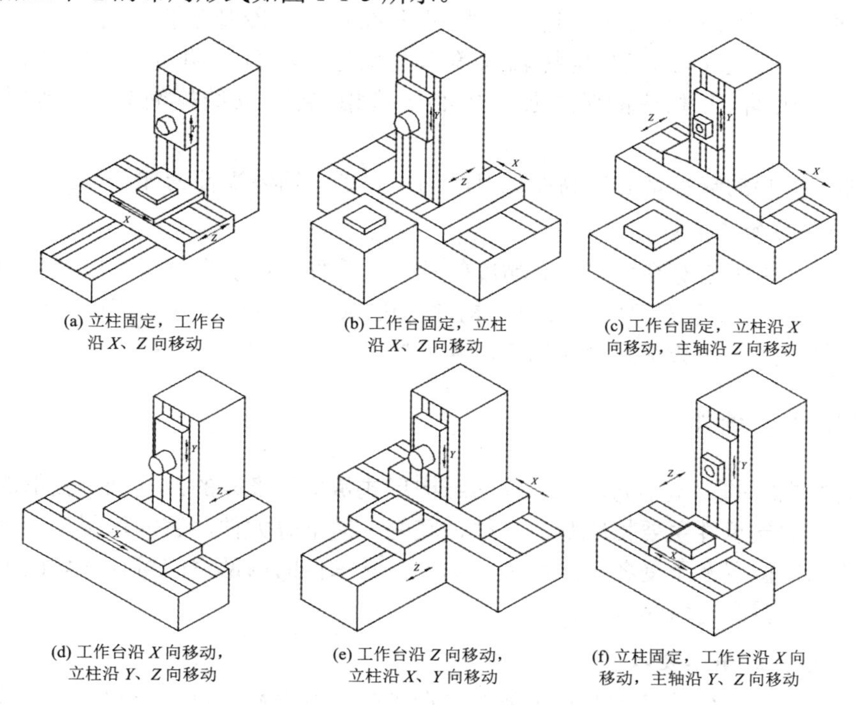

(a) 立柱固定，工作台沿 X、Z 向移动

(b) 工作台固定，立柱沿 X、Z 向移动

(c) 工作台固定，立柱沿 X 向移动，主轴沿 Z 向移动

(d) 工作台沿 X 向移动，立柱沿 Y、Z 向移动

(e) 工作台沿 Z 向移动，立柱沿 X、Y 向移动

(f) 立柱固定，工作台沿 X 向移动，主轴沿 Y、Z 向移动

图 1-1-5　卧式加工中心的布局形式

2) 立式加工中心

立式加工中心的布局形式如图 1-1-6 所示。立式加工中心通常采用固定立柱式，如图 1-1-6(a)所示，主轴箱位于立柱一侧，其平衡重锤放置在立柱中(或者氮气缸放在立柱后侧)，工作台是十字滑台，可实现 X、Y 两个坐标轴方向的移动，主轴箱沿立柱导轨运动，实现 Z 坐标轴方向的移动。

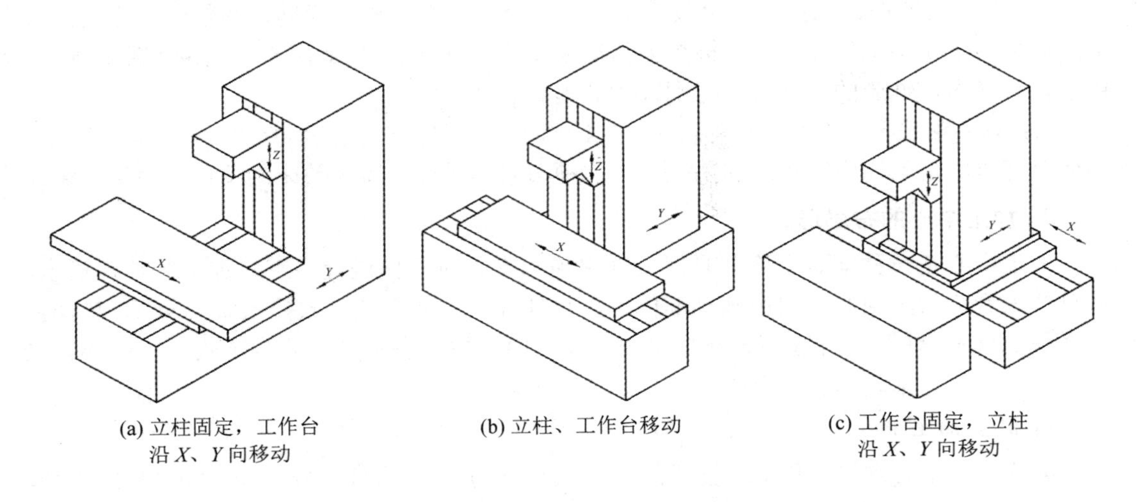

(a) 立柱固定，工作台沿 X、Y 向移动　(b) 立柱、工作台移动　(c) 工作台固定，立柱沿 X、Y 向移动

图 1-1-6　立式加工中心的布局形式

立式加工中心的优点是工件装夹、定位方便；刀具运动轨迹易观察，调试程序检查测量方便，可及时发现问题，进行停机处理或修改；冷却条件易建立，切削液能直接到达刀具和加工表面；三个坐标轴与笛卡儿坐标系吻合；切屑易排除和掉落，避免划伤加工过的表面；与相应的卧式加工中心结构相比较，其结构简单，占地面积较小，价格较低。

立式加工中心的缺点是立柱高度是有限的，限制了箱体零件的加工范围。

3) 五轴联动加工中心

五轴联动加工中心有高效率、高精度的特点，工件一次装夹就可完成复杂的加工，能够适应现代模具(如汽车零部件、飞机结构件等)的加工。五轴联动加工中心由三个直线轴和两个旋转轴组成，擅长空间曲面加工，异形加工，镂空加工，斜孔、斜切加工。

五、数控机床支承件

由于数控机床的类型不同，支承件的结构形式是多种多样的，其抵抗变形的能力也是不同的。机床的支承件主要指床身、立柱、底座、横梁等大件，它的作用是支承零部件并保证它们的相互位置及承受各种作用力。此外，支承件的内部空间可存储切削液、润滑液以及放置液压装置和电气装置等。

1. 对支承件的基本要求

数控机床对支承件的基本要求主要体现在刚度、抗振性、热变形和内应力等方面。

1) 刚度

支承件的刚度是指支承件在恒定载荷和交变载荷作用下抵抗变形的能力，前者称为静刚度，后者称为动刚度。静刚度取决于支承件本身的结构刚度和接触刚度。动刚度不仅与静刚度有关，而且与支承件系统的阻尼、固有频率有关。

支承件要有足够的刚度，即在外载荷的作用下，变形量不得超过允许值。数控机床比普通机床要具有更高的静刚度和动刚度，有关标准规定数控机床的刚度系数应比类似的普通机床高 50%。

2) 抗振性

支承件的抗振性是指其抵抗受迫振动和自激振动的能力。机床在切削加工时产生振动，将会影响加工质量和刀具的寿命，影响机床的生产效率，因此，支承件应有足够的抗振性。

3) 热变形和内应力

支承件应具有较小的热变形和内应力，这对于数控机床尤为重要。减少支承件热变形的对策包括散热和隔热、均衡温度场、采用对称结构等。

4) 其他

在设计支承件时还应考虑便于排屑，吊运安全，合理安置液压、电器部件，并具有良好的工艺性。

2. 支承件的刚度

1) 支承件的自身刚度

支承件自身刚度是指抵抗支承件自身变形的能力。支承件的变形主要是弯曲变形和扭转变形，它的大小与支承件的材料、结构形状、几何尺寸以及肋板的布局有关。提高支承件自身刚度可采取以下措施：

(1) 正确选择截面的形状和尺寸。支承件承受弯曲和扭转载荷后，其变形大小取决于抗弯和抗扭截面二次矩(又称惯性矩)，惯性矩越大其刚度就越高。

(2) 合理选择并布置隔板和肋条。合理布置支承件的隔板和肋条，可提高构件的静、动刚度。如图 1-1-7 所示为车床床身肋板的几种结构形式。如图 1-1-8 所示为壁板上肋条的几种类型。

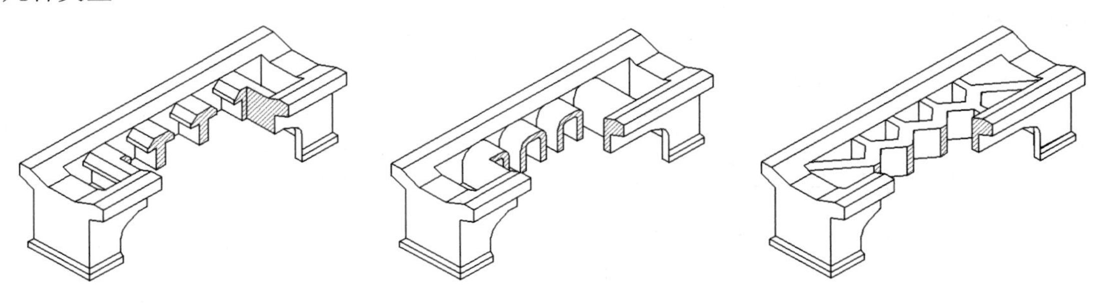

(a) T 形肋板结构　(b) n 形肋板结构　(c) W 形肋板结构

图 1-1-7　车床床身肋板的几种结构形式

图 1-1-7(a)所示采用 T 形肋板连接床身的前后壁，结构简单，铸造工艺性好，T 形肋板能够提高水平面抗弯刚度，对提高垂直面抗弯刚度和抗扭刚度的作用不大，适用于刚度要求不高的机床。图 1-1-7(b)所示采取 n 形肋板连接床身的前后壁，其在水平面和垂直面的抗弯刚度要比 T 形肋板好，铸造工艺性好，广泛用于经济型数控车床结构中，用于床身长度为 750～1000 mm 场合。图 1-1-7(c)所示采取斜向肋板在床身前后壁间呈“W”形布置，能有效地提高抗弯刚度和抗扭刚度，刚性高，铸造复杂，在床身长度大于 1500 mm 的机床上使用，斜肋板夹角一般为 60°～100°。

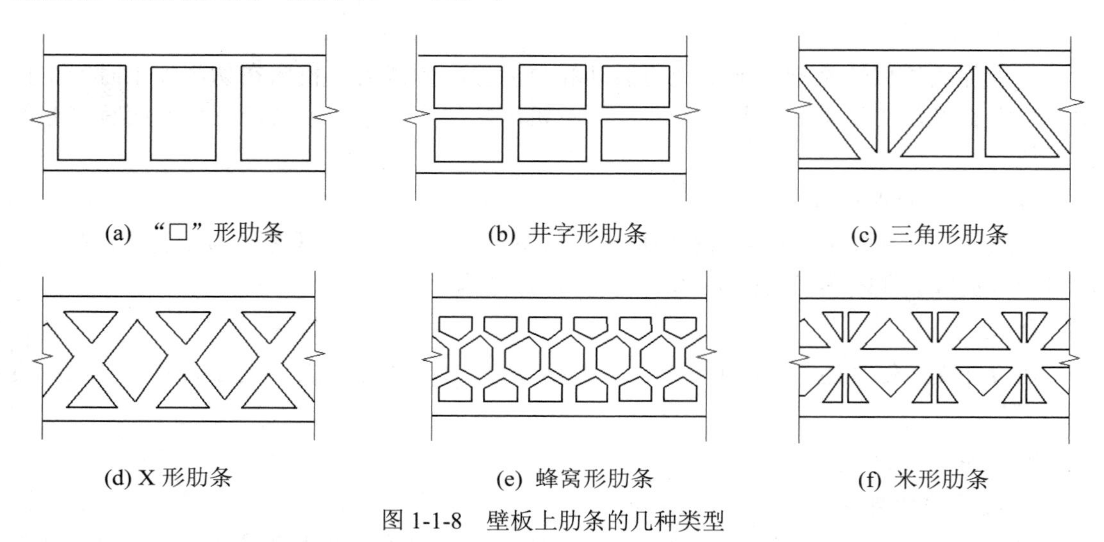

(a) “口”形肋条　(b) 井字形肋条　(c) 三角形肋条

(d) X 形肋条　(e) 蜂窝形肋条　(f) 米形肋条

图 1-1-8　壁板上肋条的几种类型

肋条的作用与肋板相同，一般将它配置在支承件的内壁上，主要是为了提高局部刚度，减少局部变形和薄壁振动。图 1-1-8(a)所示“口”形肋条结构最简单，易制造；图 1-1-8(b)所示的纵横肋条直角相交的井字形肋条易制造，但易产生内应力；图 1-1-8(c)所示的三角形肋条能保证足够的刚度；图 1-1-8(d)所示的 X 形交叉肋条能提高刚度；图 1-1-8(e)所示的蜂窝形肋条的内应力小；图 1-1-8(f)所示的米形肋条铸造困难，刚度高。

(3) 选择焊接结构的支承件。机床的床身、立柱等支承件采用钢板或型钢焊接而成，具有减小质量、提高刚度的显著效果。如图 1-1-9 所示为内部布置纵、横和交叉肋板的立柱的几种类型。

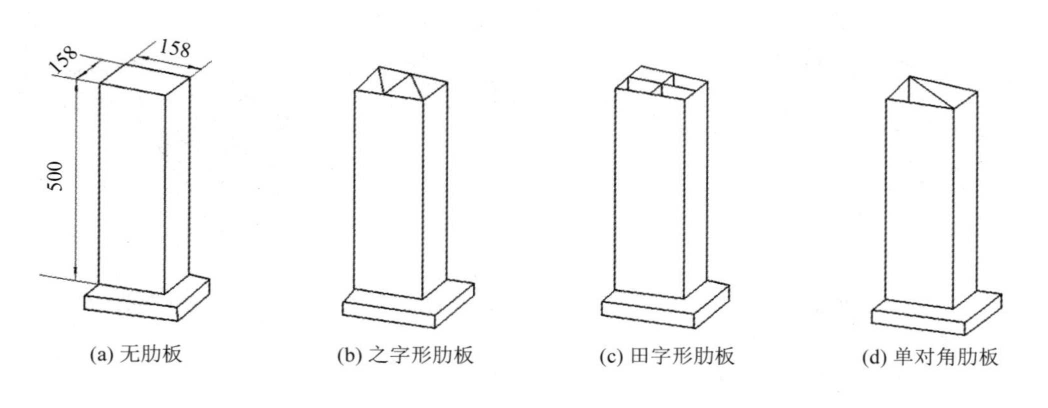

(a) 无肋板　(b) 之字形肋板　(c) 田字形肋板　(d) 单对角肋板

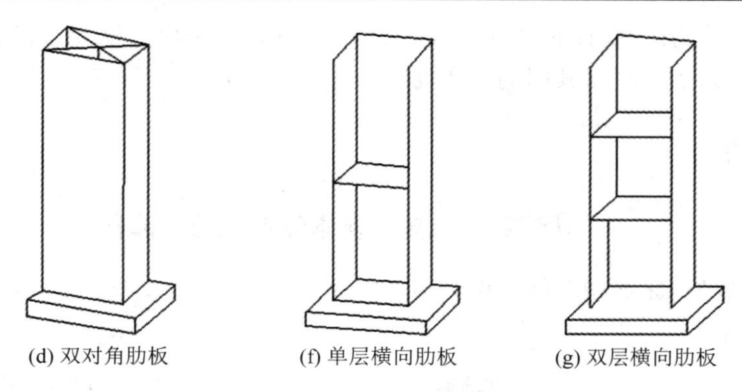

图 1-1-9 内部布置纵、横和交叉肋板的立柱

2) 支承件的连接刚度和局部刚度

抵抗支承件连接处变形的能力称为支承件的连接刚度。连接刚度不仅取决于连接处的材料、几何形状与尺寸，而且还与连接处的表面粗糙度、接触面硬度、几何精度以及加工方法有关。

六、企业文化——7S 管理

“7S”是由“5S”演变而来。“5S”起源于日本，是日本企业独特的管理方法，是指在生产现场对人员、机器、材料、方法、信息等生产要素进行有效管理。7S 管理包含整理、整顿、清扫、清洁、素养、安全、节约 7 个方面。

将“7S”这种企业文化引进数控机床机械装调与维修实训教学活动，是实现企业文化与校园文化有效对接的手段之一，有助于使数控机床机械装调与维修实训更具有企业生产过程的真实性，提高实训成效，提升学生的职业素养。

7S 管理核心内容如下：

(1) 1S——整理：将工作场所任何东西区分为必要的与不必要的；把必要的东西与不必要的东西明确地、严格地区分开来；不必要的东西要尽快处理掉。

(2) 2S——整顿：对整理之后留在现场的必要的物品分门别类放置，排列整齐，明确数量，有效标识。

整理和整顿有助于使工作场所一目了然，营造整齐的工作环境，减少找寻物品的时间，消除过多的积压物品，这是提高工作效率的基础。

(3) 3S——清扫：将工作场所清扫干净，并保持干净、整洁。

通过责任化、制度化的清扫，消除脏污，保持实训室内干净、明亮，可稳定装配产品品质，并有效减少工作中的伤害。

(4) 4S——清洁：将上面 3S 实施的做法制度化、规范化，以维持以上 3S 的成果，使现场保持完美和最佳状态，从而消除发生安全事故的根源，创造一个良好的工作环境。

(5) 5S——素养：通过实训前列队检查、实训结束前小结等手段，提高文明礼貌水准，增强团队意识，养成严格遵守规章制度的习惯和作风。因此，素养是 7S 的核心。

(6) 6S——安全：是指清除隐患、排除险情、预防事故发生、保障师生的人身安全、保证生产的连续安全正常进行，同时减小因安全事故带来的经济损失。

(7) 7S——节约：对时间、空间、能源等方面的合理利用，以发挥它们的最大效能，从而创造一个高效的、物尽其用的工作场所。

任务实施

认识数控机床机械本体典型功能部件

写出下列数控机床典型功能部件名称。

1. 数控车床

功能部件 1 名称为：________

功能部件 2 名称为：________

功能部件 3 名称为：________

功能部件 4 名称为：________

功能部件 5 名称为：________

功能部件 6 名称为：________

2. 数控铣床(加工中心)

功能部件 1 名称为：__________

功能部件 2 名称为：__________

功能部件 3 名称为：__________

功能部件 4 名称为：__________

功能部件 5 名称为：______　功能部件 6 名称为：______　功能部件 7 名称为：______

任务评价

认识数控机床机械本体的评分标准如表 1-1-1 所示。

表 1-1-1　认识数控机床机械本体的评分标准

班级：			姓名：		学号：	
任务 1.1　认识数控机床机械本体					实物图：图 1-1-1 和图 1-1-2	
序号	检测内容		配分	检测标准	评价结果	得分
1	认识数控机床的机械本体	列举数控车床机械本体主要功能部件	10	不少于 5 个部件		
2		列举数控加工中心机械本体主要功能部件	10	不少于 5 个部件		
4		简单描述数控机床机械装调维修工的主要工作任务	10	不小于 4 条		
6	7S 管理	整理	15	区域划分清楚，物品摆放整齐		
7		整顿	10	物品放置规范，工量具等物品按使用要求放到相应位置，废弃物处理环保化		
8		清扫	10	工作环境无垃圾，设备工作面清洁		
9		清洁	10	工作区域环境舒适，文化氛围浓厚		
10		素养	10	建立使用记录台账，学生出勤纪律好，学习主动积极，教师备课充分，按岗位要求着装		
11		安全	10	遵守安全管理制度，制定安全应急预案，保证人身、设备安全		
12		节约	5	及时关闭水电，提高实训效率		
综合得分			100			

思考与练习

一、填空题

1. 零件是__________的单元，是组成机器的最小单元；__________是在一个基准零件上，装上一个或若干个零件构成的，是最小的__________单元；__________在机器中能够完成一定的、完整的功能；__________是在一个基准零件上，装上若干部件、组件、套件和零件，最后成为整个产品。

2. 数控机床装配完后需要进行各种__________和__________，以保证其装配质量和使用性能；有些重要的部件装配完成后还要进行__________。

3. 数控车床的机械本体包括__________、__________、刀架、床身、辅助装置等部分。

4. 7S 管理是指__________、__________、__________、__________ 、__________、__________、__________。

二、选择题

1. 数控机床一般都具有较好的安全防护、自动排屑、自动冷却和(　　)装置。

A. 自动润滑　　B. 自动测量　　C. 自动装卸工件　　D. 自动交换工作台

2. 加工中心与数控铣床的主要区别是(　　)。

A. 数控系统复杂程度不同　　B. 机床精度不同

C. 有无自动换刀系统　　D. 有无工件交换系统

3. 数控机床的主机(机械部件) 包括床身、主轴箱、刀架、尾座和(　　)。

A. 进给机构　　B. 液压系统　　C. 冷却系统　　D. 润滑系统

4. 导轨倾斜角为(　　)的斜床身通常称为立式床身。

A. 60°　　B. 75°　　C. 90°　　D. 30°

任务 1.2　认识数控机床机械装调工量具

学习目标

(1) 熟悉常用机械装调采用的工量具的用途；

(2) 掌握正确使用工量具的方法，并逐渐养成良好的工作习惯，提升职业素养。

任务引入

数控机床机械本体是由许多零件和部件组成的。零件是机器制造的最小单元，如一个轴、一个螺钉等。部件是机器的装配单元，它是由若干个零件按照一定的方式装配而成的。按照技术要求，将若干零件组合成部件或若干个零件和部件组合成机器的过程称为装配。

前者称为部件装配，后者称为总装配，如图 1-2-1 所示。

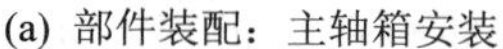

(a) 部件装配：主轴箱安装　(b) 总装配：床鞍安装　(c) 总装配：防护罩安装

图 1-2-1　数控机床部件装配与总装配

部件是个通称，部件的划分是多层次的，直接进入产品总装的部件称为组件；直接进入组件装配的部件称为第一级分组件；直接进入第一级分组件装配的部件称为第二级分组件，其余类推。大部分的装配工作都是手工完成的，高质量的装配需要丰富的经验。

数控机床机械装配的工作是依照合理的装配顺序，把各个零部件组合成一个整体的过程，在此过程中，装配人员需要熟悉各类工量具规格、用途，合理选择并规范地使用工量具。

任务分析

数控机床机械装调依赖专用器具。其中，装配过程要使用各种工具，如各种扳手、螺钉旋具以及钳子等；调试过程必须借助各种量具，如游标卡尺、千分尺、百分表、塞尺等。因此，熟悉机械装调常用工具和量具并能正确使用这些工量具，是每个从事机械装调人员必备的基础知识和技能。

相关知识

一、机械装调常用工具

工具是人在生产过程中用来加工、制造产品的器具。随着工业的迅速发展，各个行业、工种已经有了种类繁多、规格齐全、功能强大的各种各样的工具，其中一部分是许多工种都需要用到的常用工具，下面介绍机械装调常用的工具。

1. 螺钉旋具

螺钉旋具又称改锥，俗称起子，按形状划分，常用的有一字形、十字形两种；其驱动形式有手动、电动、风动等。

1) 手动螺钉旋具

(1) 一字螺钉旋具：用于旋紧或松开头部为一字槽的螺钉，一般由柄部、刀体和刃口组成(见图 1-2-2)。其工作部分一般用碳素工具钢制成，并经淬火处理。其规格以刀体部分的长度 × 直径来表示。

(2) 十字螺钉旋具：用于旋紧或松开头部为十字槽的螺钉，材料和规格与一字螺钉旋具相同。

(a) 十字螺钉旋具　　(b) 一字螺钉旋具

图 1-2-2　手动螺钉旋具

2) 机动螺钉旋具

常用的机动螺钉旋具分为电动和风动两大类(分别称为电批和风批)，是用于拧紧和旋松螺钉用的电动、气动工具，配合不同螺钉旋具批头，可对不同形状、规格的螺钉拧紧或旋松，如图 1-2-3 所示。该类工具装有调节和限制扭矩的机构，适合在大批量流水线上使用。

(a) 电动螺钉旋具

(b) 气动螺钉旋具

(c) 套装螺钉旋具批头

图 1-2-3　机动螺钉旋具

2. 常用扳手

扳手是利用杠杆原理拧转螺栓、螺钉和各种螺母的工具，采用工具钢、合金钢或可锻铸铁制成，一般分为通用扳手和专用扳手。

1) 通用扳手

通用扳手又称活动扳手，由扳手体、固定钳口、活动钳口及蜗杆等组成，如图 1-2-4 所示。它的开口尺寸可在一定的范围内调节，其规格以扳手长度和最大开口宽度表示，其中最大开口宽度一般以英寸为单位。

使用活动扳手时要注意以下几点：

(1) 扳手拧转方向。应让固定钳口受推力作用，而活动钳口受拉力作用，即如图 1-2-4 所示拧转方向。

(2) 应按螺钉或螺母的对边尺寸调整开口，间隙不要过大，否则将会损坏螺钉头或螺母，并且容易滑脱，造成事故。

(3) 扳手手柄不可以任意接长，不应将扳手当锤击工具使用。

(4) 不宜用大尺寸的扳手去旋紧尺寸较小的螺钉，这样会因扭矩过大而使螺钉折断。

图 1-2-4　通用扳手

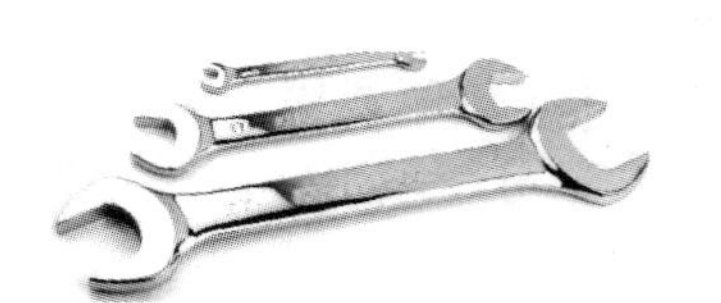

图 1-2-5　呆扳手

图 1-2-6　梅花扳手

2) 专用扳手

呆扳手、套筒扳手、梅花扳手、钩扳手和内六角扳手等均称为专用扳手。

(1) 呆扳手。呆扳手一端或两端制有固定尺寸的开口，用以拧转一定尺寸的螺母或螺栓，如图 1-2-5 所示。

呆扳手的开口尺寸与螺母或螺栓头的对边间距尺寸相适应，一般做成一套。常用的呆扳手规格很多，如 7 mm、8 mm、10 mm、14 mm、17 mm、19 mm、22 mm、24 mm、30 mm、32 mm、41 mm、46 mm、55 mm、65 mm，通常螺纹规格有 M4、M5、M6、M8、M10、M12、M14、M16、M18、M20、M22、M24、M27、M30、M42 等。在使用时，应选择合适的呆扳手进行旋紧和旋松，起到相应紧固作用。

呆扳手的特点是单头的只能旋拧一种尺寸的螺钉头或螺母，双头的只可旋拧两种尺寸的螺钉头或螺母。呆扳手在使用时应使扳手开口与被旋拧件配合好后再用力，接触不好时就用力则容易滑脱，使作业者身体失衡。

(2) 梅花扳手。梅花扳手两端具有带六角孔或十二角孔的工作端，如图 1-2-6 所示，适用于工作空间狭小，不能使用稍大扳手的场合。

常用的梅花扳手规格与螺纹的规格相对应。其优点是能把螺母和螺栓头完全包围，所以工作时不会损坏紧固件或从紧固件上滑落，用于六角形和梅花形紧固件的拆装。使用时要注意选择合适的规格、型号，以防滑脱伤手，沿紧固件轴向插入扳手，缓缓施力拧转紧固件。

(3) 组合扳手。组合扳手两端分别为开口或梅花或套筒的组合，如图 1-2-7 所示。这类扳手具有开口和梅花扳手的双重优点。

(4) 套筒扳手。成套套筒扳手是由多个带六角孔或十二角孔的套筒并配有手柄、接杆等多种附件组成的，如图 1-2-8 所示。套筒扳手特别适用于拧转空间狭小或凹陷很深的螺栓或螺母，且凹孔的直径不适合用开口扳手、活动扳手或梅花扳手。

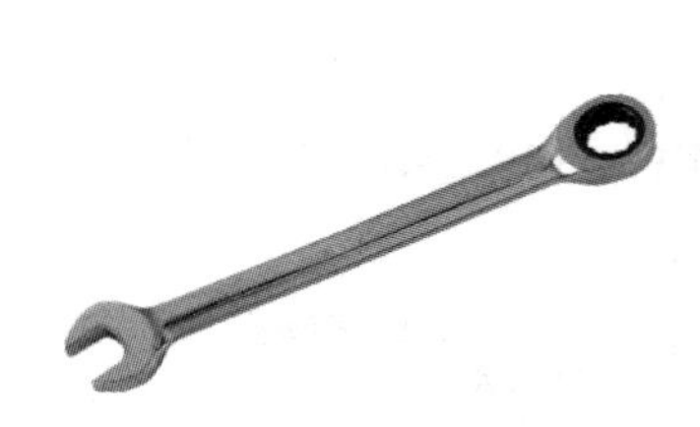

图 1-2-7　组合扳手

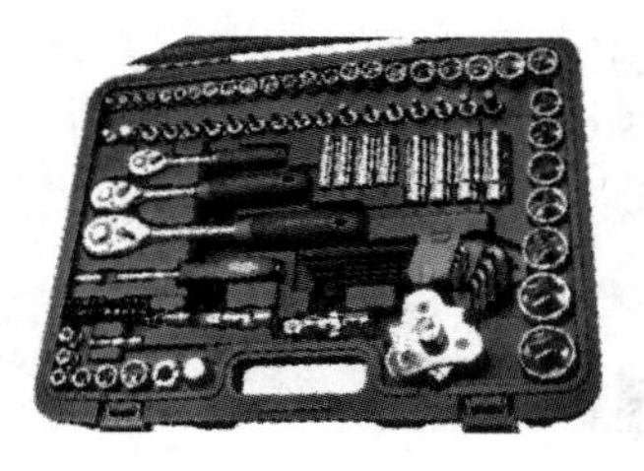

图 1-2-8　套筒扳手

图 1-2-9　棘轮扳手

套筒有公制和英制之分，套筒虽然内凹形状一样，但外径、长短等是针对对应设备的形状和尺寸设计的，相对来说比较灵活，符合大众的需要。

套筒配以梯形手柄、弓形手柄或棘轮扳手，可以实现在不同场合的灵活使用。

(5) 棘轮扳手。棘轮扳手通过头部的棘轮机构可实现单向转动，头部有正反向换挡拨片，用来调节扳手的正转或反转；配以套筒接口方榫，可实现与成套套筒的连接，如图 1-2-9 所示。

(6) 钩扳手。钩扳手分为固定式和调节式，用来锁紧在圆周方向上开有直槽或孔的圆螺母，如图 1-2-10 所示。

(7) 内六角扳手。内六角扳手用于装卸内六角螺钉，有普通内六角、球头、梯形等形式，如图 1-2-11 所示。成套内六角扳手可以装拆 M4～M30 的内六角螺钉。

内六角扳手简单轻巧；内六角螺丝与扳手之间有六个接触面，受力充分且不容易损坏；可以用来拧深孔中的螺丝；扳手的直径和长度决定了它的扭转力；容易制造，成本低廉；扳手的两端都可以使用。

内六角扳手使用注意事项：首先选择尺寸准确的内六角扳手，将六角头插入螺钉的六角凹坑内并插到底，然后缓慢施加旋转力矩，以拧紧或松开螺钉。

(8) 扭矩扳手。扭矩扳手也称扭力扳手或力矩扳手，可分为定值式、预置式两种，如图 1-2-12 所示。它在拧转螺栓或螺母时，能显示出所施加的扭矩大小；或者当施加的扭矩到达规定值后，会发出光或声响信号。扭矩扳手适用于对扭矩大小有明确规定的零件的拆装。

图 1-2-10　钩扳手

图 1-2-11　内六角扳手

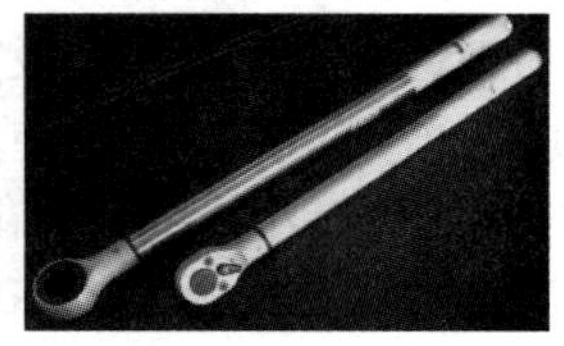
图 1-2-12　扭矩扳手

3. **常用钳子**

钳子是一种用于夹持、固定加工、装拆工件或者扭转、弯曲、剪断金属丝线的手工工具。钳子的外形呈 V 形，通常包括手柄、钳腮和钳嘴三个部分。

钳子一般用碳素结构钢或合金钢制造，先锻压轧制成钳坯形状，然后经过磨铣、抛光等金属切削加工，最后进行热处理。

钳嘴的形式很多，常见的有尖嘴、平嘴、扁嘴、圆嘴、弯嘴等，可适应不同场合的工作需要。机械装调中常用的钳子有钢丝钳、尖嘴钳、挡圈钳等。

(1) 钢丝钳。钢丝钳是一种夹钳和剪切工具，其外形如图 1-2-13 所示。它由钳头和钳柄组成，钳头包括钳口、齿口、刀口和铡口。常用的钢丝钳有 150 mm、175 mm、200 mm 及 250 mm 等多种规格。

图 1-2-13　钢丝钳

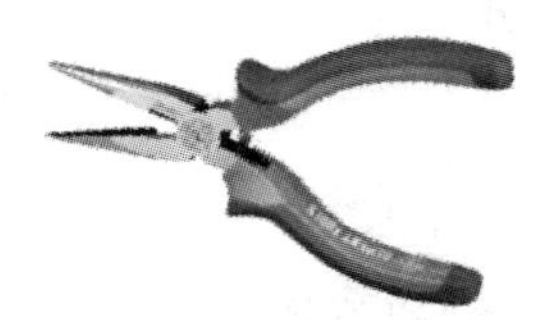
图 1-2-14　尖嘴钳

(2) 尖嘴钳。尖嘴钳又称修口钳，由尖头、刀口和钳柄组成。由于头部较尖，主要用于狭小空间中夹持零件，如图 1-2-14 所示。

(3) 挡圈钳。挡圈钳用于装拆起轴向定位作用的弹性挡圈。由于挡圈可分为孔用和轴用两种，且因安装部位不同，挡圈钳按形状分为直嘴式挡圈钳和弯嘴式挡圈钳，按使用场合又可分为孔用挡圈钳和轴用挡圈钳，如图 1-2-15 所示。挡圈钳的规格因长度不同分为 125 mm(5′)、175 mm(7′)、225 mm(9′) 等。挡圈钳所用材料通常为 45 号碳素结构钢，要求高一点的可用铬钒钢。

(a) 轴用直嘴式挡圈钳

(b) 轴用弯嘴式挡圈钳

(c) 孔用直嘴式挡圈钳

(d) 孔用弯嘴式挡圈钳

图 1-2-15　挡圈钳

轴用挡圈钳和孔用挡圈钳的主要区别是：轴用挡圈钳是拆装轴用弹簧挡圈的专用工具，手把握紧时钳口是张开的；孔用挡圈钳是拆装孔用弹簧挡圈用的，手把握紧时，钳口是闭合的。

4. 轴承拆卸器

轴承拆卸器又称拉马或拉拔器。常用的轴承拆卸器有两爪或三爪，采用机械式拆卸或液压式拆卸，如图 1-2-16 所示。用拉马拆卸轴承时，调节拉钩作用于轴承内圈，通过手柄转动螺杆，使螺杆下部紧顶轴端，就可将滚动轴承从轴上拉出来。

拉马还广泛应用于拆卸各种圆盘、法兰、齿轮、传动带轮等零部件。

(a) 三爪式拉马

(b) 液压拉马

图 1-2-16　轴承拆卸器

5. 锤子

锤子又称榔头，是敲打物体使其移动或变形的一种带柄的锤击工具。锤子有各式各样的形状，通常由一柄把手和工作部分(敲击物体) 组成。根据用途不同，锤子通常有钢锤、塑料锤、铜锤之分，如图 1-2-17 所示。钢锤一般不直接在零件上敲击，因为这样会损坏零件。塑料锤因敲击部分为橡胶材料制作，所以不会对被敲击物体的表面造成损坏，一般用于小件装配，但也要注意不要敲击易使橡胶锤损坏的物体。铜锤比钢柔软，所以敲击钢件时不会损坏零件，一般用于较大零件装配。在频繁使用铜锤后，铜锤会变硬，可以用退火的方法来处理。

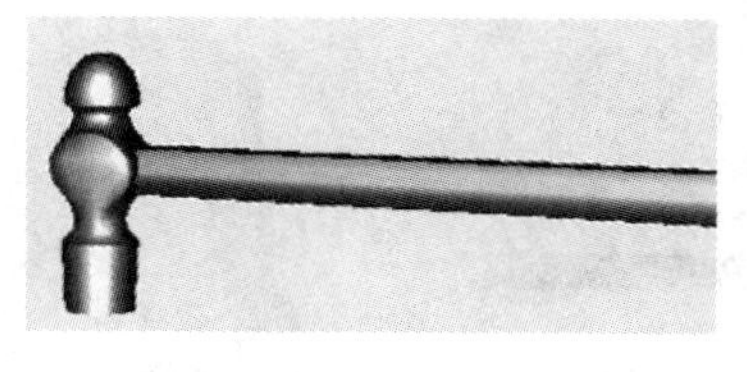
(a) 钢锤

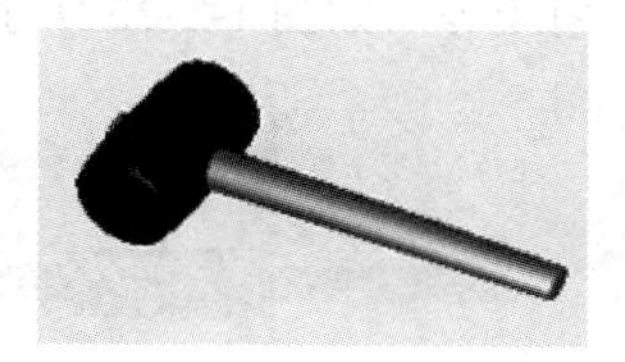
(b) 塑料锤

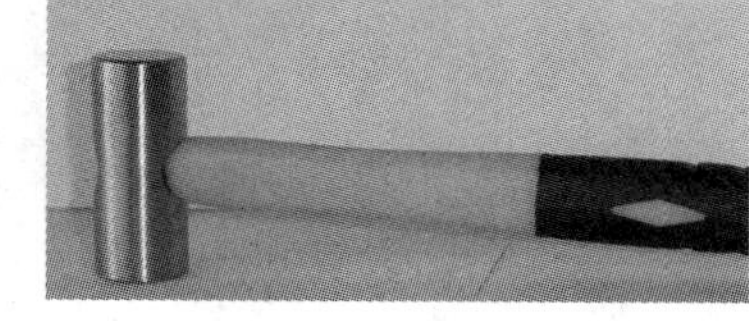
(c) 铜锤

图 1-2-17　锤子

6. 拔销器

拔销器是一种能够取出带内螺纹锥销或圆柱销的工具，也是专门针对数控机床而设计的一种专门用于拔出带内螺纹定位销的工具。拔销器由连杆、手柄和转接头组成，使用时将对应的转接头旋进锥销或柱销内螺纹内，然后用手柄撞击连杆把手部分，从而将锥销或柱销从销孔内拔出，如图 1-2-18 所示。

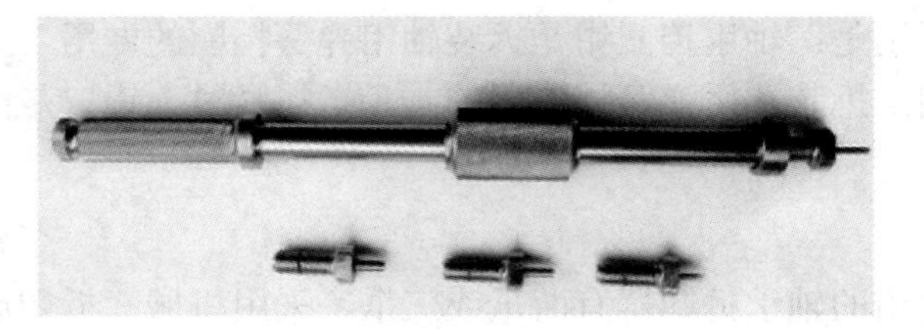

图 1-2-18　拔销器

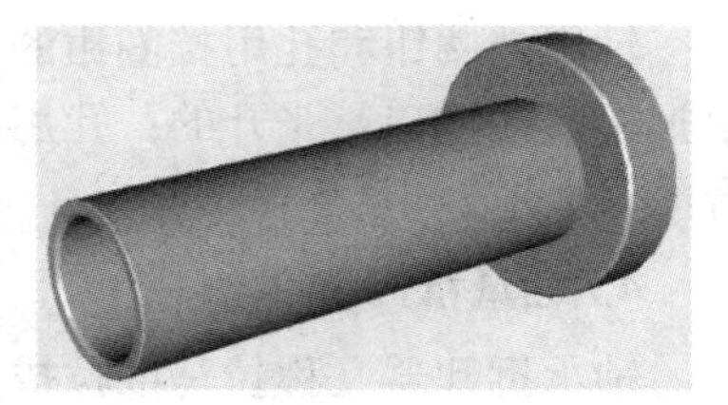

图 1-2-19　冲击套筒

7. 冲击套筒

冲击套筒是在装配丝杠轴承时使用的工具，使用时将冲击套筒带孔的一端对准轴承的内圈，然后轻敲冲击套筒的另一端，即可使轴承安装在丝杠的指定位置上，如图 1-2-19 所示。

二、机械装调常用量具

量具是生产加工中测量工件的尺寸、角度、形状的专用工具，一般可分为通用量具、标准量具、量仪、极限量规以及其他计量器具。在数控机床机械装调与维修等各项工作中，需要使用量具对工件的尺寸、形状、位置等进行检查。数控机床机械装调与维修常用的量具主要有游标类量具、千分尺、百分表、万能角度尺、直尺、方尺、球杆仪、激光干涉仪、水平仪等。

1. 游标类量具

游标类量具是中等测量精度的量具，有多功能游标卡尺、深度游标卡尺、高度游标卡尺等。

(1) 多功能游标卡尺。该类卡尺可以用外测量爪测量工件的外径、长度、宽度、厚度等，用内测量爪测量工件的内径等，用测深杆测量深度、高度等，如图 1-2-20 所示。

(2) 深度游标卡尺。深度游标卡尺是利用游标原理测孔(阶梯孔、盲孔)和槽的深度、高度以及轴肩长度等的测量器具，如图 1-2-21 所示。

(3) 高度游标卡尺。高度游标卡尺是利用游标原理对装置在尺框上的划线量爪工作面或测量头与底座工作面相对移动分隔的距离进行读数的一种测量器具。它可用于测量工件的高度尺寸、相对位置以及精密划线等，如图 1-2-22 所示。

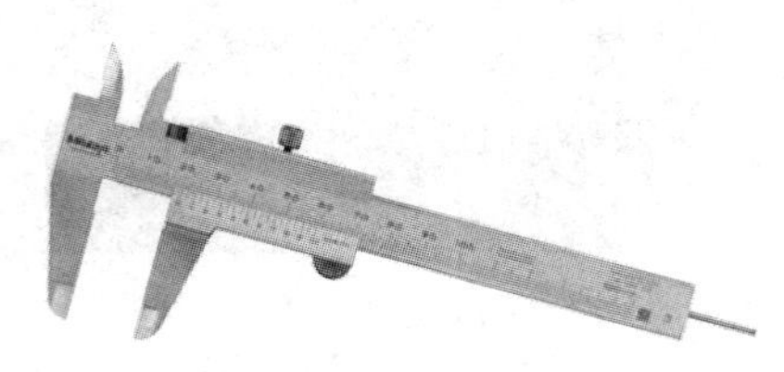

图 1-2-20　多功能游标卡尺

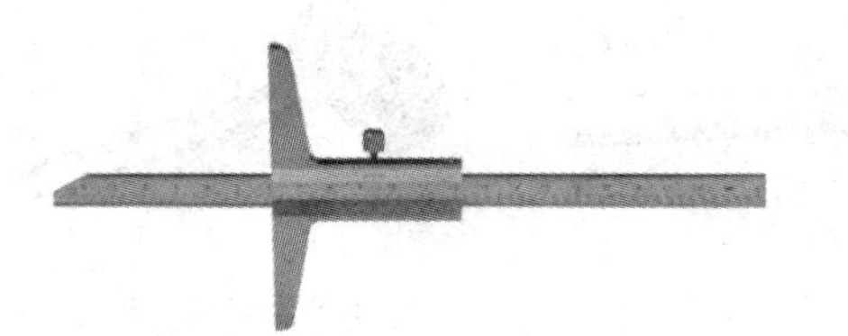

图 1-2-21　深度游标卡尺

图 1-2-22　高度游标卡尺

2. 千分尺

千分尺是一种精密的测微量具，用来测量加工精度要求较高的工件尺寸。其最小刻度为 0.01 mm。千分尺的种类很多，如外径千分尺(测量工件的外径、长度和厚度等尺寸)、内径千分尺、深度千分尺、螺纹千分尺等，如图 1-2-23 所示。其中，外径千分尺的应用较为广泛。

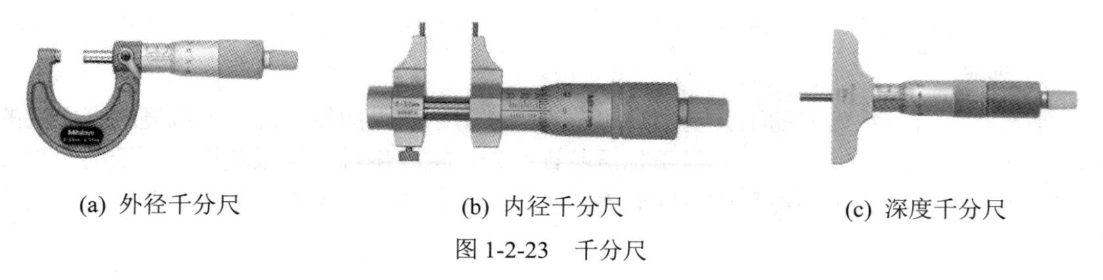

(a) 外径千分尺　(b) 内径千分尺　(c) 深度千分尺

图 1-2-23　千分尺

3. 百分表

百分表是一种常用的精密量具，用来检验装配精度、校正零件的安装位置和测量工件尺寸、形状和位置的微量偏差，其优点是方便、可靠、迅速。

图 1-2-24　钟面式百分表　图 1-2-25　杠杆百分表　图 1-2-26　内径百分表

(1) 钟面式百分表。钟面式百分表用来检查机床的精度和零件的圆度、直线度、平面度及跳动等。如果安装在平板上的表架中，用量块或样件校正尺寸，可以检测零件的尺寸精度，如图 1-2-24 所示。

(2) 杠杆百分表。杠杆百分表一般用于测量形位误差，也可用比较测量的方法测量实际尺寸，还可以测量小孔、凹槽、孔距、坐标尺寸等工件几何形状误差和相互位置正确性。杠杆百分表的分度值为 0.01 mm，测量范围不大于 1 mm，它的表盘是对称刻度的，体积小、精度高，适应于一般百分表难以测量的场所，如图 1-2-25 所示。

(3) 内径百分表。内径百分表用来测量孔径和孔的形状误差，尤其对于深孔测量极为方便。根据孔径尺寸大小需要调换测头。内径百分表示值误差大(约 0.015 mm)，需要用千分尺校对，如图 1-2-26 所示。

4. 万能角度尺

万能角度尺是用来测量精密零件内、外角度或进行角度划线的角度量具，又称万能量角器，用来检测 0～180° 的外角和 40° ～130° 的内角。角尺和直尺全部装上可测 0° ～50° ；仅装上直尺可测 50° ～140° ；仅装上角尺可测 140° ～230° ；角尺和直尺全部卸下可测量 230° ～320° ，如图 1-2-27 所示。

图 1-2-27　万能角度尺

图 1-2-28　平尺

图 1-2-29　方尺

图 1-2-30　球杆仪

5. 平尺

平尺是具有一定精度的平直基准线的实体，使用它可以测量表面的直线度或平面度的误差，如图 1-2-28 所示。平尺一般用优质铸铁制造，也有用轴承钢或花岗石制造的，平尺工作面不得有严重影响外观和使用性能的砂孔、气孔、裂纹、夹渣、划痕、碰伤、锈点等缺陷。

6. 方尺

方尺具有垂直和平行的框式组合，可检验两个坐标轴的垂直度误差，方尺一般采用铸铁或花岗石制作，如图 1-2-29 所示。

7. 球杆仪

球杆仪主要用来检测机床的圆度误差，通过获取实际的圆度数据，能够准确地分析出造成圆度误差的原因，并能将造成圆度误差的因素按照影响的大小比例进行排序，如图 1-2-30 所示。

8. 激光干涉仪

激光干涉仪以激光为载体进行距离的高精度测量，用来检测机床直线轴的定位精度和重复定位精度，以雷尼绍公司生产的激光干涉仪为例，其测量精度为纳米级，如图 1-2-31 所示。

图 1-2-31　激光干涉仪

图 1-2-32　框式水平仪

图 1-2-33　条式水平仪

9. 水平仪

水平仪主要用于检验各种机床及其他类型设备导轨的直线度和设备安装的水平位置和平面度、直线度和垂直度，也可测量零件的微小倾角。

常见水平仪有框式水平仪(见图 1-2-32)和条式水平仪(见图 1-2-33)。

1) 水平仪的结构

框式水平仪框架的测量面有平面和V形槽，V形槽便于在圆柱面上测量。水准器有纵向(主水准器)和横向(横水准器)两个。水准器是一个封闭的弧形玻璃管，表面上有刻线，内装乙醚(或酒精)，并留有两个水准泡，水准泡总是停留在玻璃管内的最高处。

2) 水平仪的工作原理

水平仪是以主水准泡和横水准泡的偏移情况来表示测量面的倾斜程度的。水准泡的位置以弧形玻璃管上的刻度来衡量。若水平仪倾斜一个角度，气泡就向左或向右移动，根据移动的距离(刻度格数)，直接或通过计算即可知道被测工件的直线度、平面度或垂直度误差。

框式水平仪水准泡的刻度值精度有 0.02 mm、0.03 mm、0.05 mm 三种。例如，精度为 0.02 mm 表示在 1000 mm 长度上，水准泡偏移一格，被测表面倾斜的高度差为 0.02 mm。

框式水平仪的规格有 100 mm × 100 mm、150 mm × 150 mm、200 mm × 200 mm、250 mm × 250 mm、300 mm × 300 mm 五种。如果用规格为 200 mm × 200 mm、精度为 0.02 mm 的框式水平仪进行测量，主水准泡偏移了两格，则水平仪两端的高度差为 $h = 200 \times 0.02/1000 \times 2 = 0.008$ mm。

3) 水平仪的读数方法

在水平仪读数时，以气泡两端的长刻线作为零线，气泡相对零线移动格数作为读数，这种读数方法最为常用。水平仪处于水平位置，气泡两端位于长线上，读数为“0”；水平仪逆时针方向倾斜，气泡向右移动，偏右零刻线两格，读数为“+2”；水平仪顺时针方向倾斜，气泡向左移动，偏左零刻线三格，读数为“−3”。

任务实施

导轨直线度检测

1. 使用的工具

规格为 200 mm×200 mm、精度为 0.02 mm/1000 mm 的水平仪，清洁布，润滑油。

2. 测量步骤

(1) 放置：用清洁布擦净水平仪 V 形工作面和车床刀架表面，手握水平仪绝缘把手，将水平仪纵向轻轻放置在刀架上靠近机床前导轨处。

(2) 测量：从刀架处于主轴箱一端的极限位置开始，转动车床大托板手轮，使刀架自左向右移动，每次移动距离等于水平仪的边框尺寸(200 mm)。

(3) 记录：依次记录刀架在每一测量长度位置时的水平仪读数。

(4) 画图：根据水平仪读数在标准计算纸中画出车床导轨误差坐标图(见图 1-2-34)。图中的纵轴方向每一格表示水平仪气泡移动一格的数值，横轴方向表示水平仪的每段测量长度。

(5) 描点、连线：由坐标原点开始，以刀架在起始位置时的水平仪读数描出第一点，其后每段相应读数都以前一描点为起点，累加后描出相应点。

(6) 确定误差：依次连接各描点成一折线，各折线段组成的曲线即为导轨在垂直平面内直线度误差曲线。将曲线的首尾(两端点)连线与过曲线最高点的垂线相交，计算(或量出)曲线最高点与交点间的格数，即为导轨直线度误差的格数。

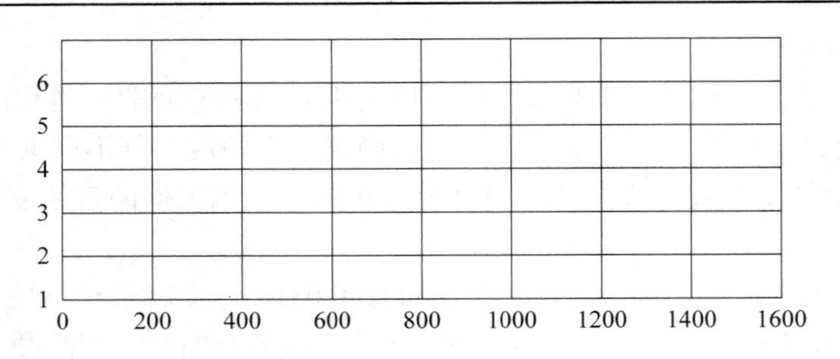

图 1-2-34　车床导轨误差坐标图

例如，各点水平仪读数值依次为+1、+2、0、+1、+1、−1、0、−1，则误差曲线图如图 1-2-35 所示，n 即为导轨直线度误差的格数。

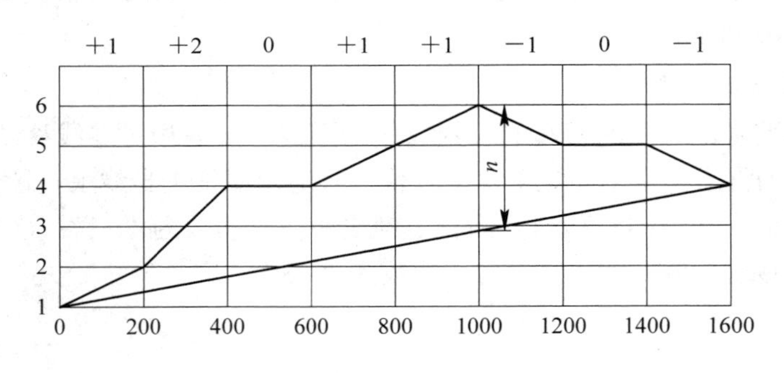

图 1-2-35　误差曲线图

(7) 计算误差：如图 1-2-35 所示，导轨呈现出中间凸的状态，且最大凸起值在导轨 800～1200 mm 处。

导轨的直线度误差为

$$\delta = nil$$

式中：n——误差曲线中的最大误差格数；

i——水平仪的精度(0.02 mm/1000 mm)；

l——每段测量长度(mm)。

则如图 1-2-35 所示的导轨直线度误差值为

$$\delta = 3.125 \times \frac{0.02}{1000} \times 200 = 0.0125\text{mm}$$

(8) 保养：使用完水平仪后，擦净水平仪表面，在基准面等部位涂上防锈油并妥善保管。

3. 测量注意事项

(1) 测量前，要保证水平仪工作面和被测表面清洁，以防脏物影响测量的准确性。

(2) 测量时，安放水平仪必须小心轻放，避免因测量面划伤而损坏水平仪和造成不应有的测量误差。两个 V 形测量面是测量的基准，不能与工件的粗糙面接触或摩擦。当移动水平仪时，不允许水平仪工作面与工件表面发生摩擦。

(3) 读数时，视线应与水平仪保持正视，以免出现误差。

(4) 描点时，后一点应在前一点的基础上累加，切不可在纵坐标中以绝对值描点。

(5) 误差格数为非整数时，目测或直接量得会有一定误差。若要精确，可通过计算方法求得误差格数。例如，在图 1-2-35 中：

$$\frac{3}{5-n}=\frac{1600}{1000}$$

$$n=3.125(\text{格})$$

4. 水平仪零位调整方法

将被检水平仪放在已调到大致水平位置的平板上(或机床导轨上)，紧靠定位块，待气泡稳定后以气泡的一端读数为 a_1，然后按水平方向调转 180°，准确地放在原位置，按照前一次读数的一边记下气泡另一端的读数为 a_2，两次读数差的一半为零位误差，零位误差 = $(a_1-a_2)/2$ 格。如果零位误差已超过许可范围，则需调整零位机构。

任务评价

认识数控机床机械装调工量具评分标准如表 1-2-1 所示。

表 1-2-1　认识数控机床机械装调工量具评分标准

<table>
<tr><td colspan="3">班级：</td><td colspan="2">姓名：</td><td colspan="2">学号：</td></tr>
<tr><td colspan="5">任务 1.2　认识数控机床机械装调工量具</td><td colspan="2">实物图：</td></tr>
<tr><td>序号</td><td colspan="2">检测内容</td><td>配分</td><td>检测标准</td><td>评价结果</td><td>得分</td></tr>
<tr><td>1</td><td rowspan="4">用水平仪测量导轨直线度</td><td>水平仪放置</td><td>10</td><td>做好清洁，位置正确</td><td></td><td></td></tr>
<tr><td>2</td><td>水平仪读数、记录</td><td>30</td><td>正视，读数，记录准确</td><td></td><td></td></tr>
<tr><td>3</td><td>作图</td><td>30</td><td>在标准计算纸上正确建立坐标，描点方式正确，连线精准</td><td></td><td></td></tr>
<tr><td>4</td><td>计算</td><td>15</td><td>最大误差格数计算准确，根据公式准确计算直线度误差</td><td></td><td></td></tr>
<tr><td>5</td><td>文明生产</td><td>工具保养、摆放</td><td>15</td><td>擦净，上油均匀、适量；摆放整齐有序</td><td></td><td></td></tr>
<tr><td colspan="3">综合得分</td><td>100</td><td></td><td></td><td></td></tr>
</table>

思考与练习

一、填空题

1. 一字螺钉旋具一般由__________、__________和_________组成，规格以刀体部分的_________来表示。

2. 单头钩形扳手分为_________和_________，可用于锁紧在圆周方向上_________或________的圆螺母。

3. 呆扳手使用时应使扳手开口与被旋拧件配合好后再用力，如接触不好时就用力________。

4. 轴用挡圈钳和孔用挡圈钳主要区别为轴用挡圈钳是拆装________弹簧挡圈的专用工具，手把握紧时钳口是________的；孔用挡圈钳是拆装________弹簧挡圈用的，手把握紧时，钳口是________。

5. 千分尺是一种________的测微量具，其最小刻度为 ________mm。

6. 轴承拆卸器主要用于拆卸__________，还可用来拆卸各种__________、__________、__________、__________等。

7. 框式水平仪水准泡的刻度值精度0.02 mm表示在________长度上，水准泡偏移一格，被测表面倾斜的高度差 h 为________mm。

8. 百分表是钳工常用的一种__________量具，用来检验机床__________、校正零件的________和测量工件尺寸、形状和位置的微量偏差，其优点是方便、可靠、迅速。

9. 常用的水平仪有__________水平仪和__________水平仪等。

10. 内径百分表都附有成套的可换测头，使用前必须先进行________和校对________。

11. ________是将零件或工具放在正确的位置上以进行后续的装配操作。

二、计算题

用规格为 200 mm × 200 mm、精度为 0.02 mm/1000 mm 的水平仪测量车床导轨直线度误差时，若误差曲线中的最大误差格数为2.3格，每段测量长度为200 mm，试求导轨直线度误差值。

项目 2　数控机床主传动系统机械装调

数控机床的主传动系统是机床的关键部件，主要包括主轴箱(主轴头)、主轴本体、轴承、带轮等，如表 2-1 所示。

表 2-1　数控机床主传动系统主要功能零部件

数控机床类型：数控车床			
序号	名称	零、部件实物	作　用
1	主轴箱(伺服主轴)		主轴箱通常由铸铁铸造而成，主要用于安装主轴组件，实现主轴旋转。主轴的变速通过主轴伺服驱动器和伺服电机控制
2	变速箱(分段无级调速)		变速箱主要用来安装主轴组件和中间传动零件，实现主轴分段无级调速。主轴的变速通过变频器和变频电动机控制，实现低速大扭矩输出
3	变速箱(有级调速)		变速箱主要用来安装主轴组件和中间传动零件，实现主轴有级变速。主轴的变速通过电磁离合器控制，实现低速大扭矩输出
4	主轴		传递运动，安装卡盘等夹具，也可安装气动、电动及液压夹紧装置
5	轴承		支承主轴及传动轴，实现轴径向及轴向定位

续表

数控机床类型：数控铣床(加工中心)			
序号	名称	零、部件实物	作　用
6	立柱		立柱下面连接底座，硬轨或线轨连接主轴头，上面固定配重担架、导链条及配重块，侧面还连接刀库
7	主轴头		主轴头下面与立柱的硬轨或线轨连接，内部装有主轴，上面还固定主轴电动机、主轴松刀装置，用于实现 Z 轴移动、主轴旋转等功能
8	主轴组件		主轴是主传动系统最重要的零件。主轴组件用于装夹刀具、执行零件加工
9	电主轴		简化主传动系统机械结构，实现主轴电动机和机床主轴合二为一的传动结构形式，实现主轴高速旋转
10	同步齿形带轮、同步带		将主轴伺服电动机的转动传递给主轴，实现主轴转动
11	打刀缸	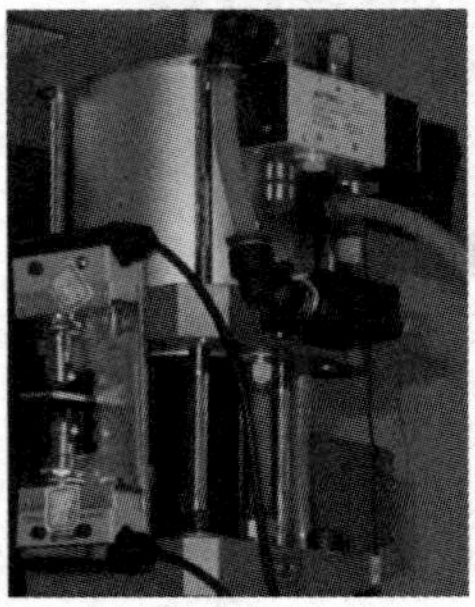	打刀缸由气缸和液压缸组成，气缸装在液压缸的上端。工作时，气缸内的活塞推进液压缸内，使液压缸内的压力增加，推动主轴内夹刀元件，从而达到松刀的作用，紧刀由主轴内碟形弹簧复位实现

数控机床主传动系统的好坏直接影响工件加工质量。主传动系统应满足以下几方面要求：

(1) 调整范围大、低速大转矩功能、有较高的速度、能超高速切削；

(2) 低温升、小的热变形；

(3) 有高的旋转精度和运动精度；

(4) 高刚度和抗振性；

(5) 主轴组件必须有足够的耐磨性。

数控加工中心为实现自动换刀功能，还必须有刀具的自动夹紧装置、主轴准停装置和主轴孔的清理装置等结构。

任务 2.1　认识数控机床主传动系统

学习目标

(1) 熟悉数控机床主传动系统常用机械传动装置；

(2) 掌握数控机床主轴变速、支承结构、密封方式；

(3) 熟悉数控机床主轴支承的调整与装配方法；

(4) 领悟主传动系统常用传动装置装调操作规程，并逐渐养成良好的工作习惯，提升职业素养。

任务引入

数控机床主传动系统是数控机床的重要组成部分，如图 2-1-1 所示。其中，主轴部件是机床的重要执行元件之一，它的结构尺寸、形状、精度及材料等，对机床的使用性能有很大的影响，特别是影响机床的加工精度。

(a) 数控车床

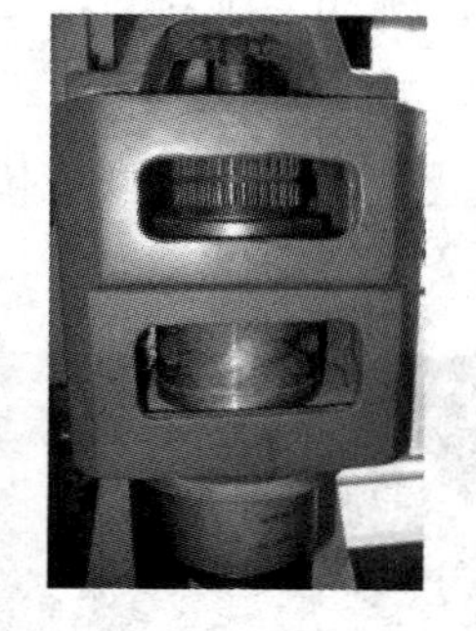

(b) 数控铣床(加工中心)

图 2-1-1　数控机床主传动系统

任务分析

数控机床主传动系统包括主轴电机、传动系统和主轴部件，由于变速功能全部或大部分由主轴电动机的无极调速来实现，省去了繁杂的齿轮变速机构，所以，与普通机床的主传动系统相比，其结构比较简单。

数控机床主传动系统要满足以下要求：

(1) 调速范围宽并可实现无级调速；

(2) 恒功率范围宽；

(3) 具有四象限驱动能力；

(4) 具有位置控制能力；

(5) 具有较高的精度与刚度，传动平稳，噪声低；

(6) 具有良好的抗振性和热稳定性。

熟悉主传动系统机械传动装置的安装与调试方法，掌握主轴变速方式、支承结构、密封方式，有助于提高数控机床主传动系统的装调精度，为数控机床整机的装调打下坚实基础。

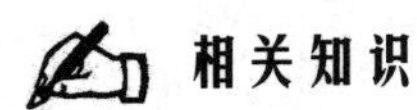

相关知识

一、常用机械传动装置

数控机床主传动系统常用机械传动装置有带传动和齿轮传动。

1. 带传动的安装与调试

1) 带传动的特点和应用

带传动是一种常用的机械传动，是利用张紧在带轮上的柔性带进行运动或动力传递的一种机械传动。根据传动原理的不同，有依靠带与带轮间的摩擦力传动的摩擦型带传动，也有依靠带与带轮上的齿相互啮合传动的同步带传动。与链传动、齿轮传动相比，带传动的优点包括适用于远距离传动，能缓冲和吸收振动，传动平稳、噪声小，过载时带传动打滑可以防止其他零件损坏，结构简单，制造、安装和维护均较方便等，因此得到了广泛应用。例如，卧式数控车床电动机到主轴箱间的传动就是采用了带传动。

2) 带传动类型

常用的摩擦型带传动按带的截面形状分有平带传动、V 形带传动、多楔带传动等，如图 2-1-2 所示。

(a) 平带

(b) V 形带

(c) 多楔带

图 2-1-2　摩擦型带传动类型

V 形带安装在带轮轮槽内，两侧面为工作面，在同样初拉力的作用下，其摩擦力是平带传动的 3 倍左右，故应用广泛。

多楔带可传递很大的功率。多楔带传动兼有平带传动和 V 形带传动的优点，柔韧性好、摩擦力大，主要用于传递大功率而结构要求紧凑的场合。

常用的啮合型带传动为同步带传动，如图 2-1-3 所示。与普通带传动相比，同步带中由钢丝绳制成的强力层受载后变形极小，齿形带的周节基本不变，带与带轮间无相对滑动，传动比恒定、准确；齿形带薄且轻，可用于速度较高的场合，传动时线速度可达 40 m/s，传动比可达 10，传动效率可达 98%；结构紧凑，耐磨性好；由于预拉力小，承载能力也较小；制造和安装精度要求很高，要求有严格的中心距，故成本较高。同步带传动主要用于要求传动比准确的场合，如计算机、数控机床、汽车发动机、纺织机械等。

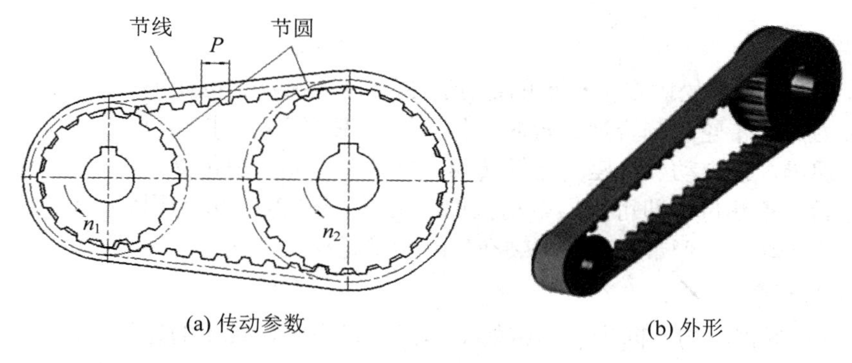

(a) 传动参数　　(b) 外形

图 2-1-3　同步带传动

3) V 形带传动机构的装配技术要求

(1) 控制带轮安装后的圆跳动量。带轮在轴上安装时，要求带轮的径向圆跳动公差和端面圆跳动公差为 0.2～0.4 mm。

(2) 两带轮的相对位置要求。安装后，要求两带轮轮槽的中间平面与带轮轴线垂直度误差小于 1°，两带轮轴线应相互平行，相应轮槽的中间平面应重合，其误差不超过±20′，否则带易脱落或加快带侧面的磨损。

(3) 带轮轮槽表面要求。带轮轮槽表面的表面粗糙度要适当，一般取 *Ra* 为 3.2 μm。表面过于光滑，易使传动带打滑；过于粗糙则传动带工作时易发热而加剧磨损。轮槽的棱边要倒圆或倒钝。

(4) 包角要适当。带在带轮上的包角不能太小。因为当张紧力一定时，包角越大，摩擦力也越大。对 V 形带来说，其小带轮包角不能小于 120°，否则也容易打滑。

(5) 带张紧力适当。张紧力不足，则传递载荷的能力降低，效率也低，且会使小带轮急剧发热，加快带的磨损；张紧力过大，则会使带的寿命降低，轴和轴承上的载荷增大，轴承发热与加速磨损。因此，带的张紧力要适当且调整方便。

4) V 形带的张紧装置

由于带在使用一定时间后将发生永久性变形，使带伸长，带与带轮间的张紧力减小，从而使得带与带轮工作表面的摩擦力减小，降低带传动的能力。所以常用的带传动机构中都有张紧装置，如图 2-1-4 所示。

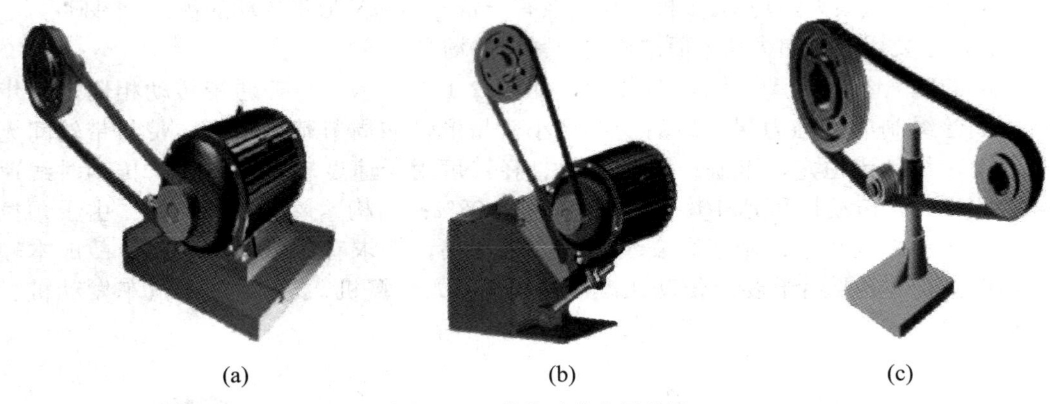

(a)　(b)　(c)

图 2-1-4　带传动的张紧装置

图 2-1-4(a)中，放松固定电动机的螺栓，旋转调节螺钉，可使电动机沿导轨移动，调节带的张紧力，当带轮调到合适位置时，拧紧固定螺栓即可。图 2-1-4(b)中，旋转电动机下方的调整螺母，使电动机机座绕转轴转动，将带轮调到合适位置，使带获得需要的张紧力，然后拧紧调整螺母，即可固定电动机机座位置。图 2-1-4(c)为用张紧轮进行张紧，用于固定中心距传动。V 形带张紧轮安装在靠近大带轮松边内侧。

5) 同步齿形带及带轮

(1) 同步齿形带结构。同步齿形带的工作面做成齿形，带轮的轮缘表面也做成相应的齿形，带与带轮靠齿的啮合传递运动和动力。同步齿形带一般采用细钢丝绳作为强力层，外面包覆聚氯酯或氯丁橡胶。将强力层中线定为带的节线，节线周长为同步带的公称长度，如图 2-1-5 所示。

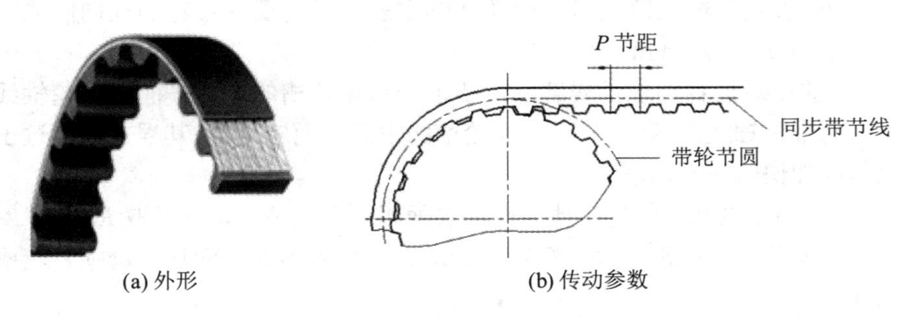

(a) 外形　(b) 传动参数

图 2-1-5　同步齿形带结构

(2) 同步齿形带参数。同步齿形带的最基本参数是节距 P 和模数 m。因此，国际上有节距制和模数制两种标准。其中，节距制即同步齿形带的主要参数是带齿节距，按节距大小不同，相应带轮有不同的结构尺寸。目前该种规格制度被列为国际标准。

(3) 同步齿形带轮。同步齿形带轮有无挡圈、单边挡圈、双边挡圈三种结构形式，如图 2-1-6 所示。若两轮的中心距大于最小带轮直径的 8 倍时，则两带轮应有侧边挡圈。因为随着中心距的增加，带滑脱带轮的可能性也会增加。

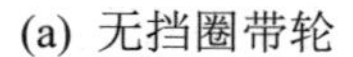
(a) 无挡圈带轮　　(b) 单边挡圈带轮　　(c) 双边挡圈带轮

图 2-1-6　同步齿形带轮结构形式

(4) 同步齿形带的张紧。由于同步齿形带靠啮合力传递运动和动力，所以同步齿形带传动的张紧力比 V 形带传动的要小。但若张紧力过小，带将被轮齿向外压出，致使齿的啮合位置不正确，易发生带的变形，从而降低同步齿形带的传递功率。若带变形太大，同步齿形带将在带轮上发生跳齿现象，易导致带与带轮的损坏。因此，保持适当的张紧力对同步齿形带传动是重要的。目前许多企业广泛采用同步齿形带张紧仪来检查同步带的张紧程度。同步齿形带的张紧方法同 V 形带。

2. 齿轮传动的安装与调试

1) 齿轮传动的组成和特点

齿轮传动是利用两齿轮的轮齿相啮合以传递动力和运动的机械传动装置，如图 2-1-7 所示。

(a) 直齿圆柱齿轮传动　　(b) 斜齿圆柱齿轮传动　　(c) 直齿圆锥齿轮传动

图 2-1-7　齿轮传动

齿轮传动在机械传动中应用广泛，它具有以下特点：

(1) 能保证瞬时传动比恒定，传动准确可靠；

(2) 传递的功率和速度范围大，如传递功率可以从很小至几十万千瓦；

(3) 速度最高可达 300 m/s；

(4) 齿轮直径可以从几毫米至二十多米；

(5) 传动效率高，使用寿命长以及结构紧凑、体积小等。

但是，齿轮传动也有一些缺点，例如噪声大、无过载保护作用、不宜用于远距离传动、制造齿轮需要有专门的设备、装配要求高等。

2) 齿轮传动的装配技术要求

(1) 齿轮孔与轴的配合要满足使用要求。例如，定位齿轮安装后不能产生偏心或歪斜；

滑移齿轮在滑移过程中不应被咬死或产生阻滞现象；空套在轴上的齿轮不得有晃动现象。

(2) 保证齿轮有准确的安装中心距和适当的齿侧间隙。齿轮副齿侧间隙简称侧隙，是指齿轮副按规定的位置安装后，当其中一个齿轮固定时，另一个齿轮从工作齿面接触到非工作齿面接触所转过的齿宽中点节圆弧长。侧隙过小，齿轮传动不灵活，热胀时会卡齿，从而加剧齿面磨损；侧隙过大，换向时空行程大，易产生冲击和振动。

(3) 保证齿面接触精度，使齿面有正确的接触位置和一定的接触面积。齿轮副的接触精度是通过齿轮副的接触斑点，用涂色法来检验或通过接触擦亮痕迹来检验的。接触擦亮痕迹检验是指装配好的齿轮副在轻微的制动下，观察运转后齿面上分布的接触擦亮痕迹。涂色法是将显示剂涂在主动齿轮上，来回转动该齿轮，从动齿轮齿面上的斑点痕迹形状、位置和大小来判断啮合质量的方法。通过检验，可以判断装配时产生误差的原因，如图 2-1-8 所示。

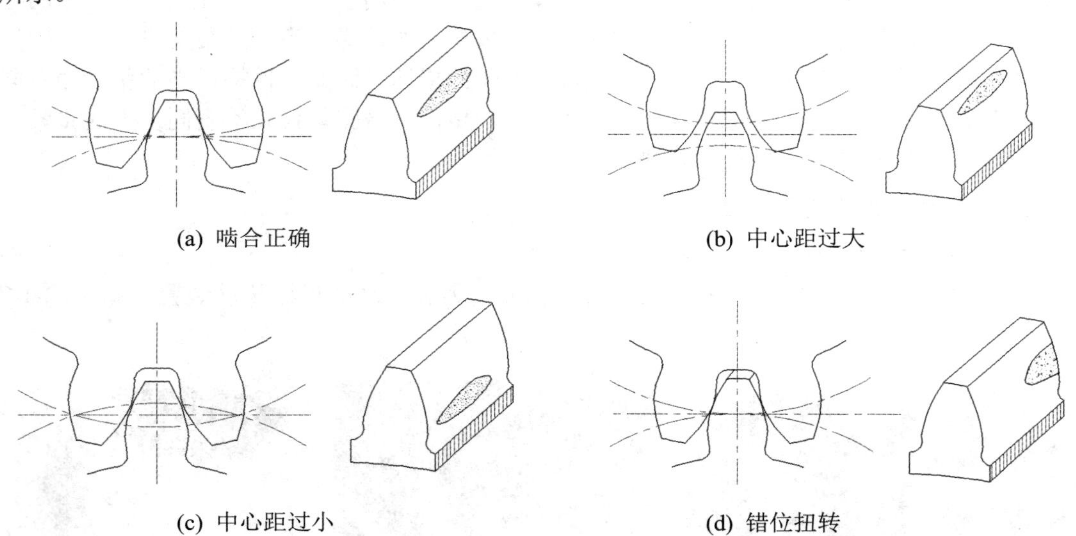

(a) 啮合正确　　(b) 中心距过大

(c) 中心距过小　　(d) 错位扭转

图 2-1-8　产生误差的齿面形状

(4) 保证齿轮定位。滑移齿轮在轴上滑移时应有准确的定位，其错位量不得超过规定值。

(5) 进行必要的动平衡试验。对转速较高、直径较大的齿轮，一般应在装配到轴上后作动平衡检查，以免工作时振动过大。

3. 齿轮在轴上常见的安装方式

如图 2-1-9 所示为齿轮在轴上常见的几种安装方式。

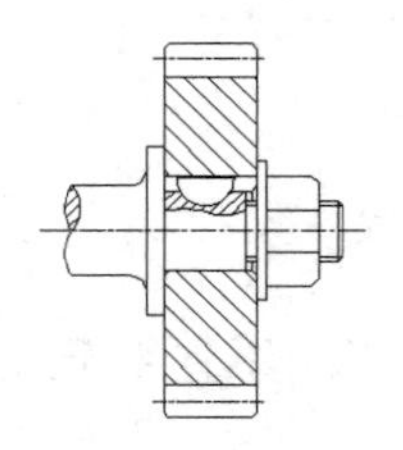

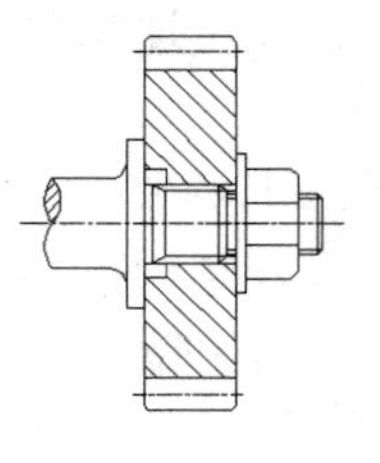

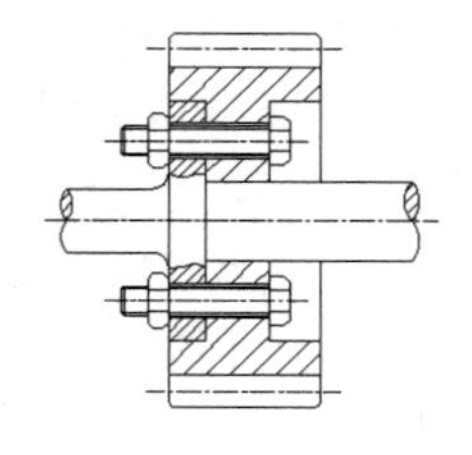

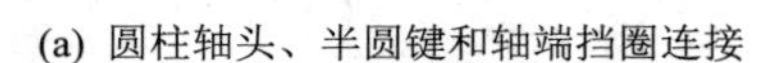

(a) 圆柱轴头、半圆键和轴端挡圈连接　　(b) 花键和轴端挡圈连接　　(c) 螺栓法兰连接

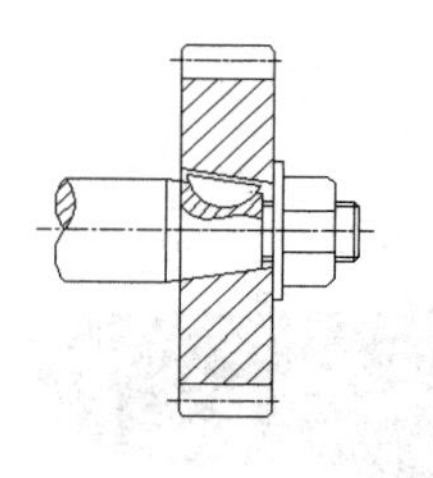

(d) 圆锥轴头、半圆键和轴端挡圈连接

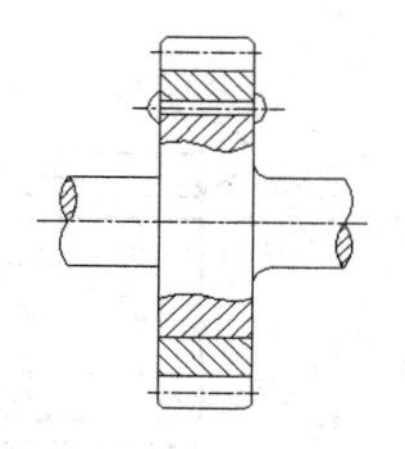

(e) 带固定铆钉的压配

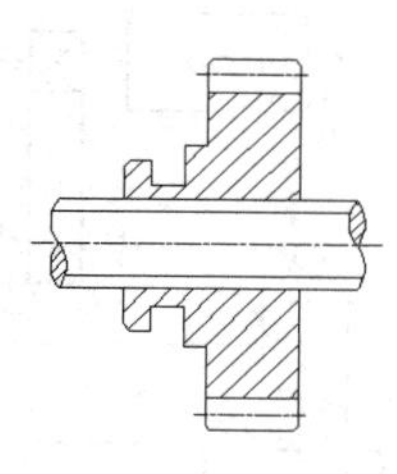

(f) 花键连接

图 2-1-9　齿轮在轴上的几种安装方式

齿轮在轴上常见的装配误差形式如图 2-1-10 所示。

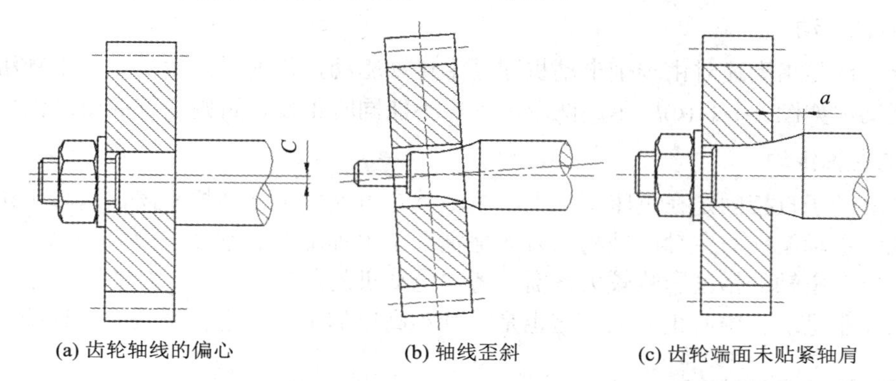

(a) 齿轮轴线的偏心　(b) 轴线歪斜　(c) 齿轮端面未贴紧轴肩

图 2-1-10　齿轮在轴上常见的装配误差形式

二、主传动配置方式

1. 齿轮传动

采用齿轮传动是大中型数控机床采用较多的一种变速方式，如图 2-1-11(a)所示。通过几对齿轮传动，扩大变速范围，增大低速时的输出扭矩，以满足对主轴输出扭矩特性的要求。部分小型数控机床也采用这种传动方式，以获得强力切削时所需的扭矩。齿轮传动的优点是能够满足各种切削运动的转矩输出，且具有大范围调节速度的能力；缺点是机械结构较复杂，制造成本较高。此外，这种传动方式的机械结构的制造和维修也比较困难。

2. 带传动

带传动主要用在转速较高、变速范围不大的机床，适用于高速、低转矩特性的主轴，如图 2-1-11(b)所示。采用的传动带多为同步齿形带、V 形带和多楔带，其优点是结构简单，安装调试方便。

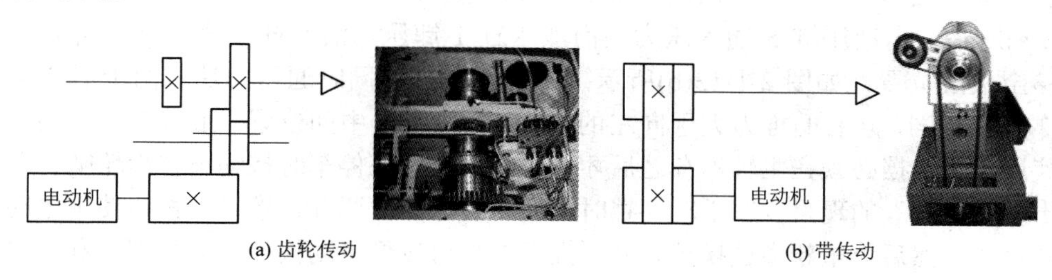

(a) 齿轮传动　(b) 带传动

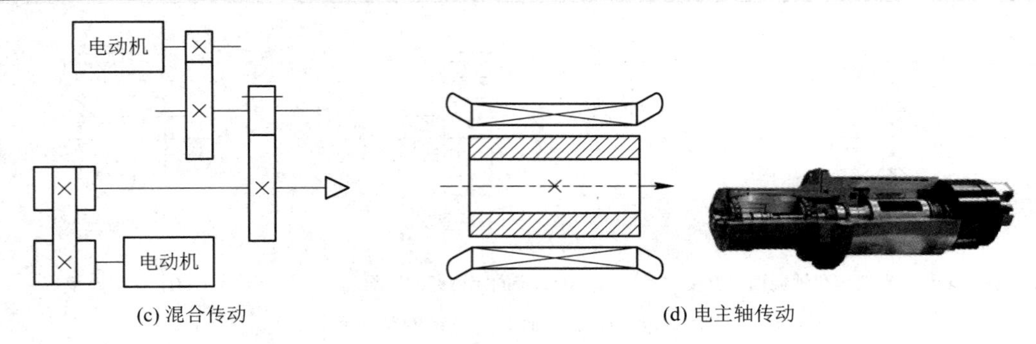

(c) 混合传动　　(d) 电主轴传动

图 2-1-11　主传动配置方式

3. 混合传动

混合传动是指高速时由一个电动机通过带传动驱动，低速时，由另一个电动机通过齿轮传动驱动，如图 2-1-11(c)所示。两个电动机不能同时工作，否则会造成资源浪费。

4. 电主轴传动

电动机转子直接固定在机床主轴上，主轴就是电动机轴，结构紧凑，这种主传动方式大大简化了主轴箱体与主轴的结构，有效地提高了主轴部件的刚度，但主轴输出扭矩小，电动机发热对主轴的精度影响较大，需要考虑电动机的散热，如图 2-1-11(d)所示。电主轴传动多用在小型加工中心机床上，这也是近几年高速加工中心主轴发展的一种趋势。

三、主轴变速换挡方式

1. 手动换挡

手动换挡是通过人工转动机械机构，拨动传动齿轮来改变传动比的换挡方式，如图 2-1-12 所示。这种方式结构简单、经济，但是在机床进行加工前必须把主轴的挡位设置正确，加工的过程中不能通过数控系统或 PLC 自动改变主轴速度。

图 2-1-12　手动换挡

2. 液压拨叉换挡

液压拨叉换挡是指通过改变不同的通油方式，推动液压拨叉移动来实现的换挡方式，如图 2-1-13 所示为差动油缸实现三联齿轮变速的工作原理图。它由液压缸 1 和 5、活塞杆 2、拨叉 3 和活塞 4 组成，通过电磁阀改变不同的通油方式，可以获得拨叉的 3 个位置。当液压缸 1 通入压力油而液压缸 5 卸压，活塞杆 2(相当于活塞)带动拨叉 3 向左移至极限位置，如图 2-1-13(a)所示；当液压缸 5 通入压力油而液压缸 1 卸压，活塞杆 2 和活塞 4 带动拨叉 3 向右移至极限位置，如图 2-1-13(b)所示；当缸 1 和缸 5 同时通压力油，由于活塞 4 和活塞杆 2 直径不同，向右的推力大于向左的推力，拨叉处于中间位置，如图 2-1-13(c)所示。

液压拨叉换挡必须在主轴停车之后才能进行。但是在停车时拨动滑移齿轮啮合时，有可能出现“顶齿”的现象。在手动换挡时只需将齿轮暂时脱开，按点动按钮使主电动机瞬时冲动接通，然后再重新尝试换挡。液压拨叉换挡可以像手动换挡一样处理，利用主轴电动机(或增设一台微电动机)，在拨叉移动滑移齿轮的同时带动各传动齿轮作低速回转或振动，滑移齿轮就能够较顺利地啮合。

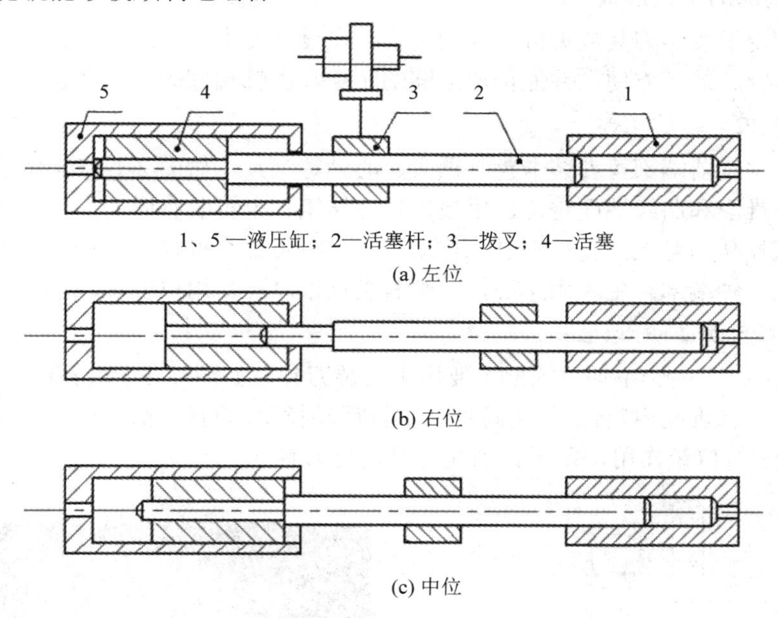

1、5—液压缸；2—活塞杆；3—拨叉；4—活塞

(a) 左位

(b) 右位

(c) 中位

图 2-1-13　差动油缸实现三联齿轮变速的工作原理

3. 电磁离合器自动换挡

电磁离合器自动换挡是应用电磁效应接通或切断运行的元件，便于实现自动化操作，如图 2-1-14 所示。相对于液压拨叉换挡方法，使用电磁离合器能够简化换挡机构。

图 2-1-14　电磁离合器自动换挡

数控机床中常使用无滑环摩擦片式电磁离合器和牙嵌式电磁离合器。摩擦片式电磁离合器采用摩擦片传递转矩，允许不停机变速，但如果速度过高，会由于滑差运动产生大量的摩擦热；牙嵌式电磁离合器由于将摩擦面加工成一定齿形，提高了传递转矩，减小了离合器的径向和轴向尺寸，使主轴结构更加紧凑，摩擦热减小，但牙嵌式电磁离合器必须在主轴停止或转速很低时换挡。电磁离合器自动换挡的缺点是体积大，磁通易使机械零件磁化。

四、主轴部件

在数控机床主传动系统中，主轴部件是关键，它包括主轴、主轴的支承和安装在主轴上的传动零件等，主轴部件质量的好坏直接影响到加工质量。

1. 主轴端部的结构形式

主轴端部用于安装刀具或夹持工件的夹具，在设计要求上，应能保证定位准确、安装可靠、连接牢固、装卸方便，并能传递足够的转矩，主轴端部的结构形状都已标准化。

1) 数控车床主轴前端部

数控车床主轴前端部可安装卡盘、顶尖、心轴等夹具，如图2-1-15(a)所示。卡盘靠主轴前端的短圆锥面和凸缘端面定位，用拨销传递转矩。卡盘装有固定螺栓，当卡盘装于主轴端部时，螺栓从凸缘上的孔中穿过，传动快卸卡板将数个螺栓同时拴住，再拧紧螺母，将卡盘固牢在主轴端部。主轴为空心，前端有莫氏锥度孔，用以安装顶尖或心轴。

2) 数控铣床(加工中心)主轴前端部

数控铣床(加工中心)主轴前端部主要用来安装刀具，如图 2-1-15(b)所示。铣刀刀柄在前端 7∶24 的主轴锥孔内定位，并用拉杆从主轴后端拉紧，而且由前端的端面键传递转矩。7∶24 的锥孔没有自锁作用，便于自动换刀时拔出刀具。

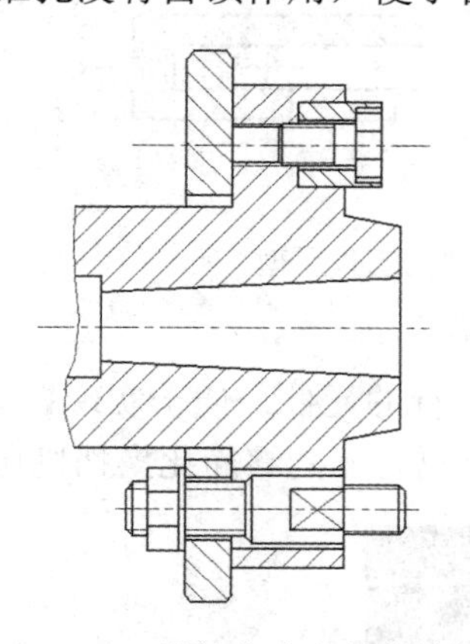

(a) 数控车床主轴前端部

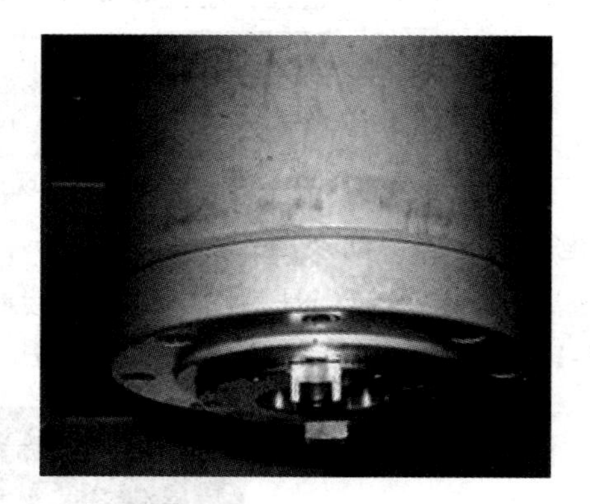

(b) 数控铣床主轴前端部

图 2-1-15　主轴前端部结构形式

2. 主轴支承方式

主轴轴承是主轴组件的重要组成部分，它的类型、结构、配置、精度、安装、调整、润滑和冷却都直接影响主轴组件的工作性能。在数控机床上，常用的主轴轴承有滚动轴承和滑动轴承。

1) 数控机床常用滚动轴承

滚动轴承摩擦阻力小，可以预紧，润滑、维护简单，能在一定的转速范围和载荷变动范围内稳定地工作。滚动轴承由专业化工厂生产，选购维修方便，广泛应用于数控机床上。但与滑动轴承相比，滚动轴承的噪声大，滚动体数目有限，刚度是变化的，抗振性略差，并且对转速有很大的限制。在可能的条件下，数控机床主轴组件应尽量使用滚动轴承，特别是大多数立式主轴和装在套筒内能够做轴向移动的主轴，这种滚动轴承可以用润滑脂润滑，以避免漏油。滚动轴承根据滚动体的结构分为球轴承、圆柱滚子轴承、圆锥滚子轴承三大类，如表 2-1-1 所示。

表 2-1-1　主轴部件采用的轴承类型及特点

轴承类型		实物图	特　点
滚动轴承	锥孔双列圆柱滚子轴承		内圈为 1∶12 的锥孔，当内圈沿锥形轴颈轴向移动时，内圈胀大以调整滚道的间隙。滚子数目多，两列滚子交错排列，因而承载能力大，刚性好，允许转速高。它的内、外圈均较薄，因此，要求主轴颈与箱体孔均有较高的制造精度，以免轴颈与箱体孔的形状误差使轴承滚道发生畸变而影响主轴的旋转精度。该轴承只能承受径向载荷
	双列推力角接触球轴承		接触角为 60°，球径小、数目多，能承受双向轴向载荷。磨薄中间隔套，可以调整间隙或预紧，轴向刚度较高，允许高转速。该轴承一般与双列圆柱滚子轴承配套用作主轴的前支承，并将其外圈外径做成负偏差，保证只承受轴向载荷
	双列圆锥滚子轴承		有一个公用外圈和两个内圈，由外圈的凸肩在箱体上进行轴向定位，箱体孔可以镗成遮孔。磨薄中间隔套可以调整间隙或预紧，两列滚子的数目相差一个，能使振动频率不一致，明显改善轴承的动态特性。这种轴承能同时承受径向和轴向载荷，通常用作主轴的前支承
	角接触球轴承		由外圈、内圈、钢球、保持架组成。可以同时承受径向载荷和轴向载荷，也可以承受纯轴向载荷，能在较高的速度下稳定地工作。单列角接触球轴承只能承受一个方向的轴向载荷。此类轴承在承受纯径向载荷时，由于滚动体载荷作用线与径向载荷作用线不在同一径向平面内，产生内部轴向分力，所以必须成对安装使用
	深沟球轴承		结构简单，应用广泛。主要用于承受径向载荷，也可承受不大的、任一方向的轴向负荷，承受冲击负荷能力差。高速时可代替推力轴承承受纯轴向载荷
滑动轴承	静压滑动轴承		油膜压力是由液压缸从外界供给的，如果忽略旋转时的动压效应，油膜压力和主轴转与不转、转速的高低无关。因此，其承载能力不随转速变化，而且无磨损，起动和运转时摩擦阻力力矩相同。但是需要一套液压装置，成本较高。多用于精度要求较高的主轴系统

2) 滚动轴承的配置

在实际应用中，常见的数控机床主轴轴承配置有如图 2-1-16 所示的三种形式。

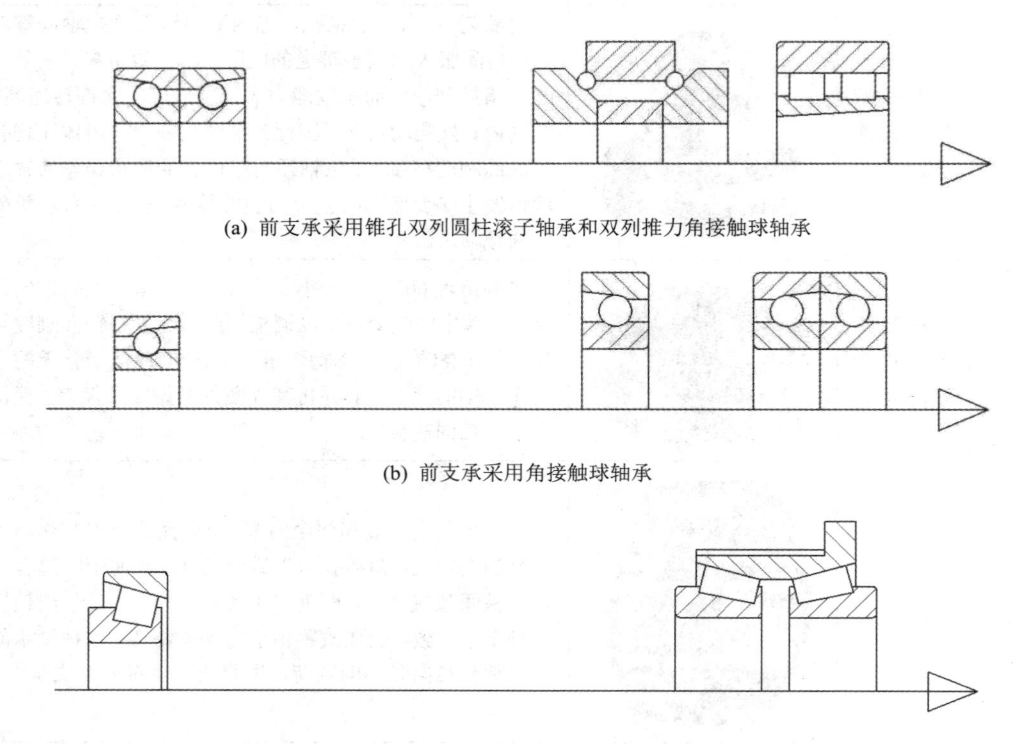

(a) 前支承采用锥孔双列圆柱滚子轴承和双列推力角接触球轴承

(b) 前支承采用角接触球轴承

(c) 前支承采用双列圆锥滚子轴承

图 2-1-16　主轴轴承配置形式

图 2-1-16(a)所示的配置形式能使主轴获得较大的径向和轴向刚度，可以满足机床强力切削的要求，普遍应用于各类数控机床的主轴，如数控车床、数控铣床、加工中心等。这种配置的后支承也可用圆柱滚子轴承，进一步提高后支承的径向刚度。

图 2-1-16(b)所示的配置形式没有图 2-1-16(a)所示的主轴刚度大，但这种配置形式提高了主轴的转速，适合要求主轴在较高转速下工作的数控机床。目前，这种配置形式在立式、卧式加工中心上得到广泛的应用，满足这类机床转速范围大、最高转速高的要求。为提高这种配置形式的主轴刚度，前支承可以用 4 个或更多个的轴承组配，后支承用两个轴承组配。

图 2-1-16(c)所示的配置形式能使主轴承受较重载荷(尤其是承受较强的动载荷)，径向和轴向刚度高，安装和调整性好。但这种配置形式限制了主轴最高转速和精度，适用于中等精度、低速与重载的数控机床主轴。

为提高主轴组件刚度，数控机床还常采用三支承主轴组件，尤其是前、后轴承间跨距较大的数控机床，采用辅助支承可以有效地减少主轴弯曲变形。在三支承主轴结构中，一个支承为辅助支承，辅助支承可以为中间支承，也可以为后支承。辅助支承在径向要保留必要的游隙，避免由于主轴安装轴承处轴径和箱体安装轴承处孔的制造误差(主要是同轴度误差)造成的干涉。辅助支承常采用深沟球轴承。

3. 主轴部件的润滑与密封

1) 润滑

良好的润滑效果可以降低主轴部件的工作温度和延长使用寿命。为此，在操作使用中要做到低速时，采用油脂、油液循环润滑；高速时采用油雾、油气润滑。润滑时的注意事项如下：

(1) 在采用油脂润滑时，主轴轴承的封入量通常为轴承空间容积的 10%，切忌随意填满，因为油脂过多会加剧主轴发热。

(2) 对于油液循环润滑，在操作使用中要做到每天检查主轴润滑恒温油箱，看油量是否充足，如果油量不够，应及时添加润滑油；同时要注意检查润滑油温度范围是否合适。

(3) 油雾润滑是将油液经高压气体雾化后，从喷嘴喷到需润滑的部位。由于是雾状油液，其吸热性好，又无油液搅拌作用，因此常用于高速主轴轴承的润滑。但是油雾容易吹出，污染环境，目前欧洲有些国家已经禁止使用这种润滑方式。

(4) 油气润滑方式近似于油雾润滑方式，但油雾润滑方式是连续供给油雾，而油气润滑则是定时定量地把油雾送进轴承空隙中，这样既实现了油雾润滑，又避免了油雾太多而污染周围空气。喷注润滑方式是用较大流量的恒温油(每个轴承 3～4 L/min)喷注到主轴轴承，以达到润滑、冷却的目的。这里较大流量喷注的油必须靠排油泵强制排油，而不是自然回流。同时，还要采用专用的大容量高精度恒温油箱，将油温变动控制在±0.5℃。

2) 密封

主轴部件的密封不仅要防止灰尘、屑末和切削液进入主轴部件，还要防止润滑油的泄漏。主轴部件的密封有非接触式密封和接触式密封。

(1) 非接触式密封。对于非接触式密封，为了防止泄漏，重要的是保证回油能够尽快排掉，要保证回油孔的通畅。非接触式密封的主要形式如图 2-1-17 所示。图 2-1-17(a)所示为利用轴承盖与轴的间隙密封，在轴承盖的孔内开槽是为了提高密封效果，常用于工作环境比较清洁的油脂润滑处。图 2-1-17(b)所示为在螺母的外圆上开锯齿形环槽，当油液向外流时，靠主轴转动的离心力把油液沿斜面甩到端盖的空腔内，油液再流回油箱内。图 2-1-17(c)所示为迷宫式密封的结构，在切屑多、灰尘大的工作环境下可获得可靠的密封效果，适用于油脂或油液润滑的密封。

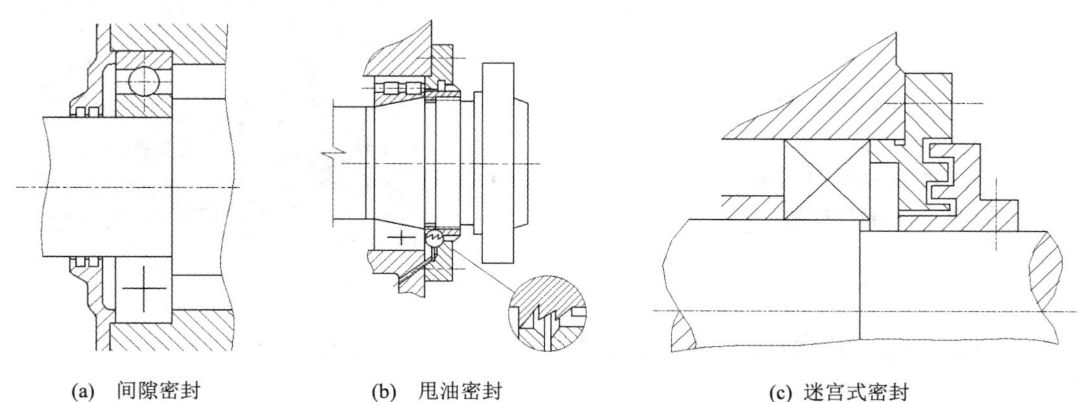

(a)　间隙密封　　(b)　甩油密封　　(c) 迷宫式密封

图 2-1-17　非接触式密封的主要形式

(2) 接触式密封。接触式密封主要有油毡圈密封和耐油橡胶密封圈密封两种，在使用过程中，要注意检查其老化和破损，如图 2-1-18 所示。

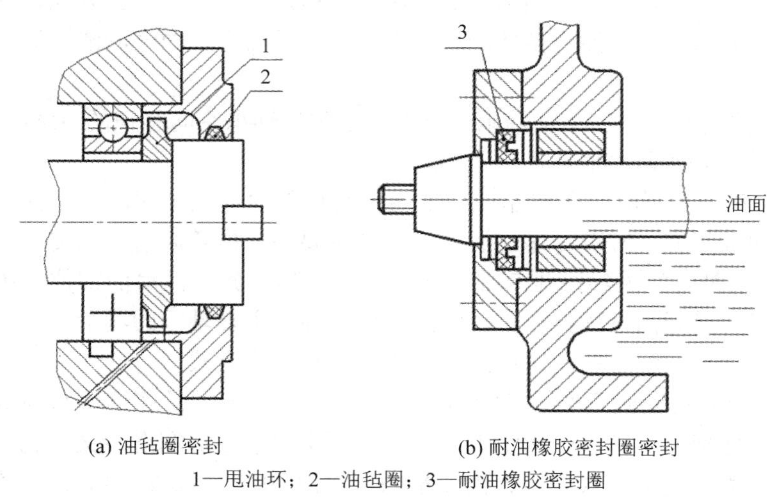

(a) 油毡圈密封　　(b) 耐油橡胶密封圈密封

1—甩油环；2—油毡圈；3—耐油橡胶密封圈

图 2-1-18　接触式密封的主要形式

任务实施

完成数控车床主传动装置带轮、卡盘拆卸工作(仿真)

数控车床主传动装置带轮、卡盘拆卸工作(仿真)的具体实施步骤如下：

(1) 运行上海宇龙公司数控机床结构原理仿真软件。

开启计算机后，用鼠标左键单击“开始”按钮，在“所有程序”目录中弹出“宇龙数控机床结构原理仿真软件”的子目录，如图 2-1-19 所示，在接着弹出的下级子目录中单击“加密锁管理程序”，加密锁程序启动后，屏幕右下方工具栏中出现图标。

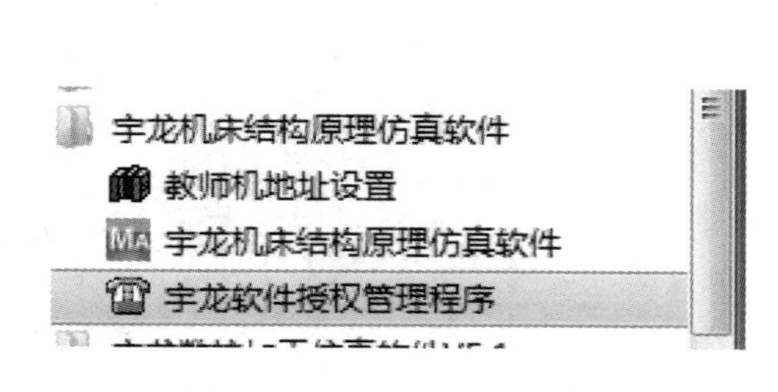

图 2-1-19　启动加密锁管理程序

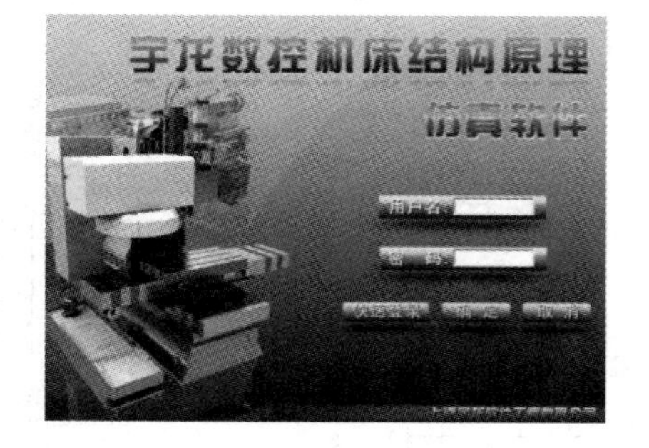

图 2-1-20　用户登录界面

重复上面的操作，在最后弹出的目录中单击“宇龙数控机床结构原理仿真软件”，系统弹出用户登录界面，如图 2-1-20 所示。单击界面上的快速登录按钮，选择数控车床，即可进入数控机床结构仿真界面(1)，如图 2-1-21 所示。

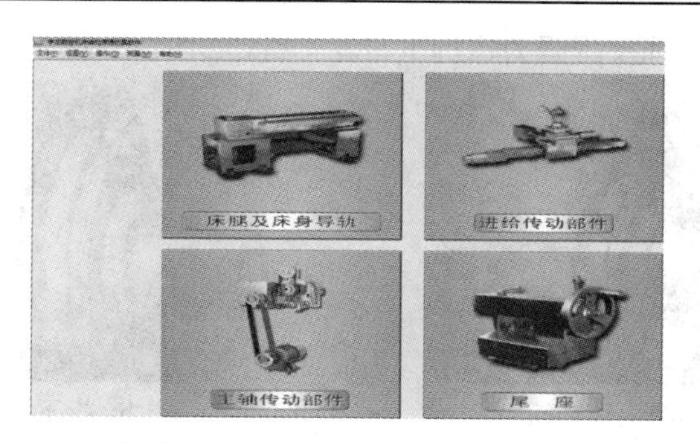

图 2-1-21　数控机床结构仿真界面(1)

(2) 依次选取“主轴传动部件”→“主轴带轮与卡盘模块”→“拆除”，进入相应机床结构仿真界面，如图 2-1-22、图 2-1-23 所示。

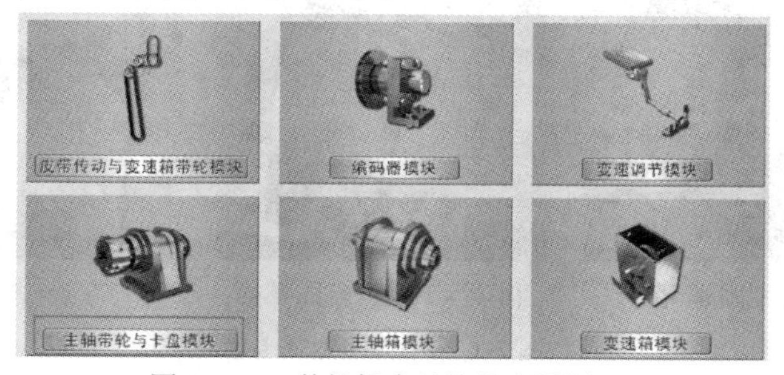

图 2-1-22　数控机床结构仿真界面(2)

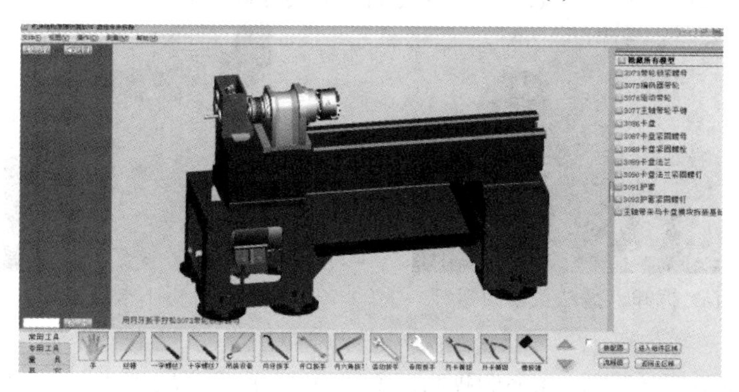

图 2-1-23　数控机床主轴箱模块拆卸界面

(3) 用钩形扳手(月牙扳手)拆下带轮锁紧螺母，用手拆下编码器带轮，如图 2-1-24 所示。

(a) 拆卸后紧固螺母

(b) 拆下后端盖紧固螺钉

图 2-1-24　拆卸编码器带轮

(4) 用手拆下主轴带轮，用强力钳拆下带轮平键，如图 2-1-25 所示，主轴带轮拆卸完毕。

(a) 拆卸主轴带轮

(b) 拆下平键

图 2-1-25　拆卸主轴带轮

(5) 用活动扳手拆卸卡盘紧固螺母，用手拆下卡盘紧固螺栓，拆下卡盘，如图 2-1-26 所示。

(a) 拆卸卡盘紧固螺母

(b) 拆下卡盘紧固螺栓

(c) 拆下卡盘

图 2-1-26　拆卸主轴卡盘

(6) 用内六角扳手拆下卡盘法兰紧固螺钉，用手拆下卡盘法兰，如图 2-1-27 所示。

(a) 拆卸卡盘法兰紧固螺钉

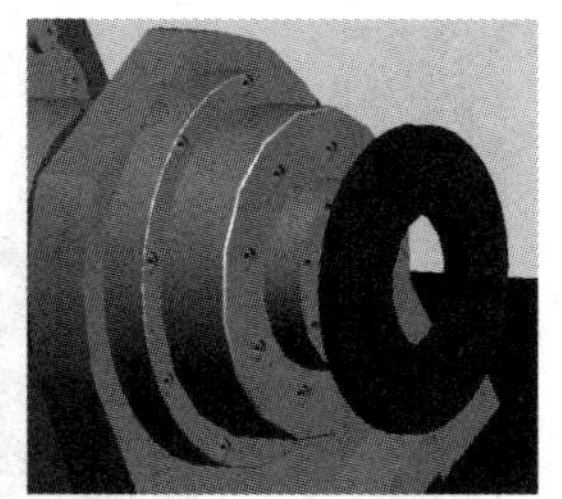

(b) 拆下卡盘法兰

图 2-1-27　拆卸卡盘法兰

(7) 用内六角扳手拆下护套紧固螺钉，用手拆下护套，如图 2-1-28 所示，主轴卡盘拆卸完毕。

(a) 拧松护套紧固螺钉

(b) 拆下护套紧固螺钉

(c) 拆下护套

图 2-1-28　拆卸护套

提示：

数控车床主传动装置带轮、卡盘的安装工艺过程与拆卸过程相反，读者可自行练习。

任务评价

认识数控机床主传动系统的评分标准如表 2-1-2 所示。

表 2-1-2　认识数控机床主传动系统的评分标准

班级：			姓名：		学号：	
任务 2.1　认识数控机床主传动系统					实物图：	
序号	检测内容		配分	检测标准	评价结果	得分
1	V 形带传动的拆卸与安装	带轮拆卸	25	熟悉机械结构原理，拆卸工艺过程合理，工具使用规范，实训报告完整		
2		带轮安装	25	熟悉机械结构原理，拆卸工艺过程合理，工具使用规范，实训报告完整		
3	主轴卡盘的拆卸与安装	卡盘拆卸	25	熟悉机械结构原理，拆卸工艺过程合理，工具使用规范，实训报告完整		
4		卡盘安装	25	熟悉机械结构原理，拆卸工艺过程合理，工具使用规范，实训报告完整		
5	7S 管理	装配调试规范	20	工具、量具清理后摆放整齐，保养得当		
综合得分			100			

思考与练习

一、填空题

1. 常用的机械传动装置包括__________、__________、__________、__________传动等。

2. 带传动是利用张紧在带轮上的__________进行__________或__________传递的一种机械传动。根据传动原理的不同，有__________形带传动和依靠带与带轮上的齿相互啮合传动的__________传动。

3. 同步带的最基本参数是__________和__________。为此国际上有__________和

__________两种标准。

4. 一般带轮孔和轴的连接采用___________配合。

5. 齿轮轴部件装入箱体后，要检验齿轮副的____________，包括___________的测量和___________的检查。

6. 分段无级变速的方式有___________、通过带传动的主传动、用两个电动机分别驱动主轴、内装电动机主轴等形式。

7. 为了实现带传动的准确定位，常用多楔带和____________。

二、简答题

1. 为何要调整传动带的张紧力？如何调整？

2. V 形带安装的要点是什么？安装后如何调整？

3. 齿轮装在轴上后，为什么要检查径向跳动和端面跳动？如何检查？

任务 2.2　数控车床主传动系统机械装调

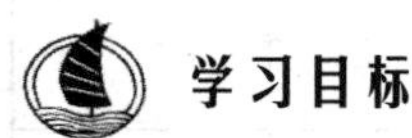

学习目标

(1) 掌握数控车床主传动系统装配图的识图方法；

(2) 掌握数控车床主轴箱相关部件的拆装与调整方法；

(3) 熟悉数控车床主传动系统常见故障诊断与维修方法；

(4) 掌握正确使用工量具的方法，并逐渐养成良好的工作习惯，提升职业素养。

任务引入

安装与调试数控车床主传动系统的前提是看懂其装配图，而维修数控车床主传动系统的前提是掌握数控车床主传动系统的装调。因此，分析主传动系统图、熟悉主传动系统装配图是进行装调与维修工作的第一步。如图 2-2-1 所示为数控车床主轴箱装配现场。

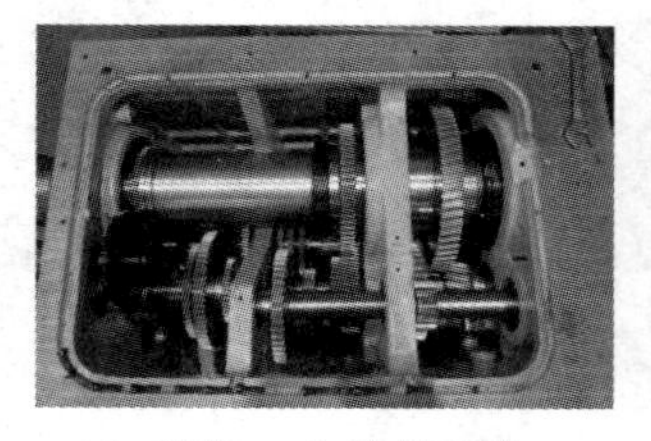

(a) 部件：主轴箱安装

(b) 零件：主轴

(c) 主轴箱装配

图 2-2-1　数控车床主轴箱装配现场

任务分析

主传动系统图是表示机床主运动关系的示意图，明确机床运动和传动的情况。主传动系统装配图是用来表达零件相互间的位置及传动关系的，通过装配图就可以知道某个零件在机构中的位置和零件间的相互关系，从而也可以知道某些零件在机构中的重要性。只有读懂装配图，懂得零件的重要性，才能进行零件的装配，进一步装配好各种零件，装配出合格的机构。

数控车床主轴箱是一个比较复杂的传动部件，它的装配图包括展开图、各种向视图和剖面图。在分析主轴箱展开图时，要明确以下问题：

(1) 各种传动元件(如轴、齿轮、带传动和离合器等)的传动关系；各传动轴及主轴等有关零件的结构形状、装配关系和尺寸，以及箱体有关部分的轴向尺寸和结构。

(2) 主轴箱部件的结构，有时仅有展开图不能表示出每个传动元件的空间位置及其他机构(如操作机构、润滑装置等)，因此，看装配图时还需要借助必要的向视图及其他剖视图。

相关知识

一、主传动系统分析

1. 主传动系统图

主传动系统图中的各传动元件是按照运动传递的先后顺序，以展开图的形式画出来的。该图只表示传动关系，不表示各传动元件的实际尺寸和空间位置。

主运动传动链的功用是把动力源(电动机)的运动传给主轴，使车床的主轴实现变速和换向。如图 2-2-2 所示的车床的主运动为自动有级变速(双速电动机+电磁离合器)，电动机有两种速度输出。

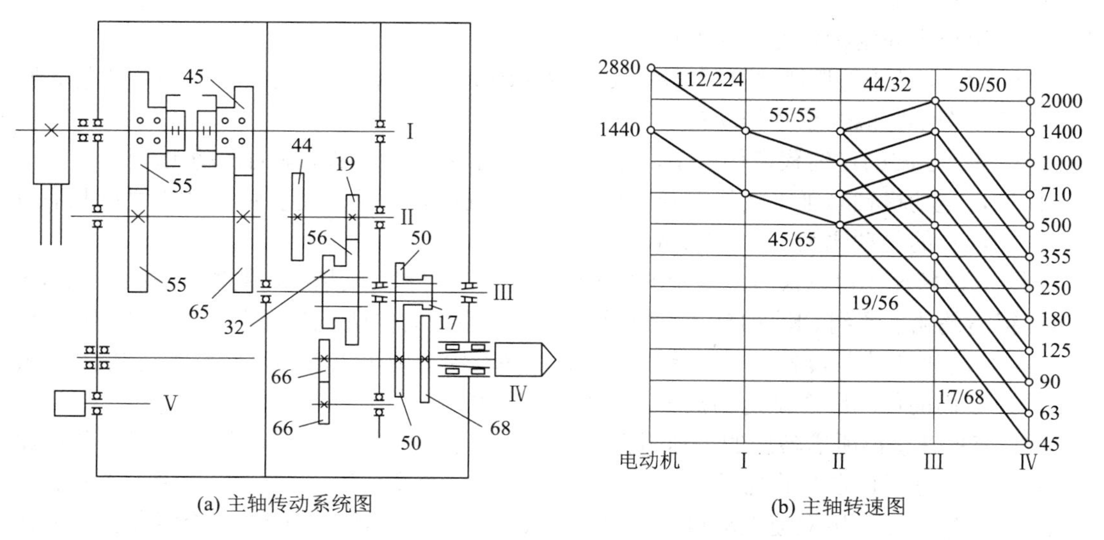

(a) 主轴传动系统图　　(b) 主轴转速图

图 2-2-2　CKA6150 型数控车床主传动系统

主运动由电动机经三角带传至主轴箱的轴Ⅰ，如图 2-2-2(a)所示，轴Ⅰ上装有两个电磁离合器，其作用是实现变速。这两个电磁离合器分别与齿轮(Z=45)和齿轮(Z=55)连在一起。当左侧离合器压紧的时候，轴Ⅰ上的运动经左侧离合器摩擦片及齿轮副 55/55 传递给轴Ⅱ。当右侧离合器压紧的时候，轴Ⅰ上的运动经右侧离合器摩擦片及齿轮副 45/65 传递给轴Ⅱ。轴Ⅱ的运动可通过两对齿轮副 44/32、19/56 传到轴Ⅲ。轴Ⅲ的运动可通过两对齿轮副 50/50、17/68 传到轴Ⅳ，编码器轴Ⅴ的运动是经齿轮副 66/66 由轴Ⅳ传递过来的。其传动路线表述如下：

$$\text{电动机}\left|\begin{matrix}1440\ \text{r/min}\\ 2880\ \text{r/min}\end{matrix}\right|-\text{I}-\left|\begin{matrix}\frac{55}{55}\\ \frac{45}{65}\end{matrix}\right|-\text{II}-\left|\begin{matrix}\frac{44}{32}\\ \frac{19}{56}\end{matrix}\right|-\text{III}-\left|\begin{matrix}\frac{50}{50}\\ \frac{17}{68}\end{matrix}\right|-\text{IV}\ (\text{主轴})$$

看懂传动路线是认识机床和分析机床的基础。通常，看懂机床传动路线的方法是“抓两端，连中间”，也就是说，在了解某一条传动链的传动路线时，首先应找出它的两个末端件——电动机(动力源)及主轴(执行元件)，然后连中间，找出它们之间的传动联系，这样就能比较容易地认识清楚传动路线。

2. 主轴转速级数及转速值

由传动系统图可以看出，在主轴转动时，利用电动机不同速度、各滑动齿轮轴向位置的不同组合以及离合器的不同状态，共可得到 $2\times2\times2\times2=16$ 种主轴转速，但实际上主轴只得到 $2\times2\times(2+1)=12$ 种主轴转速。这是因为，其中 180、250、355 及 500 这 4 种转速可以由两条传动路线重复获得。为了避免重复，我们利用操纵装置控制齿轮滑移位置，将转速分为低、中、高三挡。

3. 转速图

图 2-2-2(b) 是 CKA6150 型数控车床主传动系统的主轴转速图(转速分布图)，图中点线含义如下：

(1) 竖线代表传动轴。

(2) 横线(纵向坐标) 代表转速值。

(3) 竖线上的小圆圈(竖线与斜线的交点)表示传动轴实际具有的转速。转速图中每条竖线上的若干个小圆圈表示各传动轴及主轴实际具有的转速。

(4) 竖线之间的连线代表传动副，连线的倾斜程度代表此传动副的传动比。

例如，电动机轴与轴Ⅰ之间有两条平行的下斜连线，表示电动机轴与轴Ⅰ之间只有 1 对传动副，它的传动比为 $u=112/224$。

因此，由转速图可以很清楚地看出机床传动链的传动和运动情况。例如，由图 2-2-2（b）中可以很清楚地了解到 CKA6150 型数控车床主传动系统的传动和运动情况，这些情况包括：

(1) 传动轴的数量及各轴传递运动的先后顺序。由图中可以看出，此传动链共有 4 根传动轴，它们的传动顺序是电动机—Ⅰ—Ⅱ—Ⅲ—Ⅳ。

(2) 使主轴获得所需转速的变速组数量及每一变速组中的传动副对数(能变换的传动比种数)。通常，每两轴之间的几对变速用传动副，称为一个变速组。由图 2-2-2 中可以看到，主轴的不同转速是利用双速电动机、电磁离合器以及轴Ⅰ到轴Ⅳ之间的各个滑动齿轮变速机构改变传动比来实现的。

(3) 各传动副传动比。如图 2-2-2(b)所示，由轴Ⅱ到轴Ⅲ的传动副传动比为 44/32、19/56。

(4) 各轴的转速及转速级效。例如，由图 2-2-2(b)中可以看出轴Ⅰ转速包括 $n=1400$r/min 和 $n=710$ r/min，共二级。同样可以由图中看出其他各轴的转速。

(5) 主轴各级转速的传动公式。

双速电动机+两个电磁离合器+主挡手动变速，可使主轴得到 12 级转速。

主轴的最低转速传动公式为

$$1440\times\frac{112}{224}\times\frac{45}{65}\times\frac{19}{56}\times\frac{17}{68}\ \text{r/min}=45\ \text{r/min}$$

主轴的某中间转速传动公式为

$$1440\times\frac{112}{224}\times\frac{55}{55}\times\frac{44}{32}\times\frac{17}{68}\ \text{r/min}=250\ \text{r/min}$$

主轴的最低转速传动公式为

$$1440\times\frac{112}{224}\times\frac{55}{55}\times\frac{44}{32}\times\frac{50}{50}\ \text{r/min}=2000\ \text{r/min}$$

其余传动路线见主轴传动系统图(见图 2-2-2(a))。主轴的各级转速如表 2-2-1 所示，在手动低(L)、中(M)、高(H)三挡范围内可实现四级自动变速。

表 2-2-1　主轴的各级转速

L	45	63	90	125
M	180	250	355	500
H	710	1000	1400	2000

由于转速图能清楚而直观地表示传动链的运动和传动情况，所以它是认识机床和设计机床的有效工具。

二、主轴部件结构特征

如图 2-2-3 所示为 CK6136 型数控车床主轴箱结构图，主要包括主轴箱体、主轴、轴承、端盖、隔套、锁紧螺母、V 形带轮、同步带轮、过渡盘等零件。

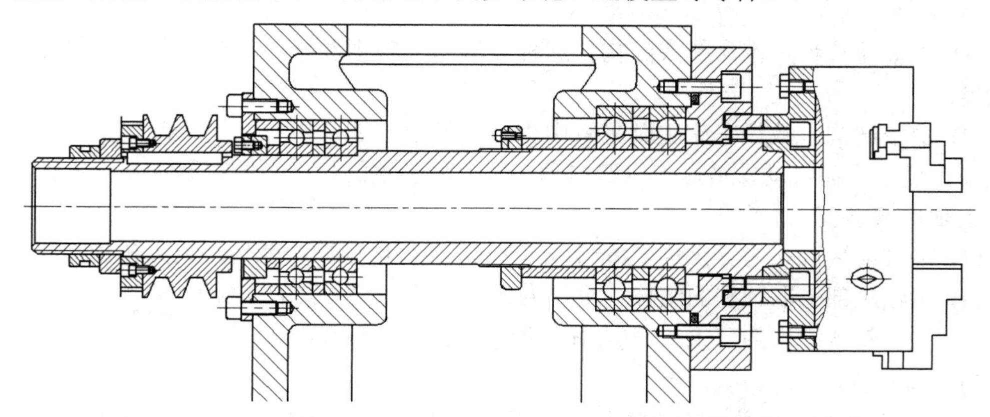

图 2-2-3　CK6136 型数控车床主轴箱结构

1. 主轴箱体

数控车床主轴箱体主要分为铸造箱体、焊接箱体两种形式，主轴箱体具有以下功能：

(1) 支承并包容各传动零件，使它们能够保持正常的关系和运动精度；

(2) 安全保护和密封，使箱体内的零件不受外界环境的影响，保护操作者的人身安全；

(3) 具有隔振、隔热、隔音作用；储存润滑剂，实现各运动件的良好润滑；

(4) 改善机床造型，协调机床各部分比例，使整机造型美观。

2. 主轴

主轴是数控车床主传动装置的关键零件，这里主要介绍主轴的尺寸参数、结构特征及支承安装方式等。

1) 主轴尺寸参数

主轴的主要尺寸参数包括主轴直径、内孔直径、悬伸长度和支承跨度。评价和考虑主轴主要尺寸参数的依据是主轴的刚度、结构工艺性和主轴组件的工艺适用范围。

(1) 主轴直径。主轴直径越大，其刚性越高，但轴承和轴上其他零件的尺寸也相应增大。轴承的直径越大，同等级精度轴承的公差值也就越大，要保证主轴的旋转精度就越困难，同时极限转速也会下降。

(2) 主轴内孔直径。主轴内孔用来通过棒料，或用于通过刀具夹紧装置固定刀具以及传动气动或液压卡盘等。主轴内孔直径越大，可通过的棒料直径就越大，机床的使用范围就越大，同时主轴部件也越轻。主轴内孔直径大小主要受主轴刚度的制约。当主轴的内孔直径与主轴直径之比小于 0.3 时，空心主轴的刚度几乎与实心主轴的刚度相当；为 0.5 时，空心主轴的刚度为实心主轴刚度的 90%；大于 0.7 时，空心主轴的刚度开始急剧下降。

(3) 主轴悬伸长度。主轴的悬伸长度与主轴前端结构的形状尺寸、前轴承的类型和组合方式以及轴承的润滑与密封有关。主轴的悬伸长度对主轴的刚度影响很大，主轴悬伸长度越短，其刚度越好。

(4) 主轴支承跨度。主轴的支承跨度对主轴本身的刚度有很大的影响。主轴的轴端用于安装夹具和刀具，要求夹具和刀具在轴端的定位精度高、定位刚度好、装卸方便，同时使主轴的悬伸长度短。

2) 主轴结构特征

(1) 主轴前端为短锥法兰式结构。这种结构的主轴刚性好，连接可靠，可保证主轴装配精度。

(2) 中空结构。数控车床主轴采取中空结构便于装夹长棒料，便于拆卸安装在主轴上的顶尖，便于安装气动、液压卡盘等自动夹紧工件装置的拉杆，并有利于减轻主轴重量，提高主轴抗弯刚度。

(3) 主轴前端锥孔为莫氏锥度(6 号或 5 号)，具有自锁性，能传递较大扭矩。

(4) 主轴尾部采取圆柱面结构，可作为各种自动夹紧装置的安装基面。

(5) 主轴整体结构为前大后小(直径方向)，便于主轴安装。

3) 主轴支承

图 2-2-3 中 CK6136 型数控车床主轴采取两端支承方式(前端固定，后端简支)，前端、后端各采用一对角接触球轴承(背对背安装)，通过轴承间的内外隔圈实现预紧。

主轴前端支承向左轴向力传递路线：卡盘→过渡盘→主轴→主轴前端角接触球轴承内圈→滚动体钢球→轴承外圈→外隔套→第二个角接触轴承外圈 →主轴箱体。

主轴前端支承向右轴向力传递路线：卡盘→主轴→主轴前端锁紧螺母→长隔套→主轴前端第二个轴承内圈→滚动体钢球→轴承外圈→外隔套→前端第一个轴承外圈→前端盖→

紧固螺钉→主轴箱体。

4) 带轮与主轴安装方式

数控车床主轴带轮与主轴安装方式分为键连接、锥环连接两种方式。主轴采取键连接方式会减弱主轴强度(若主轴达到相同强度，主轴直径需增加 3%～7%)，破坏主轴原有的动平衡，限制主轴转速；主轴采取锥环连接方式可有效克服键连接的缺点，但需要注意内外锥环的安装位置，否则达不到应有的连接效果。

5) 主轴滚动轴承的预紧

所谓轴承预紧，就是使轴承滚道预先承受一定的载荷，这不仅能消除间隙而且还使滚动体与滚道之间发生一定的变形，从而使接触面积增大，轴承受力时变形减少，抵抗变形的能力增大。因此，对主轴滚动轴承进行预紧和合理选择预紧量，可以提高主轴部件的旋转精度、刚度和抗振性。机床主轴部件在装配时对轴承进行预紧，使用一段时间以后，间隙或过盈有了变化，还得重新调整，所以要求预紧结构要便于调整。滚动轴承间隙的调整或预紧，通常是使轴承内、外圈作相对轴向移动来实现的。常用的预紧方法有以下几种：

(1) 使轴承内圈移动。

如图 2-2-4 所示的几种使轴承内圈移动的方法适用于锥孔双列圆柱滚子轴承，用螺母通过套筒推动内圈在锥形轴颈上做轴向移动，使内圈变形胀大，在滚道上产生过盈，从而达到预紧的目的。

图 2-2-4(a)所示的结构简单，但预紧量不易控制，常用于轻载机床主轴部件；图 2-2-4(b)所示是用右端螺母限制内圈的移动量，易于控制顶紧量；图 2-2-4(c)所示是在主轴凸缘上均布数个螺钉以调整内圈的移动量，调整方便，但是用几个螺钉调整，易使垫圈歪斜；图 2-2-4(d)所示是将紧靠轴承右端的垫圈做成两个半环，可以径向取出，修磨其厚度可控制预紧量的大小，调整精度较高，调整螺母一般采用细牙螺纹，便于微量调整，而且在调好后要能锁紧防松。

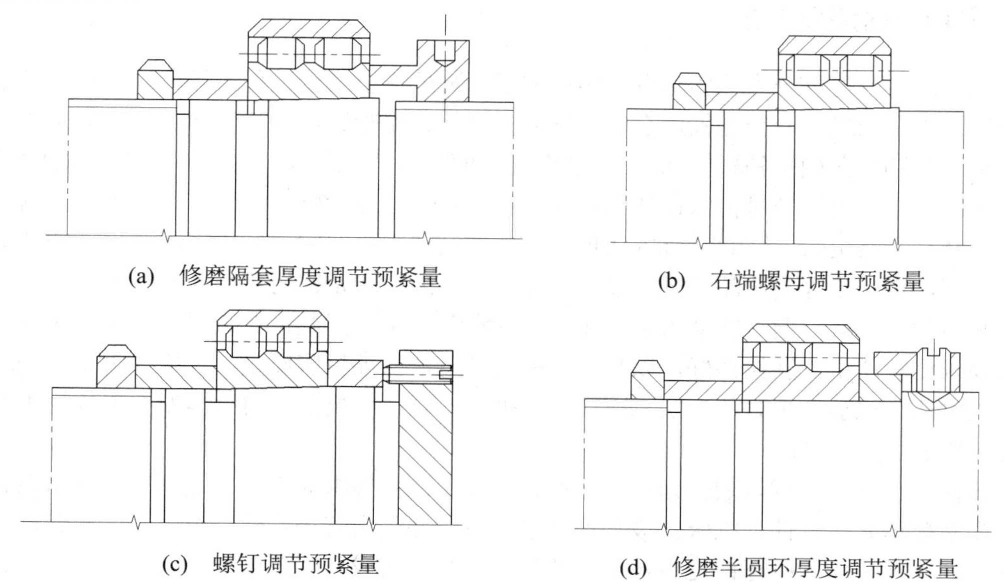

(a)　修磨隔套厚度调节预紧量

(b)　右端螺母调节预紧量

(c)　螺钉调节预紧量

(d)　修磨半圆环厚度调节预紧量

图 2-2-4　使轴承内圈移动

(2) 修磨座圈或隔套。

如图 2-2-5(a)所示为轴承外圈宽边相对(背对背)安装，这时可修磨轴承内圈的内侧；如图 2-2-5(b)所示为外圈窄边相对(面对面)安装，这时可修磨轴承外圈的窄边。在安装时按图示的相对关系装配，并用螺母或法兰盖将两个轴承轴向压拢，使两个修磨过的端面贴紧，这样在两个轴承的滚道之间产生预紧。另一种方法是将两个厚度不同的隔套放在两轴承内、外圈之间，同样将两个轴承轴向相对压紧，使滚道之间产生预紧，如图 2-2-5(c)、(d)所示。

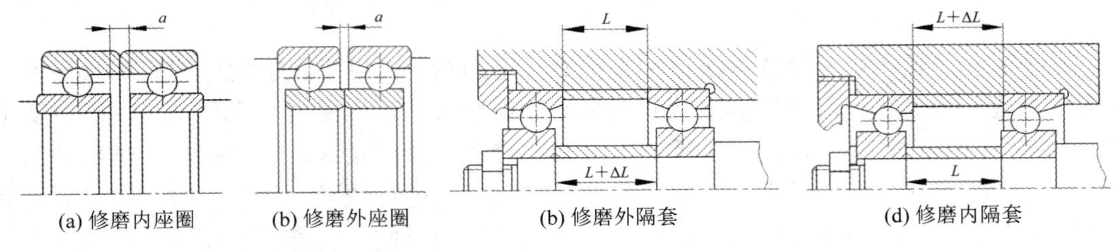

图 2-2-5　修磨座圈或隔套

(3) 自动预紧。

如图 2-2-6 所示，用沿圆周均布的弹簧对轴承预加一个基本不变的载荷，轴承磨损后能自动补偿，且不受热膨胀的影响。其缺点是只能单向受力。

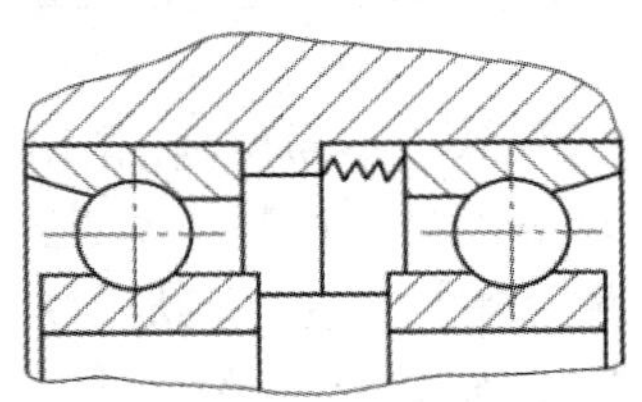

图 2-2-6　自动预紧

三、主轴箱的装配工艺

机床的生产可以分为毛坯制造、零件加工、装配 3 个工艺过程。机床的装配是整个机床制造过程中的最后一个过程，它包括安装、调整、检验、试验、油漆及包装等工作。

装配工艺的基本任务就是保证在一定的生产条件下，多、快、好、省地装配出合格的产品。

机床的装配过程是对机床设计和零件加工质量的综合检验。设计和加工中的问题通过装配必然会暴露出来。因此，可以从机床的装配过程中存在的问题提出改进设计和革新工艺的方案，进一步提高产品质量。设计、加工、装配三者是密切相关、相互促进的。零件设计和零件加工有问题，就会影响装配的质量和劳动量。因此，在大量生产时，对零件精度的要求比较严格，互换性好，以减少装配劳动量，保证机床质量。一般在大量生产时，装配工时约为机加工工时的 20%，而单件小批生产时，装配工时约为机加工工时的 40%～60%，甚至达到 100%。

任何一台机床都可以划分为若干零件、组件和部件等组成部分，这些零件、组件、部件称为装配单元。零件是机床的最基本的单元；组件是由若干零件组合而成的单元，如床头箱中的一根传动轴；部件是由若干零件和组件组合而成，如车床的床头箱、溜板箱、走刀箱、尾架等都是部件。

四、主轴箱的拆装

数控车床主轴箱的拆装过程包含主轴箱的拆卸和主轴箱的装配两个环节。当数控车床主传动系统出现故障时，需要对主轴箱进行拆卸操作，通过检查排查故障；当数控车床主传动系统经过毛坯制造、零件加工等环节后，需要对主轴箱进行装配操作，实现数控车床主传动系统的功能。

数控车床主轴箱由若干零件、组件和部件组成，主轴箱的装配过程首先将零件连接组合为组件，然后，在组件装配的基础上进行部件的装配。在确定部件装配顺序时，要详细分析机床和部件的装配图和传动系统图。根据结构组合特点，初步拟定部件的装配程序，通过试装实践，进行修订，最后确定部件的装配过程，拟定主轴箱部件装配工艺过程，大体上是按照先下后上，先里后外的顺序进行。

1. 主轴箱的拆卸步骤

(1) 依次拆卸主轴后端零件，包括锁紧螺母、同步齿带轮、三角带轮，如图 2-2-7 所示。

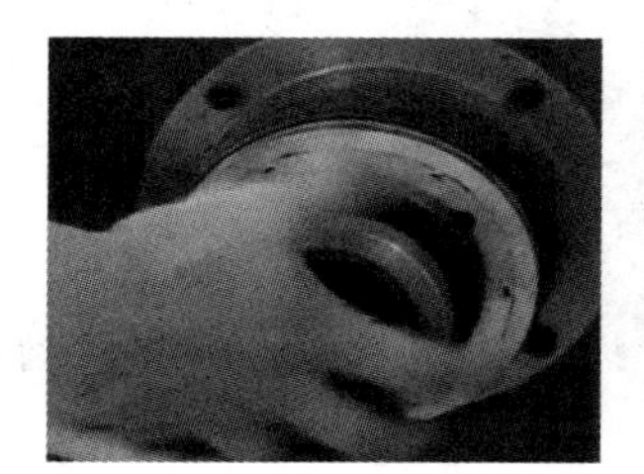

(a) 拆卸锁紧螺母

(b) 拆卸同步齿带轮

(c) 拆卸三角带轮

图 2-2-7　拆卸主轴后端零件

(2) 用强力钳取出带轮平键，如图 2-2-8 所示。用内六角扳手拆卸后端盖紧固螺钉，拆下后端盖，如图 2-2-9 所示。

图 2-2-8　拆卸平键

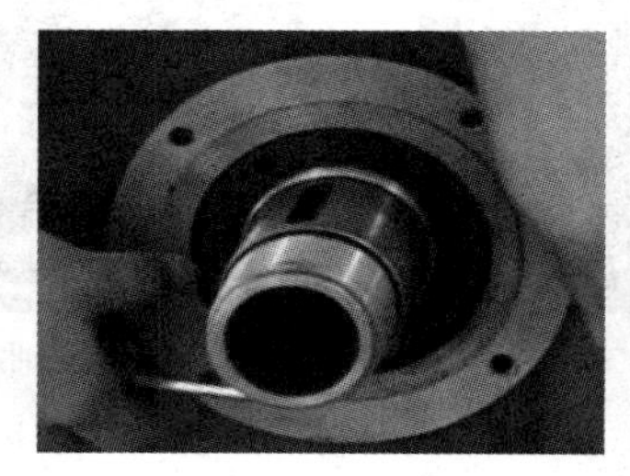

图 2-2-9　拆卸后端盖

图 2-2-10　拆卸前端盖紧固螺钉

(3) 用内六角扳手拆卸前端盖紧固螺钉，如图 2-2-10 所示。

(4) 用铜棒拆下主轴组件，如图 2-2-11 所示。

图 2-2-11　拆卸主轴组件

(5) 用内六角扳手拆卸后轴承锁紧螺母，如图 2-2-12 所示。

(6) 用拉马器取出主轴后端轴承及内、外隔套，如图 2-2-13 所示。

图 2-2-12　拆卸后轴承锁紧螺母

图 2-2-13　拆卸后端轴承

(7) 依次取出主轴前端轴承锁紧螺母、隔套、前端轴承、内外、隔套、前端盖，如图 2-2-14 所示。至此，主轴箱拆卸完毕。

(a) 拆卸锁紧螺母

(b) 拆卸隔套

(c) 拆卸前端轴承、内外隔套、前端盖

图 2-2-14　拆卸主轴前端零件

2. 主轴箱的安装步骤

(1) 用煤油(或汽油) 清洗主轴轴承，用干布擦干轴承，依次安装主轴前端盖，如图 2-2-15 所示。

(a) 清洗主轴轴承

(b) 擦干轴承

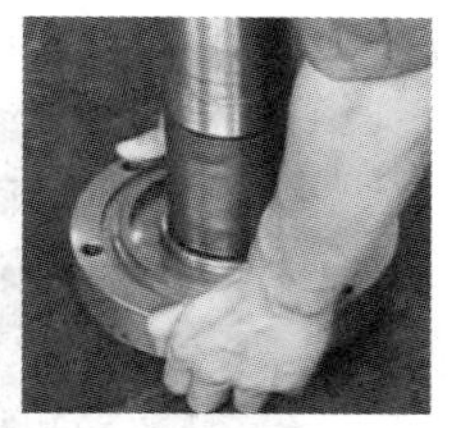

(c) 安装主轴前端盖

图 2-2-15　清洗轴承并安装前端盖

(2) 用轴承自控加热器将轴承加热到 200℃以上，戴隔热手套取下轴承，并套入主轴，如图 2-2-16 所示。

(a) 加热轴承

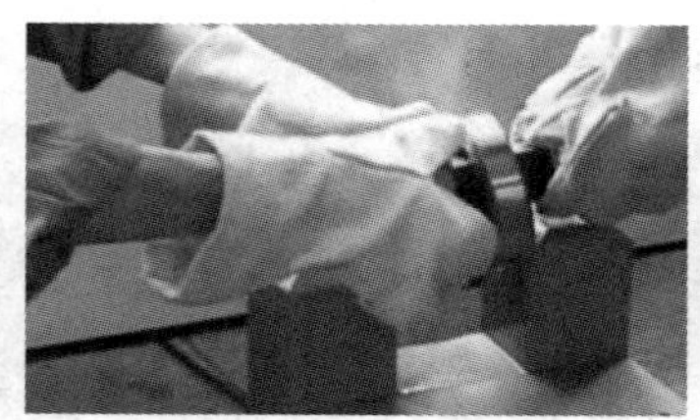

(b) 取下轴承

(c) 安装主轴前轴承

图 2-2-16　安装主轴

(3) 依次安装外隔套、内隔套、轴承(前端第二个)、轴承套、锁紧螺母，如图 2-2-17 所示。

(a) 加热轴承

(b) 取下轴承

(c) 安装主轴前轴承

(d) 安装轴承套

(e) 安装主轴前端锁紧螺母

图 2-2-17　安装隔套和轴承

(4) 依次安装主轴后端轴承(第一个)、内隔套、外隔套、轴承(第二个)，如图 2-2-18 所示。

(a) 安装主轴后端轴承

(b) 安装主轴后端内、外隔套

(c) 安装主轴后轴承

(d) 涂抹轴承润滑脂

(e) 安装主轴后端锁紧螺母

(f) 安装主轴组件至主轴箱体

图 2-2-18 安装主轴后端轴承、隔套和锁紧螺母

(5) 安装主轴前端盖紧固螺钉，用磁力表座和百分表配合检测主轴端面跳动、径向跳动度，至此，主轴箱安装完毕，如图 2-2-19 所示。

(a) 安装主轴前端盖紧固螺钉

(b) 检测主轴端面跳动度

(c) 检测主轴径向跳动度

图 2-2-19　主轴精度检测

任务实施

完成数控车床主传动装置拆卸工作(仿真)

数控车床主传动装置拆卸工作(仿真)的具体实施步骤如下：

(1) 运行上海宇龙公司数控机床结构原理仿真软件。

开启计算机后，启动数控机床结构原理仿真软件，依次选取“数控车床”→“主轴传动部件”→“主轴箱模块”→“拆除”，进入数控机床结构仿真界面，如图 2-2-20、图 2-2-21 所示。

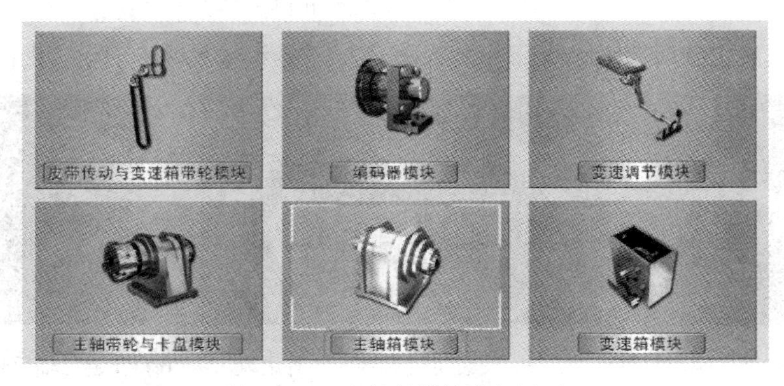

图 2-2-20　主轴箱模块进入界面

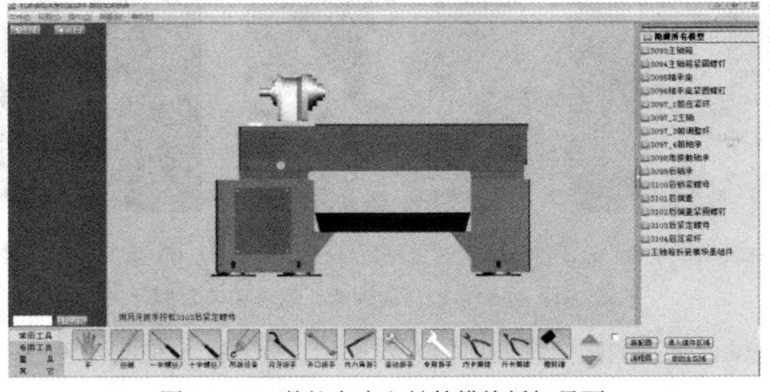

图 2-2-21　数控车床主轴箱模块拆卸界面

(2) 用钩形扳手(月牙扳手)拆下后紧固螺母，用内六角扳手拆下后端盖紧固螺钉，用手拆下后端盖，如图 2-2-22 所示。

(a) 拆卸后紧固螺母

(b) 拆下后端盖紧固螺钉

(c) 拆下后端盖

图 2-2-22 拆卸后端盖

(3) 拆下后压紧环，用主轴专用拉马器拉松主轴组件，用吊装设备拆下主轴组件，进入组件区域，用铜棒铁锤拆下前轴承，依次取下前压紧环、前调整环，取出主轴，如图 2-2-23 所示。

(a) 拆卸后压紧环

(b) 拆卸主轴组件

(c) 吊装主轴组件

(d) 取出前轴承

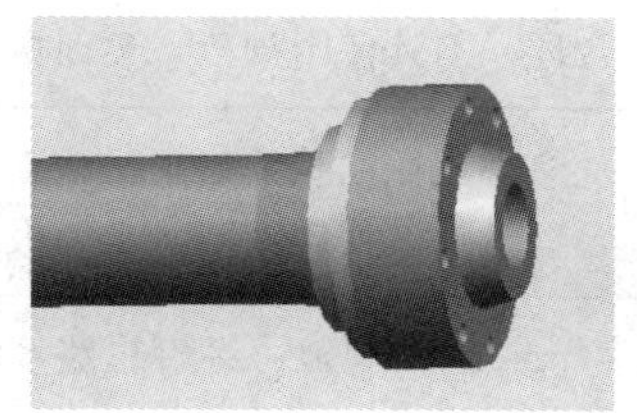

(e) 取出前压紧环

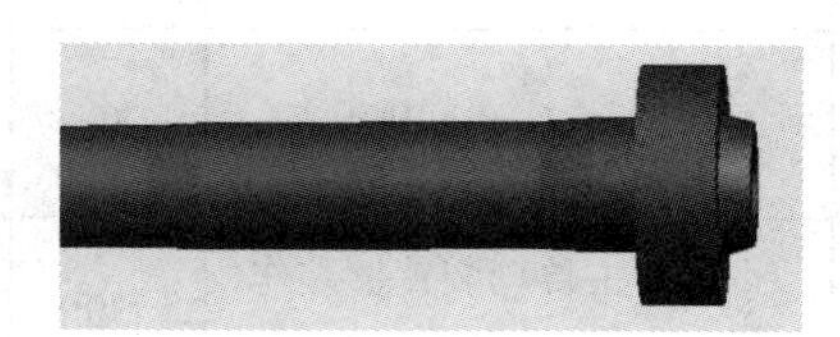

(f) 取出前调整环

图 2-2-23　拆卸主轴组件

(4) 用铜棒铁锤依次拆下前轴承(角接触球轴承)、后轴承(锥孔双列圆柱滚子轴承)，用内六角扳手拆卸轴承座前紧固螺钉，用月牙扳手拆卸轴承座后锁紧螺母，用铜棒铁锤拆卸轴承座，用内六角扳手拆卸主轴箱紧固螺钉，用吊装设备拆下主轴箱体，如图 2-2-24 所示。

(a) 拆卸主轴前轴承

(b) 拆卸主轴后轴承

(c) 拆卸轴承座前紧固螺钉

(d) 拆卸轴承座后锁紧螺母

(e) 拆卸轴承座

(f) 拆卸主轴箱体紧固螺钉

图 2-2-24　拆卸轴承座和主轴箱体

提示：

数控车床主传动装置安装工艺过程与拆卸过程相反，读者可自行练习。

任务评价

数控车床主传动系统机械装调的评分标准如表 2-2-2 所示。

表 2-2-2　数控车床主传动系统机械装调评分标准

班级：			姓名：	学号：	
任务 2.2　数控车床主传动系统机械装调				实物图：	
序号	检测内容	配分	检测标准	评价结果	得分
1	主传动装置拆卸	30	熟悉机械结构原理，拆卸工艺过程合理，工具使用规范，实训报告完整		
2	主传动装置装配	30	熟悉机械结构原理，拆卸工艺过程合理，工具使用规范，实训报告完整		
3	主传动装置拆装作品展示	30	ppt 制作规范，讲解思路清晰，回答问题准确		
4	文明生产	10	工量具擦净，上油均匀、适量；摆放整齐有序；防护罩安装正确、可靠		
综合得分		100			

思考与练习

一、选择题

1. 装配时用来确定零件在部件中或部件在产品中的位置所使用的基准为(　　)。

A. 装配基准　　B. 工艺基准　　C. 测量基准　　D. 定位基准

2. 为了达到可靠而紧固的目的，螺纹连接必须保证螺纹副具有一定的(　　)。

A. 摩擦力矩　　B. 拧紧力矩　　C. 预紧力　　D. 锁紧力

3. 双螺母锁紧属于(　　)防松装置。

A. 附加摩擦力　　B. 机械　　C. 冲点　　D. 粘接

4. V 形带传动是依靠带与带轮之间的(　　)来传递运动和动力的。

A. 摩擦力　　B. 张紧力　　C. 拉力　　D. 圆周力

5. 带轮工作表面的表面粗糙度值一般为(　　) μm。

A. *Ra*1.6　　B. *Ra*3.2　　C. *Ra*6.3　　D. *Ra*0.8

6. 皮带张紧力的调整方法是(　　)。

A. 变换带轮尺寸　　B. 加强带的初拉力

C. 改变两轴中心距　　D. 更换新皮带

7. 滚动轴承代号的第 1 位数字代表轴承的(　　)。

A. 类型　　B. 宽(高) 度系列　　C. 直径系列　　D. 内径尺寸

8. 滚动轴承的公差等级分为(　　)。

A. 4 个　　B. 5 个　　C. 6 个　　D. 7 个

9. 在高速运转状态下，宜选用(　　)轴承。

A .球　　B. 滚子　　C. 推力　　D. 角接触

10. 在轴向、径向两种载荷都比较大且转速又比较高时，宜选用(　　)轴承。

A. 球　　B. 滚子　　C. 推力　　D. 角接触

二、判断题

1. 游标卡尺是一种常用量具，能测量各种不同精度要求的零件。(　　)

2. 产品的装配顺序基本上是由产品的结构和装配组织形式决定的。(　　)

3. 角接触轴承滚道的倾斜，能引起主轴的轴向窜动误差和径向圆跳动误差。(　　)

4. 主轴的前轴承的精度应比后轴承精度低一级。(　　)

5. 爱岗敬业、忠于职守就必须做到不怕苦不怕吃亏的精神。(　　)

任务 2.3　数控铣床(加工中心)主传动系统机械装调

学习目标

(1) 掌握数控铣床(加工中心)主传动系统装配图的识图方法；

(2) 掌握数控铣床(加工中心)主传动系统的拆装与调整方法；

(3) 掌握正确使用工量具的方法，并逐渐养成良好的工作习惯，提升职业素养。

任务引入

数控铣床(加工中心)主传动系统安装与调试的前提是看懂其装配图，熟悉主传动系统的功能及结构特点，因此，正确分析主传动系统图与装配图是进行装调工作的第一步，为后期维修工作打下坚实基础。如图 2-3-1 所示为数控铣床(加工中心)主传动装置及零部件。

(a) 主传动装置

(b) 主轴部件

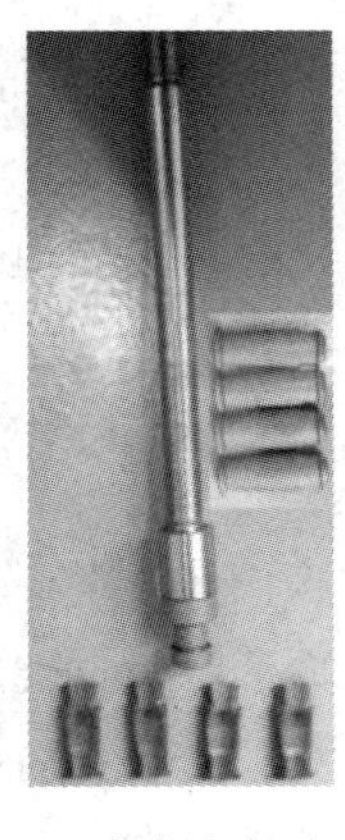

(3) 拉杆与拉爪

(d) 蝶形弹簧

图 2-3-1　数控铣床(加工中心)主传动装置及零部件

任务分析

数控铣床(加工中心)主轴组件是数控机床的执行元件，由主轴及其支承和安装在主轴上的传动件、密封件等组成。主轴组件起着支承并带动刀具旋转进行切削、承受切削力和驱动力等载荷、完成表面成形运动的作用。由于数控机床的转速高、功率大，并且在加工过程中不进行人工调整，因此要求主轴组件具有良好的回转精度、结构刚度、抗振性、热稳定性及精度的保持性。对于自动换刀的数控机床，为了实现刀具在主轴上的自动装卸和夹持，还必须有刀具的自动夹紧装置、主轴准停装置和切屑清除装置等。

相关知识

一、数控铣床(加工中心)对主轴部件的基本要求

1. 旋转精度

主轴的旋转精度是指装配后，在无载荷、低速转动条件下，主轴前端安装工件或刀具部位的径向圆跳动和轴向圆跳动误差。旋转精度取决于主轴、轴承、箱体孔等部分的制造、装配和调整精度。

(1) 引起主轴径向圆跳动误差的因素：主轴支承轴颈的圆度误差、轴承滚道及滚子的圆度误差、主轴及随其回转的零件的动平衡等因素。

(2) 引起主轴轴向圆跳动误差的因素：轴承支承端面、主轴轴肩及相关零件端面对主轴回转中心线的垂直度误差、止推轴承的滚道及滚动体误差等因素。

2. 刚度

主轴组件的刚度指其在外加载荷作用下抵抗变形的能力。通常以主轴前端产生单位位移的弹性变形时，在位移方向上所施加的作用力来定义。

(1) 影响主轴刚度的因素。主轴组件的刚度是综合刚度，它是主轴、轴承等刚度的综合反映。因此，主轴的尺寸和形状、滚动轴承的类型和数量、预紧和配置形式、传动件的布置方式、主轴组件的制造和装配质量等都影响主轴组件的刚度。

(2) 主轴静刚度对机床的影响。主轴静刚度不足对加工精度和机床性能有直接影响，并会影响主轴组件中的齿轮、轴承的正常工作，降低工作性能和寿命，影响机床抗振性，容易引起切削颤振，降低加工质量。

3. 抗振性

主轴组件的抗振性是指其抵抗受迫振动和自激振动的能力。在切削过程中，主轴组件不仅受静力作用，同时也受冲击力和交变力的作用，使主轴产生振动。冲击力和交变力是由材料硬度不均匀、加工余量的变化、主轴组件不平衡、轴承或齿轮存在缺陷以及切削过程中的颤振等引起的。主轴组件的振动会直接影响工件的表面加工质量和刀具的使用寿命，并产生噪声。随着机床向高速、高精度发展，对抗振性的要求越来越高，影响抗振性的主要因素是主轴组件的静刚度、质量分布以及阻尼。主轴组件的低阶固有频率与振型是其抗振性的主要评价指标。低阶固有频率应远高于激振频率，使其不容易发生共振。

4. 温升和热变形

在主轴组件运转时，因各相对运动处的摩擦发热、切削区的切削热等使主轴组件的温度升高，形状尺寸和位置发生变化，造成主轴组件的热变形，主轴组件热变形会引起轴承间隙变化，润滑油温度升高后黏度会降低，这些变化都会影响主轴组件的工作性能，降低加工精度。因此，各种类型的机床对温升都有一定限制。例如，高精度机床连续运转下的允许温升为8～10℃，精密机床为15～20℃，普通机床为30～40℃。

5. 精度保持性

主轴组件的精度保持性是指其长期地保持其原始制造精度的能力。主轴组件丧失其原始精度的主要原因是磨损，如主轴轴承、主轴轴颈表面、装夹工件或刀具的定位表面的磨损。磨损的速度与摩擦的种类、结构特点、表面粗糙度、材料的热处理方式、润滑、防护及使用条件等许多因素有关。所以要长期保持主轴组件的精度，必须提高其耐磨性。对耐磨性影响较大的因素有主轴、轴承的材料，热处理方式，轴承类型及润滑防护方式等。

二、数控铣床(加工中心)主传动装置组成

数控铣床(加工中心)主传动装置主要由主轴头(主轴箱)、主轴本体、主轴轴承、传动元件(同步齿形带轮、同步带)、打刀装置、刀具自动装夹机构等部分组成，如图2-3-1所示。

1. 主轴箱

数控铣床(立式加工中心)主轴箱通常采用高强度铸铁，组织稳定，合理的结构设计和加强筋的搭配保证了箱体的高刚性。主轴箱位于立柱前侧，沿着立柱的两根滑动导轨(滚动导轨)在 Z 坐标方向上移动，主轴箱体上端安装主轴电机和打刀装置，主轴箱体内安装单根主轴，主轴直接由电动机通过同步齿形带带动旋转，当主传动比为 1∶1 时，主电动机内置光电编码器通过光电转换将主电动机的角位移量转换成电脉冲当量，实现主轴的刚性攻螺纹及准停；当主传动比不为 1∶1 时，主轴的准停则是以接近开关检测到安装在主轴端的挡铁发出的信号为基准，以确保准停精度。

2. 主轴本体和主轴轴承

数控铣床(加工中心)主轴本体采取中空结构，前端有 7∶24 的锥孔，用于装夹刀柄或刀杆，主轴本体端面有一端面键，既可通过它传递刀具的扭矩，又可用于刀具的周向定位。主轴本体直径越大，其刚度越高，但增加直径使得轴承和轴上其他零件的尺寸相应增大，轴承直径越大，同精度等级的轴承公差值也越大，同时轴承极限转速下降，要保证主轴的旋转精度就越困难。

数控铣床(加工中心)主轴轴承是由前端轴承和后端轴承组成，前端轴承承受刀具带来的轴向负载和径向负载。主轴滚动轴承的预紧是使轴承滚道预先承受一定的载荷，消除间隙并使得滚动体与滚道之间发生一定的变形，增大接触面积，轴承受力时变形减小，抵抗变形的能力增大。轴承内圈移动适用于锥孔双列圆柱滚子轴承，用螺母通过套筒推动内圈在锥形轴颈上做轴向移动，使内圈变形胀大，在滚道上产生过盈，从而达到预紧的目的。修磨座圈或隔套，若轴承外圈宽边相对安装，则修磨轴承内圈的内侧；若外圈窄边相对安装，则修磨轴承外圈的窄边。

3. 主轴刀具自动装夹机构

主轴刀具自动装夹机构是数控机床特别是加工中心的特有机构。如图 2-3-2 所示为加工中心主轴刀具自动装夹机构，刀具可以在主轴上自动装卸并进行自动夹紧。其工作原理：当刀具刀柄装到主轴孔后，其刀柄后部的拉钉便被送到主轴拉杆的前端，在碟形弹簧的作用下，通过弹性拉刀爪将刀具拉紧。当需要换刀时，由电气控制指令给气动系统发出信号，使气缸的进气孔进气，气缸活塞下移，通过液压缸(起缓冲和增压作用)的活塞下移，液压缸活塞上的通孔螺钉带动拉杆向下移动，当弹性拉刀爪向前伸出一段距离后，在弹性力作用下，拉刀爪自动松开拉钉，当主轴松刀具到位开关接通后，机械手(或人工)便可把刀具取出进行换刀。与此同时，压缩空气从进气孔进入，喷气孔喷出，吹掉主轴锥孔内脏物或者灰尘，当机械手(或者人工)把刀具装入主轴锥孔后，气动电磁阀断电，在碟形弹簧的作用下，使拉刀杆退回原处，通过拉刀爪又把刀具拉紧，当主轴锁紧刀具到位开关接通(一般作为主轴旋转的使能信号)，完成主轴刀具锁紧控制，同时停止主轴孔的吹气。

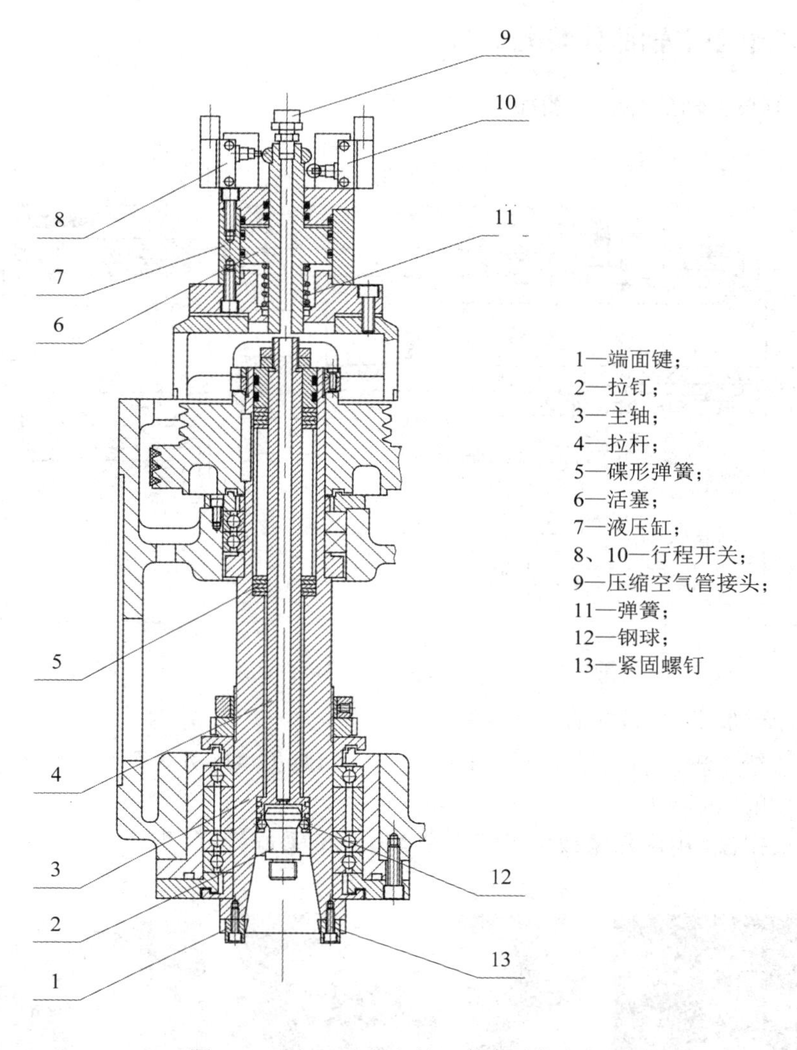

图 2-3-2　加工中心主轴刀具自动装夹机构

主轴刀柄拉紧机构分为弹力卡爪拉紧机构和钢球拉紧机构两种，如图 2-3-3 所示。弹力卡爪拉紧机构(四瓣拉刀爪)具有强度高、接触面大、抓刀力强、刀柄头损耗小、寿命长等优点，得到广泛应用。

(a) 钢球拉紧机构

(b) 弹力卡爪拉紧机构

图 2-3-3　主轴刀柄拉紧机构

三、数控加工中心主轴部件装配工艺

数控加工中心主轴部件装配图如图 2-3-4 所示。

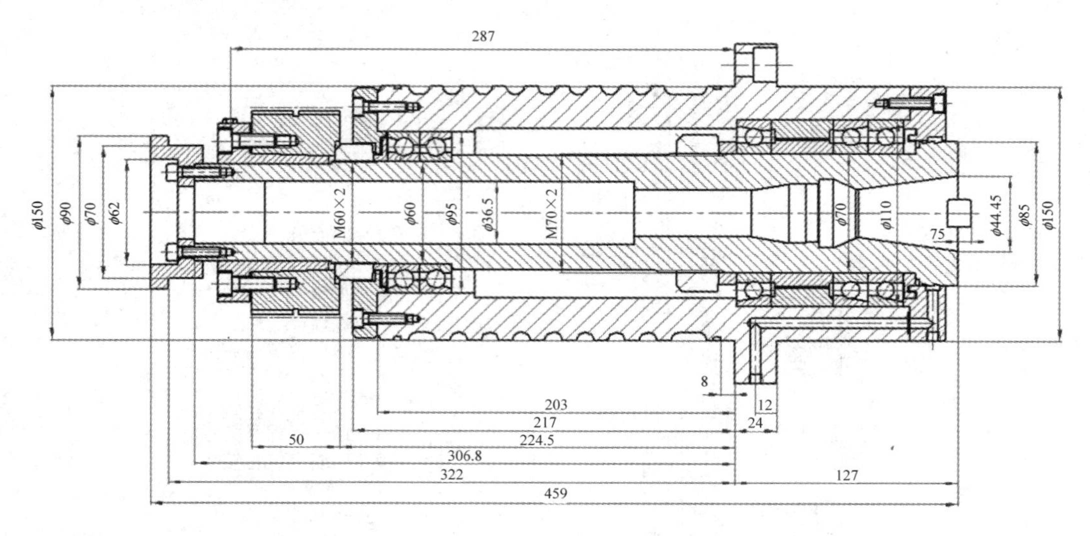

图 2-3-4　数控加工中心主轴部件装配图

1. 数控铣床(加工中心)主轴部件拆卸

(1) 水平放置主轴。将主轴平放在工作台上，为避免主轴外表面碰伤，须使用木制的 V 形块工装，如图 2-3-5 所示。

(2) 拆卸反扣盘。用内六角扳手拆卸 6 个 M6 × 20 紧固螺钉，取出反扣盘，如图 2-3-6、图 2-3-7 所示。

图 2-3-5　水平放置主轴

图 2-3-6　拆卸紧固螺钉

图 2-3-7　取出反扣盘

(3) 拆卸胀套、同步带轮。用内六角扳手拆卸 6 个 M8 × 25 紧固螺钉，用铜棒从端部轻轻敲击同步带轮，依次取出胀紧套、同步带轮，如图 2-3-8 所示。

(a) 拆卸紧固螺钉

(b) 轻敲同步带轮

(c) 取出胀紧套、同步带轮

图 2-3-8　拆卸胀套、同步带轮

(4) 拆卸后轴承锁紧螺母。用内六角扳手旋松后轴承锁紧螺母上的 3 个防松螺钉，用铜棒轻轻敲击 3 个防松螺钉侧面，使用月牙扳手旋下锁紧螺母，如图 2-3-9 所示。

(a) 拆卸防松螺钉

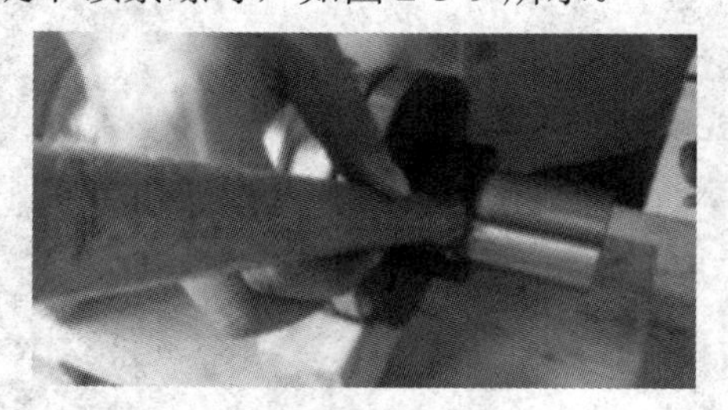

(b) 轻敲防松螺钉侧面

图 2-3-9　拆卸后轴承锁紧螺母

(5) 拆卸后法兰盘、后隔套。用内六角扳手拆卸后法兰盘上 4 个 M6 × 15 紧固螺钉，依次取出后法兰盘、后隔套，如图 2-3-10 所示。

(a) 拆卸紧固螺钉

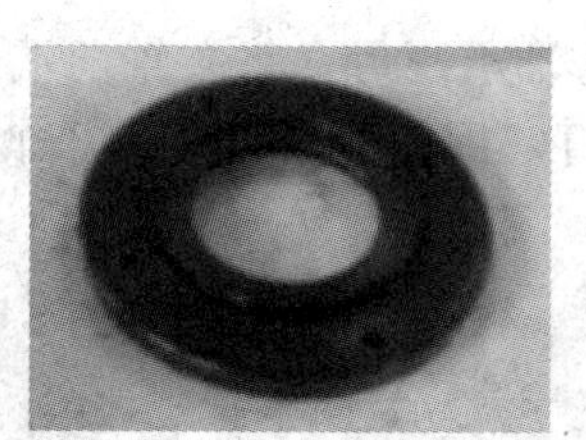

(b) 取出后法兰盘

(c) 取出后隔套

(d) 后隔套

图 2-3-10　拆卸后法兰盘、后隔套

(6) 拆卸定位键、前法兰盘。用内六角扳手拆卸 2 个 M6 × 16 定位键紧固螺钉，6 个 M6 × 20 前法兰盘紧固螺钉，取下定位键和前法兰盘，并且要特别注意前法兰盘上注油口位置，O 型密封圈不要丢失、破损，如图 2-3-11 所示。

(a) 拆卸定位键紧固螺钉

(b) 拆卸前法兰盘紧固螺钉

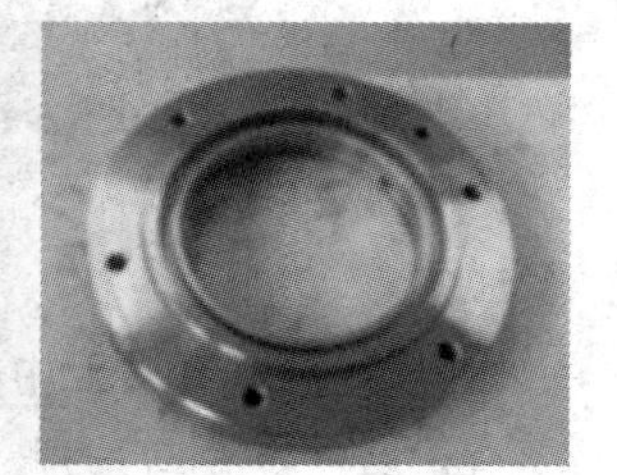

(c) 取出前法兰盘

图 2-3-11　拆卸定位键、前法兰盘

(7) 拆卸主轴套筒、后轴承。用螺栓将工装与主轴连接，以便于把主轴提起，抓住主轴套筒法兰处，在木板上通过上下振动，将主轴芯轴、主轴套筒与后轴承分离，如图 2-3-12 所示。

(a) 在主轴上安装工装

(b) 上下振动主轴部件

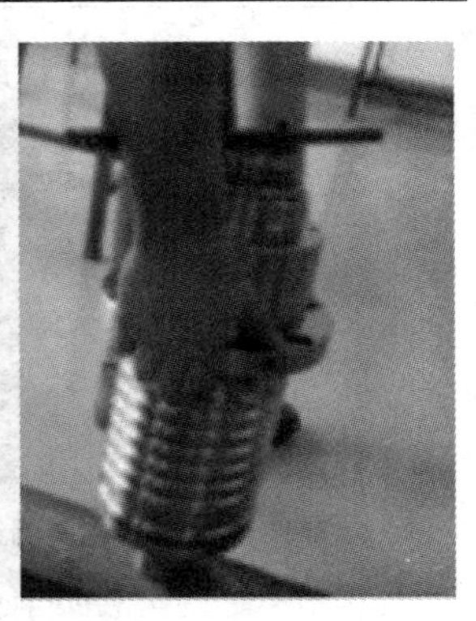
(c) 分离主轴部件

图 2-3-12　拆卸主轴套筒、后轴承

(8) 拆卸前轴承螺母。将主轴前端平放在木支架上，用内六角扳手旋松前轴承螺母上的 3 个防松螺钉，用铜棒轻轻敲击 3 个防松螺钉侧面，使用月牙扳手拆下锁紧螺母，如图 2-3-13 所示。

(a) 旋松防松螺钉

(b) 轻敲防松螺钉侧面

(c) 拆卸锁紧螺母

图 2-3-13　拆卸前轴承螺母

(9) 拆卸内、外隔套，前轴承及迷宫圈。依次从主轴上取下前隔套，前轴承，内、外隔套及迷宫圈，如图 2-3-14 所示。

(a) 依次取出前隔套，前轴承和内、外隔套

(b) 取出主轴后零件相对位置

图 2-3-14　拆卸内、外隔套，前轴承及迷宫圈

2. 数控铣床(加工中心)主轴部件装配

1) 零件检查与清洗

(1) 检查零件定位表面有无疤痕、碰伤、划痕、锈斑；检查各锐边是否倒钝、毛刺是否去除，如有问题用锉刀、砂纸、油石进行修饰。

(2) 装配前各零件均需用清洗液清洗洁净，尤其与轴承接触面需蘸酒精擦抹并验证无污迹。

(3) 装配区域分为零件摆放区域与工作区域两部分，两者距离应≥800 mm。

(4) 清洁干净的零件摆放在无灰尘或垫上干净油纸的零件摆放区域工作台上，并加上油纸覆盖防尘；零件装配在工作区域完成。

2) 主轴配合零件预装和零件检查

(1) 前隔套、后隔套、内隔套与主轴分别预装，如图 2-3-15 所示。

(2) 在平台上检查前轴承内、外隔套等高允差，保证等高允差≤0.002 mm，如图 2-3-16 所示。

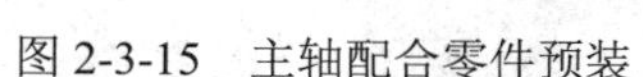

图 2-3-15　主轴配合零件预装　　图 2-3-16　检查内、外隔套等高允差

(3) 将主轴前端面朝下竖立在工作台上并擦拭干净，涂少量润滑脂，将迷宫圈装入主轴，如图 2-3-17 所示。

3) 安装前轴承

在安装前轴承时，明确 3 个前轴承外圈顺序并标记对齐，如图 2-3-18 所示，轴承需加入适当油脂，轴承装配前需用电吹风对其内圈加热到 60℃，使轴承内径胀大便于安装，如图 2-3-19 所示，依次装入两个前轴承，箭头开口朝下，如图 2-3-20 所示。

图 2-3-17　安装迷宫圈　图 2-3-18　前轴承标记　图 2-3-19　加热轴承内圈　图 2-3-20　安装前轴承

4) 装入内隔套

内、外隔套平行度需在 2 μm 内，如图 2-3-21 所示。

5) 装入外隔套

装入内隔套后，再装入外隔套，如图 2-3-22 所示。

6) 装入第三个前轴承

第三个前轴承是角接触轴承，安装时要保证箭头朝上，如图 2-3-23 所示。

7) 装入前隔套

安装完第三个前轴承后，紧接着安装前隔套，如图 2-3-24 所示。

图 2-3-21　安装内隔套

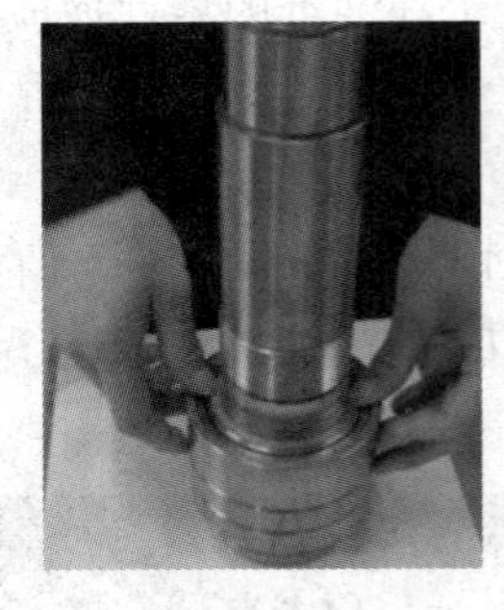

图 2-3-22　安装外隔套

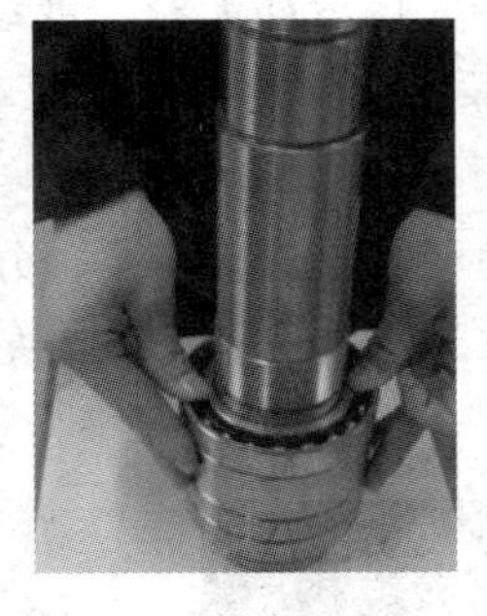

图 2-3-23　安装角接触轴承

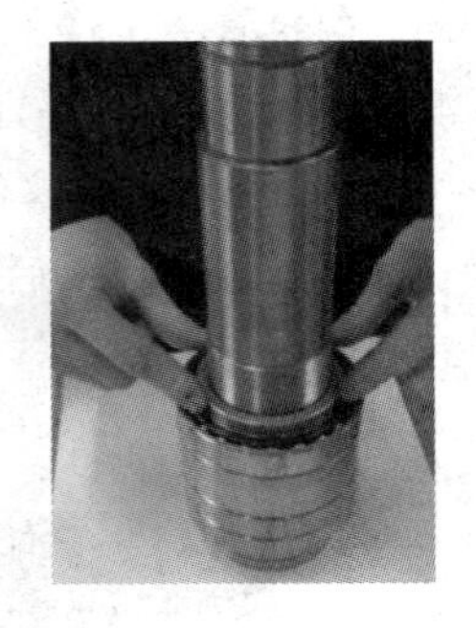

图 2-3-24　安装前隔套

8) 安装前锁紧螺母

安装前锁紧螺母后，要用钩形扳手在钳口别住定位键紧固后，再松开 45° 角，然后换力矩扳手再次紧固，其扭矩值设定为 166 Nm，如图 2-3-25 所示。

(a) 安装前锁紧螺母

(b) 锁紧前锁紧螺母

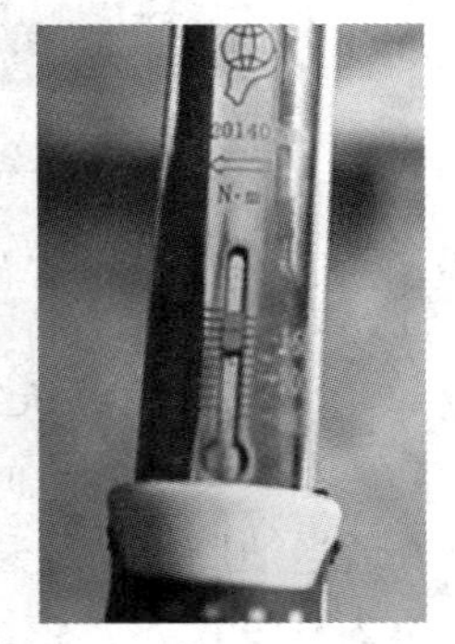

(c) 控制前锁紧螺母扭矩值

图 2-3-25　安装前锁紧螺母

9) 前端轴承精度检测与调整

将磁力表座吸在主轴上，表头接触在外隔套上，旋转调整外圆与主轴同心，保证同轴度允差小于等于 0.005 mm，如允差超出范围，可用铜棒轻轻敲击最低点对应侧进行调整。磁力表座不动，让表头触在轴承外圈端面，转动外圈，检查轴承轴向圆跳动，保证圆跳动允差≤0.02 mm，如允差超出范围，可用铜棒轻轻敲击最低点对应侧锁紧螺母，如图 2-3-26 所示。

(a) 检测外隔套与主轴同轴度

(b) 调整外隔套

(c) 检测轴承轴向圆跳动

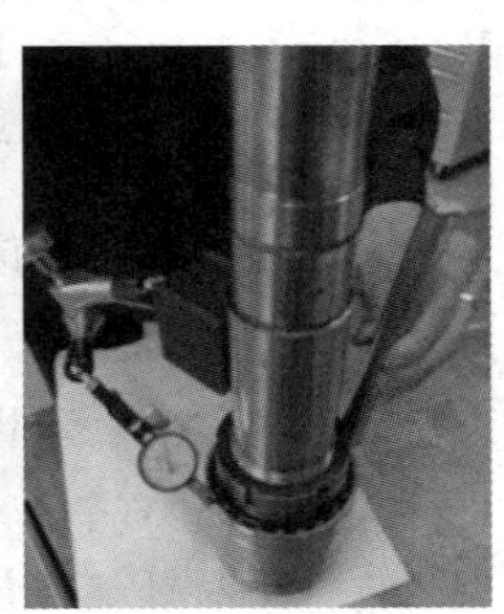

(d) 调整锁紧螺母

图 2-3-26　前端轴承精度检测与调整

10) 检测轴承回转跳动量

将磁力表座吸在轴承外环上，表头触及主轴后轴承接触轴径处，检测其回转跳动量，保证允差小于等于 0.004 mm，如图 2-3-27 所示，如允差超出范围，可用铜棒轻轻敲击调整。

11) 安装主轴部件

将已装配好的主轴部件装入主轴套筒中，如图 2-3-28 所示。

图 2-3-27　检测轴承回转跳动量

图 2-3-28　安装主轴部件

12) 安装前法兰盘

安装前法兰盘，安装 6 个 M8×20 紧固螺钉，如图 2-3-29 所示。

(a) 安装前法兰盘

(b) 安装前法兰盘紧固螺钉

图 2-3-29　安装前法兰盘

13) 安装后轴承入套筒

将后轴承内圈加热后，箭头朝下装入主轴套筒，如图 2-3-30 所示。

(a) 加热内圈后安装后轴承

(b)　安装后轴承入套筒

图 2-3-30　安装后轴承入套筒

14) 安装后隔套

将主轴后轴承箭头朝下装入主轴套筒后，紧接着安装后隔套，如图 2-3-31 所示。

15) 安装后法兰盘

先安装后法兰盘，然后依序安装并紧固 4 个 M6 × 15 紧固螺钉，如图 2-3-32、图 2-3-33 所示。

图 2-3-31　安装后隔套

图 2-3-32　安装后法兰盘

图 2-3-33　安装后法兰盘紧固螺钉

16) 安装后锁紧螺母

安装后锁紧螺母，并用月牙扳手锁紧，如图 2-3-34 所示。

(a) 安装后锁紧螺母

(b) 紧固后锁紧螺母

图 2-3-34　安装后锁紧螺母

17) 安装同步带轮

安装同步带轮、胀套，用螺钉紧固，保证同步带轮与螺母轴向间隙≤0.5 mm，如图 2-3-35 所示。

(a) 安装同步带轮 1

(b) 安装同步带轮 2

(c) 安装胀套

图 2-3-35　安装同步带轮

18) 安装反扣盘

安装反扣盘，用螺钉紧固，如图 2-3-36 所示。

19) 检测主轴锥孔跳动度

按主轴部件精度检验单锥孔跳动要求，保证允差≤0.006 mm，如图 2-3-37、图 2-3-38 所示。

图 2-3-36　安装反扣盘

图 2-3-37　检测主轴锥孔跳动度

图 2-3-38　检测主轴锥孔跳动度值

20) 检查主轴部件并涂防锈油

检查主轴表面有无损伤，修饰后涂防锈油，如图 2-3-39 所示。

(a) 检测主轴部件表面有无损伤

(b) 涂防锈油

图 2-3-39　检查主轴部件并涂防锈油

任务实施

完成数控加工中心主传动装置拆卸工作(仿真)

数控加工中心主传动装置拆卸工作(仿真)的具体实施步骤如下：

(1) 运行上海宇龙公司数控机床结构原理仿真软件。

开启计算机后，启动数控机床结构原理仿真软件，依次选取“数控加工中心”→“铣头”→“拆除”，进入机床结构仿真界面，如图 2-3-40、图 2-3-41 所示。

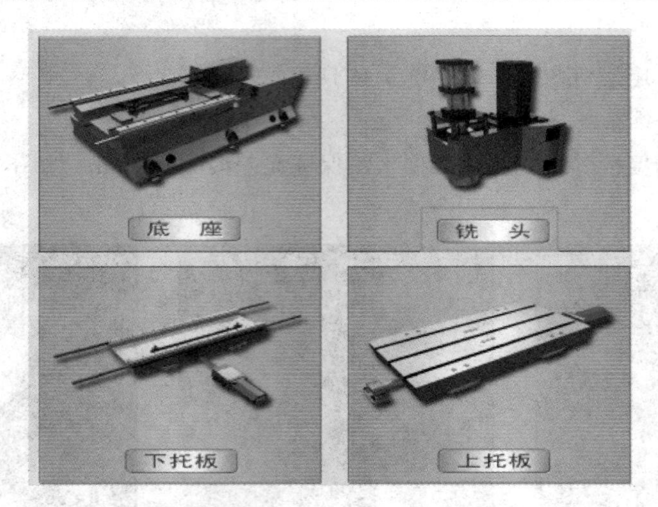

图 2-2-40　数控加工中心拆装界面

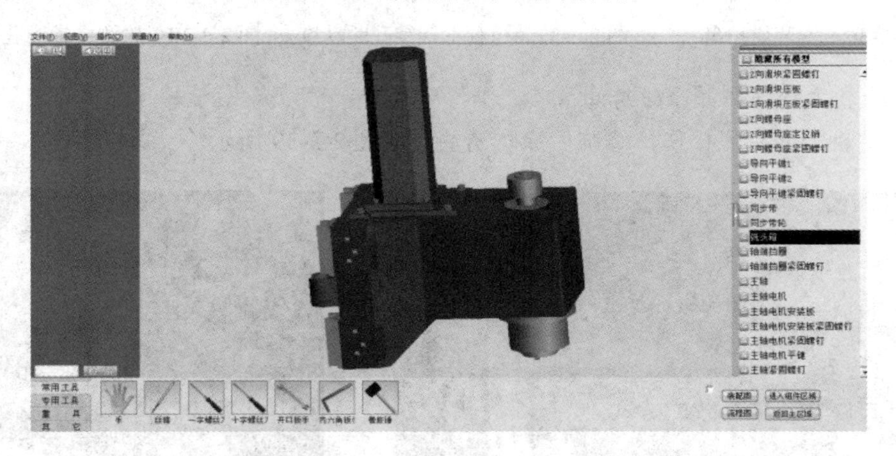

图 2-2-41　数控加工中心主轴部件拆卸界面

(2) 用内六角扳手拆卸导向平键紧固螺钉，取下导向平键，用内六角扳手拆卸 Z 向滑块压板紧固螺钉，取下滑块压板，如图 2-2-42 所示。

(a) 拆卸导向平键紧固螺钉

(b) 拆卸滑块压板紧固螺钉

(c) 取下滑块压板

图 2-2-42　拆卸导向平键和滑块压板

(3) 用内六角扳手拆卸滑块紧固螺钉，取下滑块，如图 2-2-43 所示。

(a) 拆卸滑块紧固螺钉

(b) 取下滑块

图 2-2-43　拆卸滑块

(4) 用内六角扳手拆卸螺母座紧固螺钉，拆卸螺母座定位销，取下螺母座，如图 2-2-44 所示。

(a) 拆卸螺母座紧固螺钉

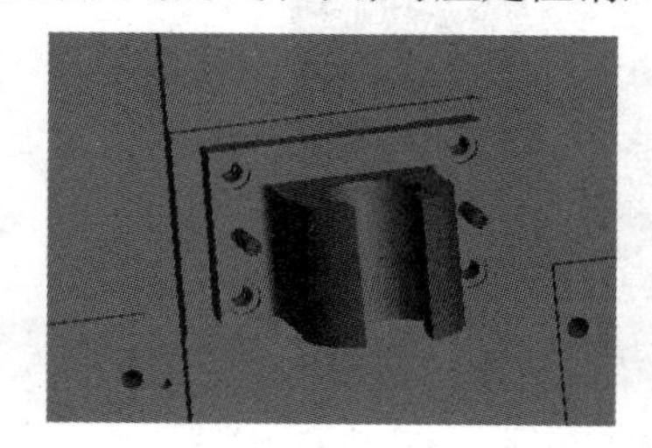
(b) 拆卸螺母座定位销

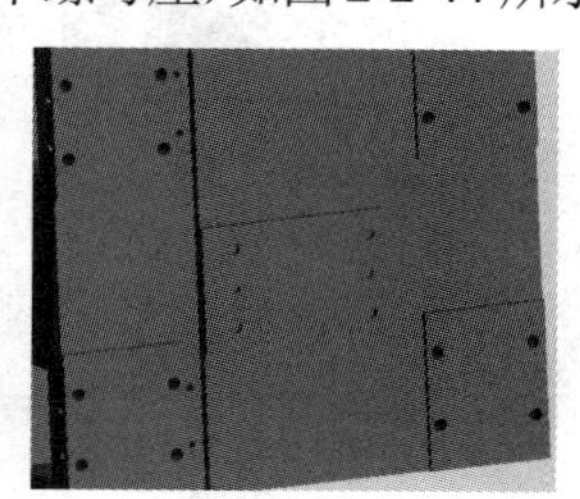
(c) 取下螺母座

图 2-2-44　拆卸螺母座

(5) 拆下同步齿形带，用内六角扳手拆卸主轴紧固螺钉，拆下主轴部件，如图 2-2-45 所示。

(a) 拆卸同步齿形带

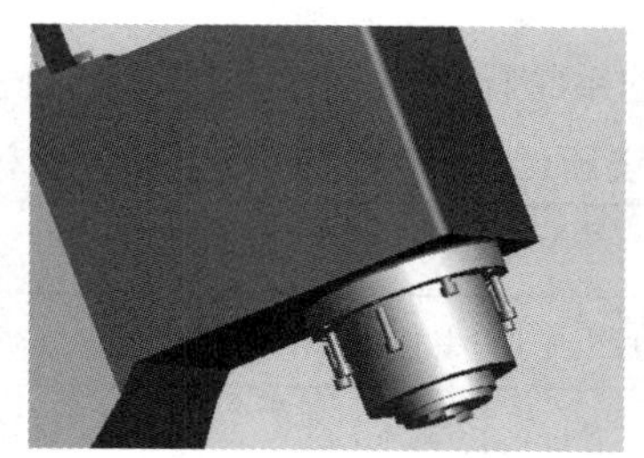
(b) 拆卸主轴紧固螺钉

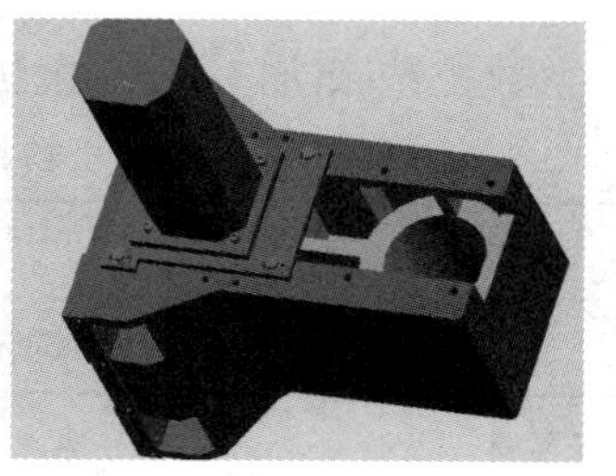
(c) 取下主轴部件

图 2-2-45　拆卸主轴部件

(6) 用开口扳手拆卸主轴电机安装板紧固螺钉，取出主轴电机及同步带轮组件，如图 2-2-46 所示。

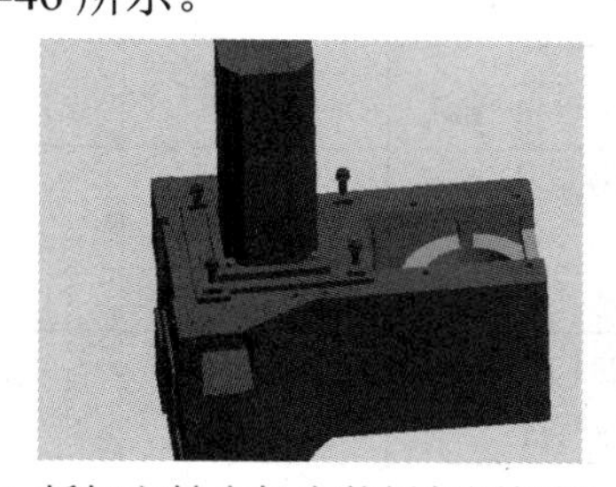
(a) 拆卸主轴电机安装板紧固螺钉

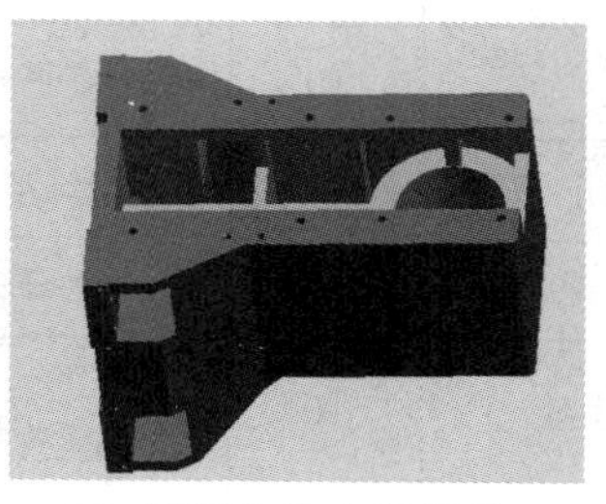
(b) 拆卸主轴电机组件

(c) 取下主轴电机组件

图 2-2-46　取出主轴电机组件

(7) 用十字螺丝刀拆卸轴端挡圈螺钉，依次取出轴端挡圈、同步带轮、平键，用内六角扳手拆卸主轴电机紧固螺钉，依次取出主轴电机、主轴电机安装板，如图 2-2-47 所示。

(a) 拆卸轴端挡圈螺钉

(b) 拆卸轴端挡圈

(c) 取下同步带轮

(d) 取出平键

(e) 拆卸主轴电机紧固螺钉

(f) 取下电机安装板

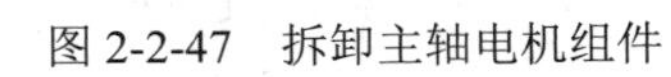

图 2-2-47　拆卸主轴电机组件

任务评价

数控铣床(加工中心)主传动系统机械装调的评分标准如表 2-3-2 所示。

表 2-3-2　数控铣床(加工中心)主传动系统机械装调评分标准

班级：			姓名：		学号：	
任务 2.3　数控铣床(加工中心)主传动系统机械装调					实物图	
序号	检测内容		配分	检测标准	评价结果	得分
1	主轴轴承安装	工具选用	10	工具选择正确		
2		轴承安装	15	主轴跳动量达到要求		
3	轴承间隙预紧	预紧力合理	15	熟练按图顺序装拆		
4		连接效果	10	连接平整、间隙均匀		
5	带轮安装	带轮安装步骤正确	15	滑套连接可靠		
6		带轮间隙合理	25	间隙合理		
7	文明生产	工具保养、摆放	10	擦净，上油均匀、适量，摆放整齐有序		
合计			100			

思考与练习

1. 数控机床对主轴部件有哪些要求？
2. 数控铣床(加工中心)主轴轴承如何实现预紧？
3. 数控铣床(加工中心)主轴结构有哪些特点？
4. 数控铣床(加工中心)如何实现刀具自动装夹(机械结构)？

项目 3　数控机床进给传动系统机械装调

数控机床进给伺服系统是将数控系统传来的指令信息放大以后控制执行部件运动的，它不仅控制进给运动的速度，同时精确控制刀具相对工件的移动位置和轨迹。一个典型的数控机床进给伺服系统主要包含电气和机械两部分。其中，电气部分由位置比较器、放大元件、执行单元和检测反馈元件几部分组成；机械部分就是本项目所讲的进给传动系统，主要包括导轨副、滚珠丝杠螺母副、轴承、联轴器、丝杠支架、工作台等零、部件，如表3-1所示。

表 3-1　数控机床的进给传动系统主要功能零、部件

序号	名 称	零、部件实物	作　用
1	导轨副		机床导轨的作用是支承和引导运动部件沿一定的轨道进行运动。 数控机床对导轨副的要求比较高，主要要求如下：高速进给时不振动；低速进给时不爬行；有高的灵敏度；能在重负载下长期连续工作；耐磨性高；精度保持性好等
2	滚珠丝杠螺母副		滚珠丝杠螺母副的作用是在直线运动与回转运动间相互转换。 数控机床对滚珠丝杠螺母副的要求如下：传动效率高；传动灵敏，摩擦力小，动、静摩擦力之差小，能保证运动平稳，不易产生低速爬行现象；轴向运动精度高，施加预紧力后，可消除轴向间隙，反向时无空行程
3	轴承		轴承主要用于安装、支承丝杠，使其能够转动，在丝杠的两端均要安装

续表

序号	名 称	零、部件实物	作　用
4	联轴器		联轴器是伺服电动机与丝杠之间的连接元件，电动机的转动通过联轴器传给丝杠，使丝杠转动，移动工作台
5	丝杠支架		丝杠支架内安装了轴承，在基座的两端均安装了一个，主要用于安装滚珠丝杠，传动工作台

任务 3.1　认识数控机床进给传动系统

学习目标

(1) 熟悉数控机床进给传动系统常用机械传动装置；

(2) 掌握数控机床滚珠丝杠螺母副的支承结构；

(3) 熟悉数控机床导轨副的类型及特点；

(4) 掌握进给传动系统常用传动装置装配和调试操作规程，并逐渐养成良好的工作习惯，提升职业素养。

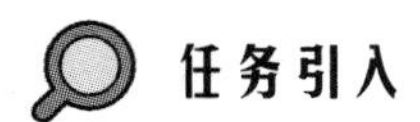

任务引入

数控机床进给传动系统是数控机床的重要组成部分，如图 3-1-1 所示。其中，滚珠丝杠螺母副及导轨副是机床的重要执行元件，它们的结构尺寸、形状、精度及材料等，对机床的使用性能有很大的影响，特别是影响机床的加工精度。

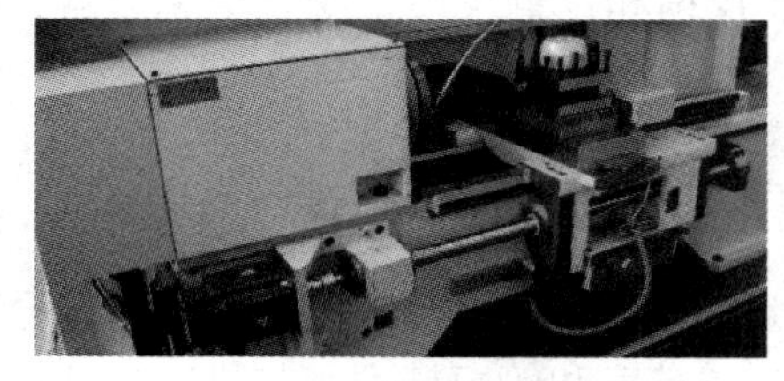

(a) 数控车床

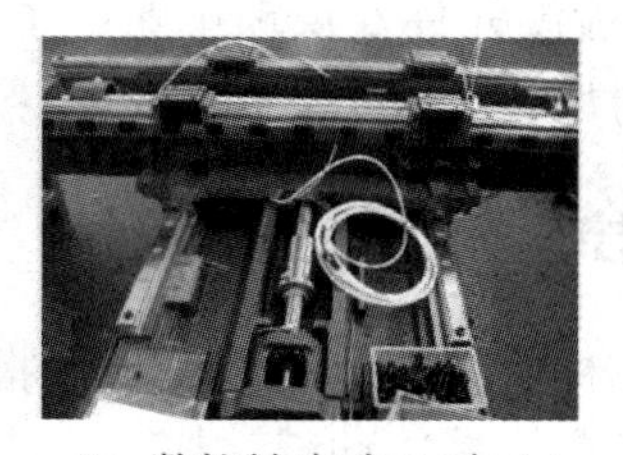

(b) 数控铣床(加工中心)

图 3-1-1　数控机床进给传动系统

任务分析

数控机床进给传动系统与普通机床进给传动系统有许多共同点，但数控机床采用电气控制与电气驱动，这又使得数控机床进给传动系统与普通机床相比有很大的简化，同时对其精度、刚度、热稳定性等方向提出更高要求。

数控机床进给传动系统要满足以下要求：

(1) 低惯量。进给传动系统由于经常需要启动、停止、变速或反向运动，若机械传动装置惯量大，就会增大负载并使系统动态性能变差。

(2) 低摩擦阻力。进给传动系统要求运动平稳、定位准确、快速响应特性好，必须减小运动件的摩擦阻力和动、静摩擦系数之差。

(3) 高刚度。数控机床进给传动系统的高刚度取决于滚珠丝杠螺母副及其支承部件的刚度。刚度不足或存在摩擦阻力，会导致工作台产生爬行现象及造成反向死区，影响传动准确性。

(4) 高谐振。为了提高进给传动系统的抗振性，应使机械构件具有较高的固有频率和合适的阻尼，一般要求进给系统的固有频率高于伺服驱动系统的固有频率的 2～3 倍。

(5) 无传动间隙。为了提高位移精度，减少传动误差，对采用的各种机械部件首先要保证它们的加工精度，其次要尽量消除各种间隙，机械间隙是造成进给传动系统反向死区的另一个主要原因。

熟悉进给传动系统机械传动装置的安装与调试方法，掌握滚珠丝杠螺母副、导轨副的支承结构及密封方式，有助于提高数控机床进给传动系统的装调精度，为数控机床整机的装调打下坚实基础。

相关知识

一、数控机床进给伺服系统组成

数控机床进给伺服系统通常由驱动装置、执行元件、传动装置及检测元件等组成。

(1) 驱动装置：接收 CNC 等装置发出的指令，经过功率放大后，驱动电机旋转，转速的大小由指令控制。

(2) 执行元件：主要指各类伺服电动机，如步进电机、直流电机、交流电机、直线电机等。

(3) 传动装置：包括减速装置、滚珠丝杠螺母副、导轨副等。

(4) 检测元件及反馈电路：主要实现速度反馈和位置反馈，如光电编码器、旋转变压器、光栅尺等。

二、数控机床进给传动系统

数控机床进给传动系统是指将电动机的运转(通常为旋转)转换为机床工作台直线进给运动的整个机械传动链，加工件的最终坐标位置精度和轮廓精度都与机床传动系统的几何精度、传动精度、灵敏度和稳定性密切相关。因此，影响整个进给系统精度的因素除了进给驱动装置和电动机外，很大程度上取决于机械传动装置。

1. 进给传动系统形式

目前，常见的进给传动系统形式有四种，如图 3-1-2 所示。数控机床进给传动系统多采用同步齿形带+滚珠丝杠传动(见图 3-1-2(b))和电动机与滚珠丝杠直联传动(见图 3-1-2(c))两种形式，高档高速高精度数控机床则多采用直线电动机驱动(见图 3-1-2(d))。

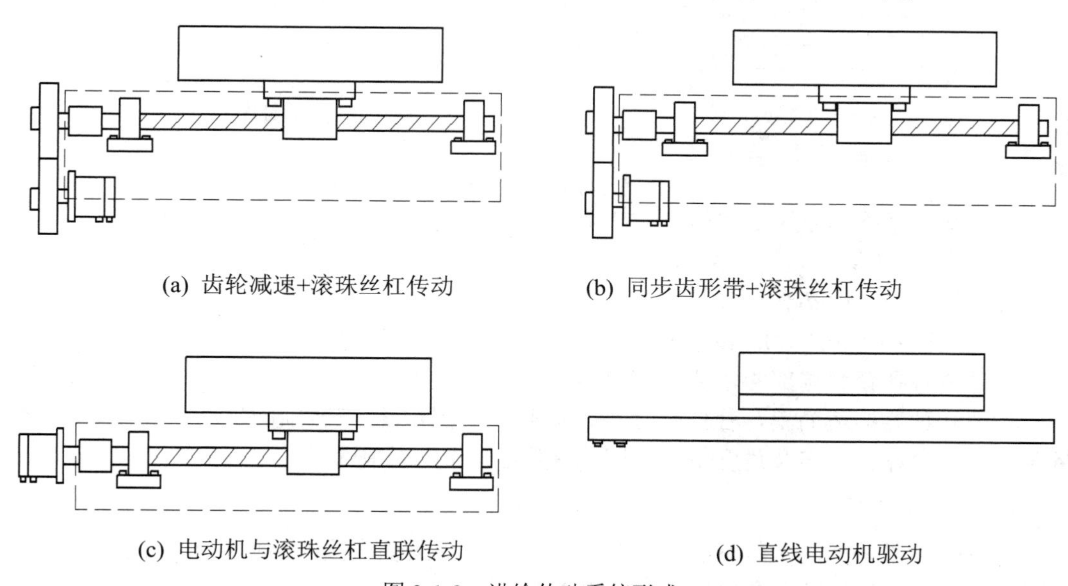

图 3-1-2　进给传动系统形式

2. 提高进给传动系统精度采取的措施

数控机床进给传动系统常用传动装置主要包括减速装置、滚珠丝杠螺母副、导轨副及其相应的支承、连接部件等。为提高数控机床进给传动系统运动精度，通常采取如下措施：

(1) 采用低摩擦的传动，如滚珠丝杠、滚动导轨、贴塑导轨、静压导轨等；

(2) 选用合适的传动比，这样既能提高机床分辨率，又使工作台能更快跟踪指令，同时可以减小电动机的惯量负载；

(3) 缩短传动链，采用合理的预紧和支承，以提高传动系统的刚度；

(4) 尽量消除传动间隙，提高位置精度。例如，采用能消除间隙的联轴器，提高滚珠丝杠精度等级等。

三、联轴器

联轴器是用来连接进给机构的两根轴使之一起回转，以传递扭矩和运动的一种装置。在机器运转时，被连接的两轴不能分离，只有停车后，将联轴器拆开，两轴才能脱开。

1. 套筒联轴器

套筒联轴器由连接两轴轴端的套筒和连接套筒与轴的连接件(键或销钉) 所组成。一般当轴端直径 $d \leqslant 80$ mm 时，套筒用 35 号或 45 号钢制造；当 $d > 80$ mm 时，可用强度较高的铸铁制造，如图 3-1-3 所示。

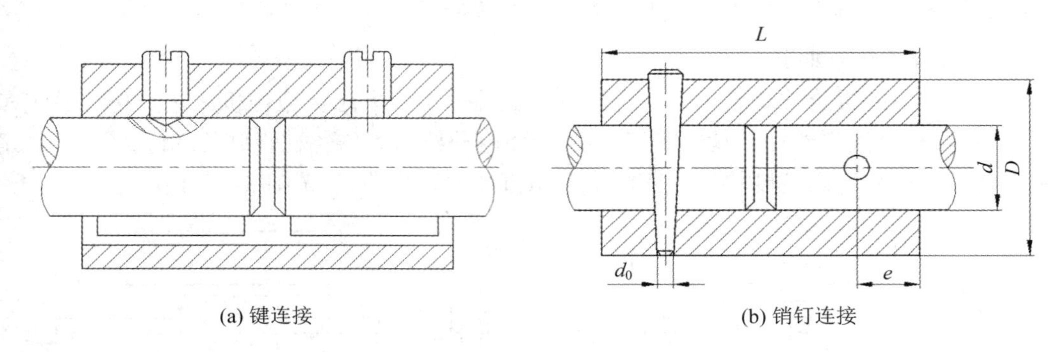

(a) 键连接　(b) 销钉连接

图 3-1-3　套筒联轴器

套筒联轴器各部分尺寸间的关系如下：

套筒长 $L\approx 3d$；

套筒外径 $D\approx 1.5d$；

销钉直径 $d_0=(0.3\sim 0.5)d$(小联轴器取 0.3，大联轴器取 0.5)；

销钉中心到套筒端部的距离 $e\approx 0.75\ d$。

此种联轴器构造简单，径向尺寸小，但其装拆困难(轴需做轴向移动)，且要求两轴严格对中，不允许有径向及角度偏差，因此使用上受到一定限制。

2. 凸缘联轴器

凸缘联轴器是把两个带有凸缘的半联轴器分别与两轴连接，然后用螺栓把两个半联轴器连成一体，以传递动力和转矩，如图 3-1-4 所示。

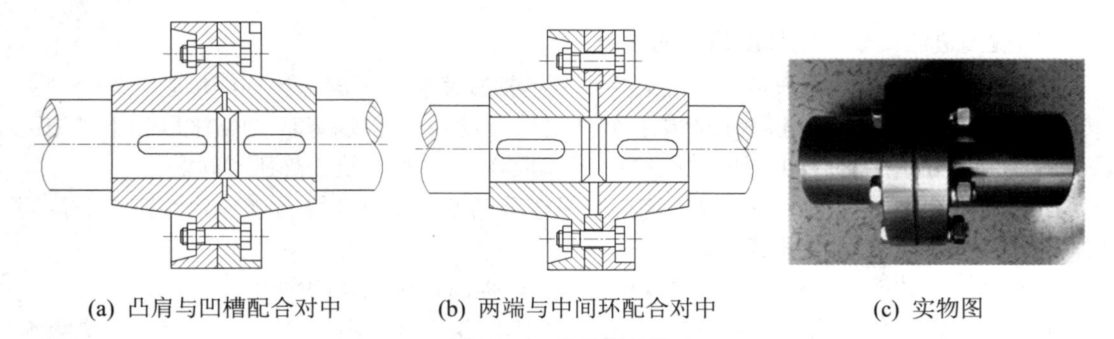

(a) 凸肩与凹槽配合对中　(b) 两端与中间环配合对中　(c) 实物图

图 3-1-4　凸缘联轴器

凸缘联轴器有两种对中方法，一种是用一个半联轴器上的凸肩与另一个半联轴器上的凹槽相配合而对中(见图 3-1-4(a))；另一种则是两端部分与中间环相配合而对中(见图 3-1-4(b))。前者在装拆时轴必须做轴向移动，后者则无此缺点。

连接螺栓可以采用半精制的普通螺栓，此时螺栓杆与孔壁间存有间隙，转矩靠半联轴器接合面间的摩擦力来传递(见图 3-1-4(b))；也可采用铰制孔用螺栓，此时螺栓杆与孔为过渡配合，靠螺栓杆承受挤压与剪切来传递转矩(见图 3-1-4(a))。凸缘联轴器可做成带防护边的(见图 3-1-4(a))或不带防护边的(见图 3-1-4(b))。凸缘联轴器实物如图 3-1-4(c)所示。

凸缘联轴器的材料可用 HT250 或碳钢，重载时或圆周速度大于 30 m/s 时应用铸钢或锻钢。

凸缘联轴器对于所连接的两轴的对中性要求很高，当两轴间有位移与倾斜存在时，就会在机件内引起附加载荷，使工作情况恶化，这是它的主要缺点。但由于其构造简单、成本低及可传递较大转矩，故当转速低、无冲击、轴的刚性大以及对中性较好时亦常采用。

3. 膜片联轴器

膜片联轴器是以金属弹性膜片作为挠性元件来传递转矩的传动装置，它具有如下特点：承载能力大，适用范围广；使用寿命长，工作温度范围大，可在腐蚀介质中工作；结构简单，易于加工制造，没有磨损件，易于维修；振动小，无噪声；靠膜片的弹性变形补偿所连接两轴的相对位移，适用于中等以上转矩传动，传动精度高，可在高温下运转。

如图 3-1-5 所示为膜片联轴器。弹簧片 7 分别用螺钉和球面垫圈与两边的联轴套相连，通过弹簧片传递转矩。弹簧片每片厚 0.25 mm，材料为不锈钢，两端的位置误差由弹簧片的变形抵消。

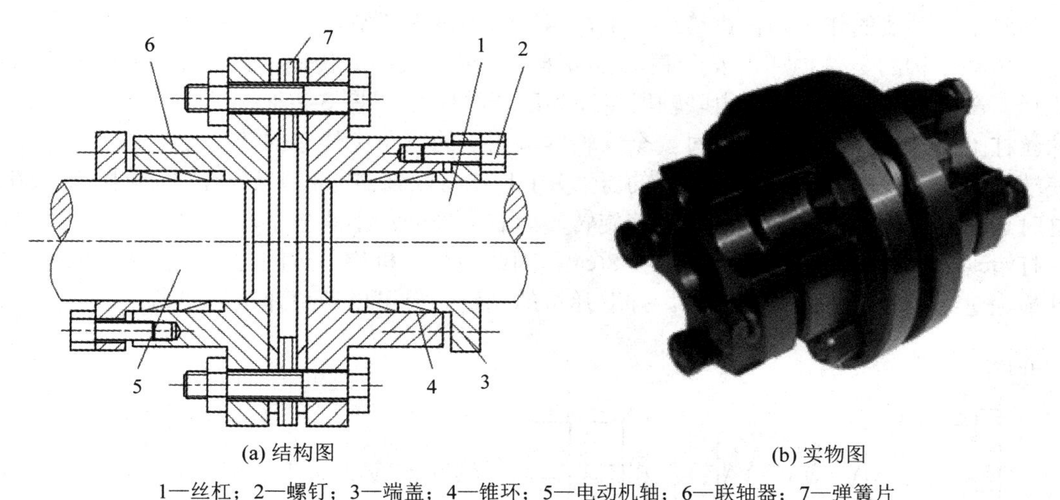

(a) 结构图　(b) 实物图

1—丝杠；2—螺钉；3—端盖；4—锥环；5—电动机轴；6—联轴器；7—弹簧片

图 3-1-5　膜片联轴器

由于膜片联轴器利用了锥环的胀紧原理，可以较好地实现无键、无隙连接，锥环形状如图 3-1-6 所示。

(a) 外锥环　(b) 内锥环　(c) 成对锥环

图 3-1-6　锥环形状

4. 梅花联轴器

梅花联轴器由两个金属爪盘和一个弹性体组成，弹性体一般都是由工程塑料或是橡胶制成的，如图 3-1-7 所示。

图 3-1-7　梅花联轴器

梅花联轴器工作稳定、可靠，具有良好的减振、缓冲性能以及较大的轴向、径向和角度补偿能力；高强度聚氨酯弹性体耐磨、耐油，承载能力大，使用寿命长；适用于中等转矩传动。数控机床进给伺服电动机通过梅花联轴器与滚珠丝杠螺母副的丝杠连接，这种连接方式结构简单，能减少噪声，有效提高机械传动刚度。

5. 安全联轴器

安全联轴器的作用是在进给过程中，当进给力过大或滑板移动过载时，为了避免整个运动传动机构的零件损坏，安全联轴器动作，能终止运动的传递，其工作原理如图 3-1-8 所示。在正常情况下，运动由联轴器传递到滚珠丝杠上(见图 3-1-8(a))，当出现过载时，滚珠丝杠上的转矩增大，这时通过安全联轴器端面上的三角齿传递的转矩也随之增加，以致使端面三角齿处的轴向力超过弹簧的压力，于是便将联轴器的右半部分推开(见图 3-1-8(b))，这时连接的左半部分和中间环节继续旋转，而右半部分却不能被带动，所以在两者之间产生打滑现象，将传动链断开(见图 3-1-8(c))，因此使传动机构不致因过载而损坏。机床许用的最大进给力取决于弹簧的弹力。拧动弹簧的调整螺母可以调整弹簧的弹力。

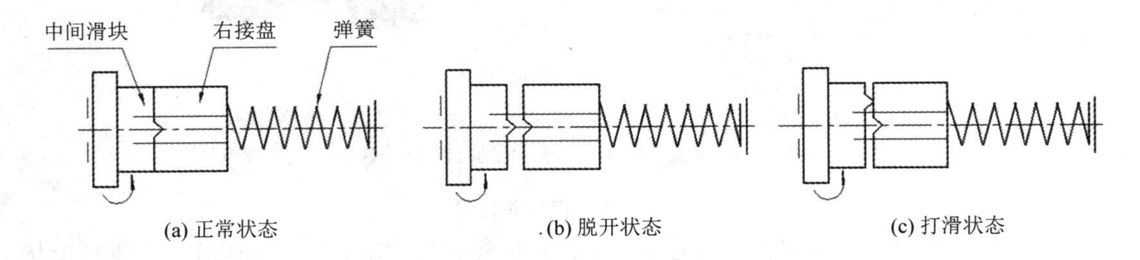

图 3-1-8　安全联轴器工作原理

在数控机床上采用了无触点磁传感器监测安全联轴器的右半部分的工作状况，当右半部分产生滑移时，传感器产生过载报警信号，通过机床可编程控制器(PMC) 使进给系统制动，并将此状态信号传送到数控装置，由数控装置发出报警指令。

四、滚珠丝杠螺母副

滚珠丝杠螺母副是直线运动与回转运动相互转换的传动装置。

1. 滚珠丝杠螺母副的工作原理

滚珠丝杠螺母副的工作原理如图 3-1-9 所示。在丝杠 3 和螺母 1 上都有半圆弧形的螺旋槽，当它们套装在一起时便形成了滚珠的螺旋滚道。螺母上有滚珠回路管道 4，将几圈螺旋滚道的两端连接起来，构成封闭的循环滚道，并在滚道内装满滚珠 2。当丝杠旋转时，滚珠在滚道内既自转又沿滚道循环转动，迫使螺母(或丝杠)轴向移动。

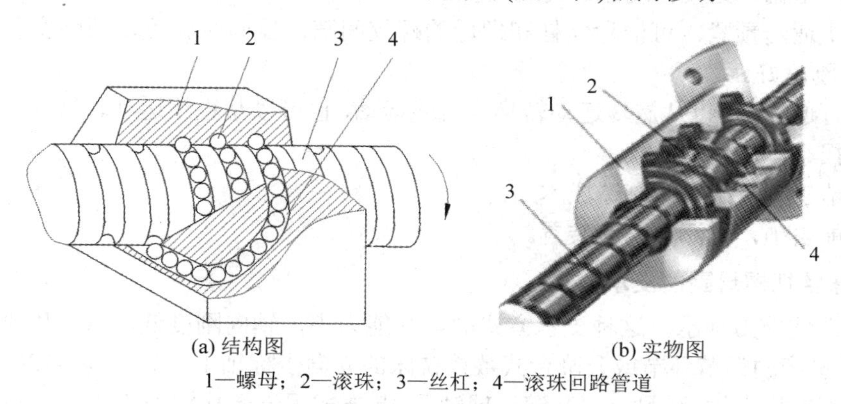

(a) 结构图　(b) 实物图

1—螺母；2—滚珠；3—丝杠；4—滚珠回路管道

图 3-1-9　滚珠丝杠螺母副工作原理

滚珠丝杠螺母副按滚珠返回的方式不同可以分为内循环方式(滚珠在循环过程中始终与丝杠保持接触)和外循环方式(滚珠在循环过程中有时与丝杠脱离接触)两种，如图 3-1-10、图 3-1-11 所示。

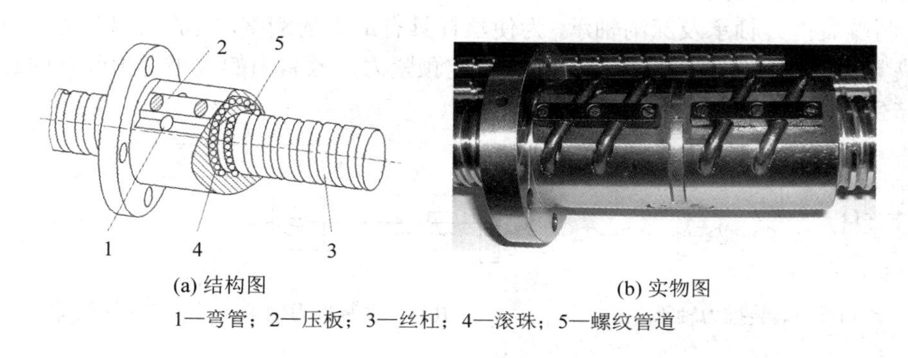

(a) 结构图　(b) 实物图

1—弯管；2—压板；3—丝杠；4—滚珠；5—螺纹管道

图 3-1-10　外循环滚珠丝杠螺母副

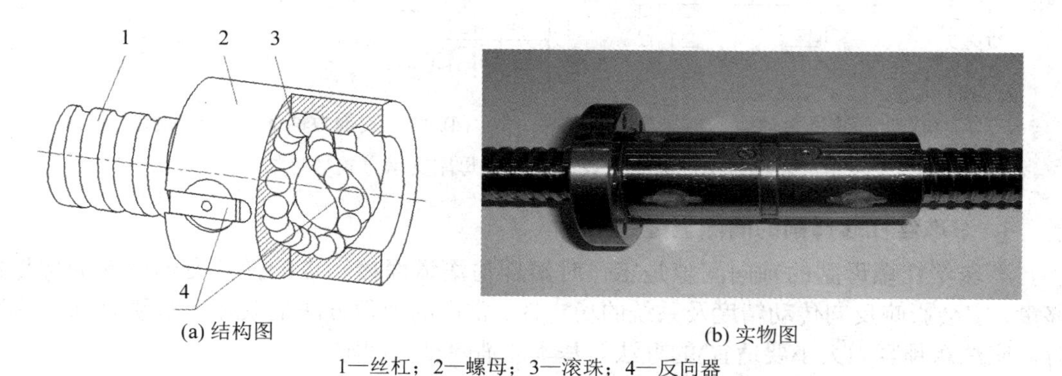

(a) 结构图　(b) 实物图

1—丝杠；2—螺母；3—滚珠；4—反向器

图 3-1-11　内循环滚珠丝杠螺母副

2. 滚珠丝杠螺母副的特点

(1) 传动效率高，摩擦损失小。

(2) 运动平稳，无爬行现象，传动精度高。

(3) 给予适当预紧，可消除丝杠和螺母的螺纹间隙，反向时就可以消除空程死区，定位精度高，刚度好。

(4) 有可逆性，可以从旋转运动转换为直线运动，也可以从直线运动转换为旋转运动。

(5) 磨损小，使用寿命长。

(6) 制造工艺复杂，故制造成本高。

(7) 不能自锁，需添加制动装置。

3. 滚珠丝杠螺母副的支承方式

(1) 一端装推力轴承。这种支承方式的承载能力小，轴向刚度低，只适用于短轴，一般用于数控机床的调节环节或升降台式数控铣床的立向坐标轴中，如图 3-1-12(a)所示。

(2) 一端装推力轴承，另一端装深沟球轴承。此方式用于丝杠较长的情况，如图 3-1-12(b)所示。

(3) 两端装推力轴承。把推力轴承装在丝杠的两端，并施加预紧力，这样有助于提高刚度，但这种支承方式对丝杠的热变形较为敏感，轴承的寿命较图 3-1-12(d)所示的支承形式低，如图 3-1-12(c)所示。

(4) 两端装推力轴承及深沟轴承。为使丝杠具有最大的刚度，它的两端可用双重支承，并施加夹紧力。这种方式不能精确地预先测定预紧力，预紧力的大小是由丝杠的温度变形转化而产生的，如图 3-1-12(d)所示。

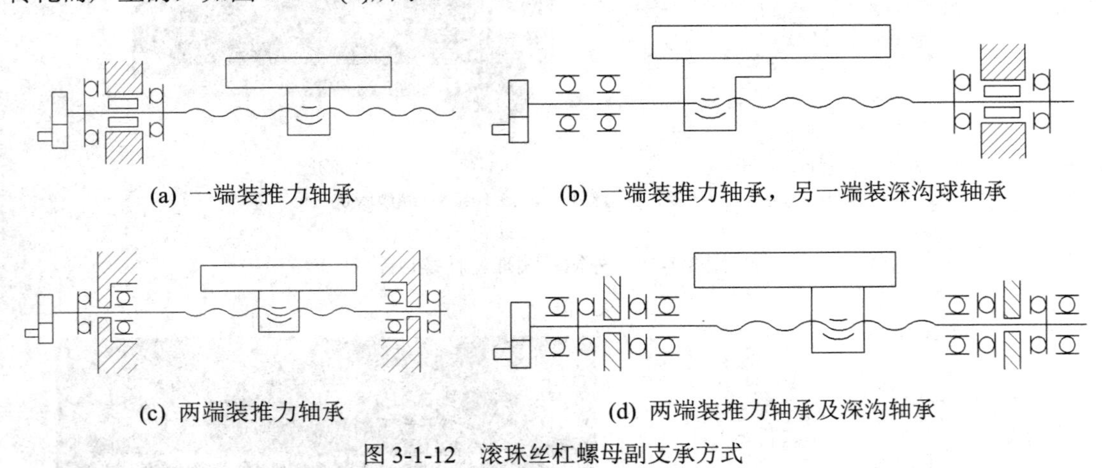

(a) 一端装推力轴承　　(b) 一端装推力轴承，另一端装深沟球轴承

(c) 两端装推力轴承　　(d) 两端装推力轴承及深沟轴承

图 3-1-12　滚珠丝杠螺母副支承方式

4. 滚珠丝杠螺母副的间隙调整

滚珠丝杠螺母副的轴向间隙是工作时滚珠与滚道面接触点的弹性变形引起的螺母位移量，它会影响反向传动精度及系统的稳定性。常用的消隙方法是双螺母加预紧力(在调隙时，应注意预紧力大小要适宜)的方法，基本能消除轴向间隙。

1) *双螺母垫片式调隙*

双螺母垫片式调隙是指调整垫片厚度并施加预紧力，使两个螺母产生轴向相对位移，从而消除几何间隙和轴向间隙的方法，如图 3-1-13 所示，其特点是结构简单、工作可靠，但调整不准确。

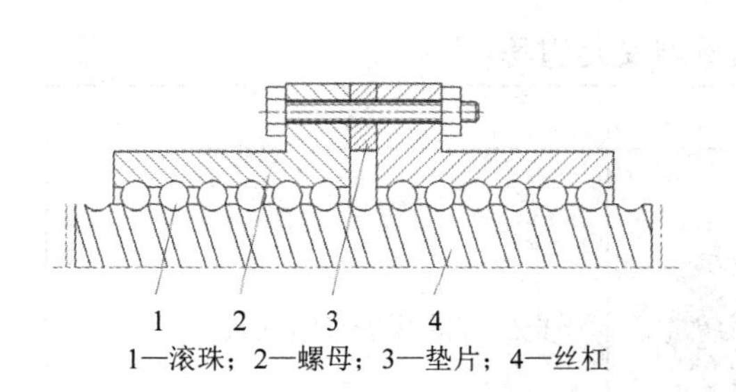

1—滚珠；2—螺母；3—垫片；4—丝杠

图 3-1-13　双螺母垫片式调隙

1—锁紧螺母；2—圆螺母；3—套筒；4—键；5—滚珠；6—丝杠

图 3-1-14　双螺母螺纹式调隙

2) 双螺母螺纹式调隙

双螺母螺纹式调隙机构由两个螺母、丝杠及锁紧螺母组成。如图 3-1-14 所示，右端螺母外部有凸台顶在套筒 3 外，左端螺母制有螺纹并用两个螺母 1、2 锁紧，旋转圆螺母 2 即可消除轴向间隙并施加一定的预紧力，然后用锁紧螺母 1 锁紧。预紧后两个螺母内的滚珠相向受力，从而消除了轴向间隙。其特点是结构简单、工作可靠、调整方便，但不能精确调整。

3) 双螺母齿差式调隙

如图 3-1-15 所示，双螺母两端制有圆柱齿轮 3(两齿轮齿数相差 1)，并分别与内齿轮 2 啮合，两个内齿轮 2 分别固定在套筒 1 的两端。在调整时，先取下内齿轮 2，转动螺母(两个螺母相对套筒同一方向转动同一个齿后固定)使之产生角位移，进而形成轴向位移，以消除轴向间隙并施加预紧力，然后合上内齿轮。该调隙方法结构复杂，但工作精确可靠，可实现定量调整，即进行精密微调，调整精度高。

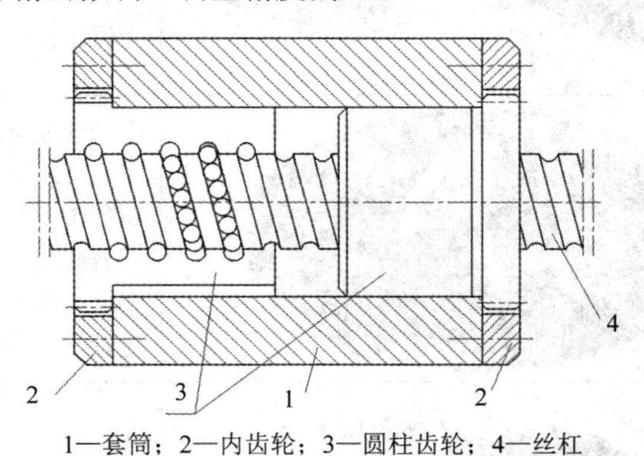

1—套筒；2—内齿轮；3—圆柱齿轮；4—丝杠

图 3-1-15　双螺母齿差式调隙

五、滚珠丝杠螺母副的安装

滚珠丝杠螺母副仅用于承受轴向负荷，径向力、弯矩会使滚珠丝杠螺母副产生附加表面接触应力等负荷，从而可能造成丝杠的永久性损坏。

滚珠丝杠螺母副的安装工具有百分表及表座、木槌、塞尺、螺旋压入工具、游标卡尺、套筒扳手、润滑油、清洁布。

滚珠丝杠螺母副的安装过程如表 3-1-1 所示。

表 3-1-1　滚珠丝杠螺母副安装过程

过程	图　示	说　明
1	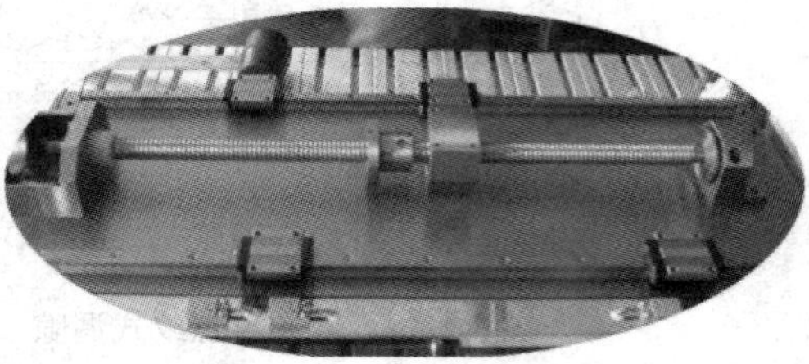	把丝杠的两端底座预紧
2		用游标卡尺分别测丝杠两端与导轨之间的距离，使之相等，以保持丝杠的同轴度
3	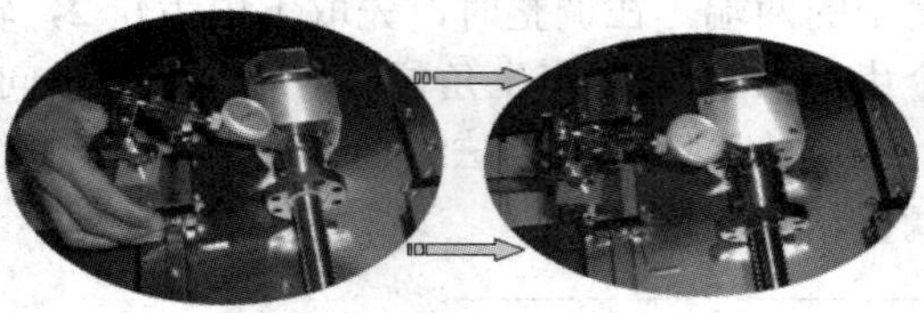	丝杠的同轴度测好以后，把杠杆百分表放在导轨的滑块上，分别测量导轨上螺栓的高度，低的一端底座下边垫上铜片，保证导轨两端在同一高度上(即同轴)
4		若底座下面垫了铜片，底座位置变了，丝杠与导轨之间的距离会变，则进行下一步操作； 若底座下面没垫铜片，丝杠正好在要求高度时，因为底座没动，就不用进行下一步了
5	 读数时眼睛要平视	用游标卡尺分别测丝杠两端与导轨之间的距离，使之相等，以保持丝杠的对称度。 目的：在丝杠运动时，保证丝杠的同轴度、对称度，防止丝杠变形
6		测完后把各个螺栓拧紧

六、滑动导轨副

导轨主要用来支承和引导运动部件沿一定的轨道运动。在导轨副中，运动的部分叫做动导轨，不动的部分叫做支承导轨。动导轨相对于支承导轨的运动，通常是直线运动或者回转运动。

数控机床对导轨副的要求比较高，主要要求包括：高速进给时不振动；低速进给时不爬行；有高的灵敏度；能在重负载下长期连续工作；耐磨性高；精度保持性好。

按导轨工作面的摩擦性质，导轨可分为滑动导轨、滚动导轨和静压导轨，如图 3-1-16 所示，其中，动导轨与支承导轨之间摩擦性质是滑动摩擦的导轨副称为滑动导轨副。本任务只介绍滑动导轨副的类型及应用。

(a) 滑动导轨

(b) 滚动导轨

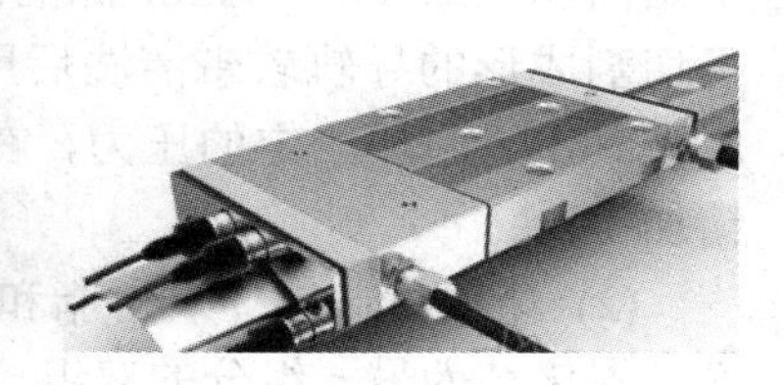
(c) 静压导轨

图 3-1-16　导轨类型

1. 滑动导轨副类型

滑动导轨副可分为普通滑动导轨副和塑料导轨副。普通滑动导轨副是金属与金属相摩擦，摩擦系数大，一般在普通机床上使用；塑料导轨副是塑料与金属相摩擦，导轨的滑动性能好。

1) 普通滑动导轨副

早期滑动导轨副的材料为金属对金属，静摩擦力较大。当启动力不足以克服静摩擦力时，被传动的工作台不能立即运动，作用力使一系列传动元件(如步进电机、丝杠及螺母等)产生弹性变形，储存大量能量。当作用力增大到超过静摩擦力时，工作台突然向前运动，静摩擦变为动摩擦，摩擦力数值急剧减小，工作台产生很大的加速度，向前窜动，由于惯性会使工作台冲过预定位置，定位不准确。此外，动摩擦系数随速度变化而变化，在低速时易产生爬行现象。基于以上原因，除经济型简易数控机床外，其他数控机床已不采用此种类型的滑动导轨副，取而代之的是铸铁-塑料滑动导轨副或镶钢-塑料滑动导轨副，俗称塑料导轨副。

2) 塑料导轨副

塑料导轨副的材料为金属对塑料，这种材料组合的摩擦形式兼具摩擦系数小，动、静摩擦系数差别小和使用寿命长等特点，适用范围非常广泛。目前，塑料导轨的材料可分为两种：贴塑材料和涂塑材料。

(1) 贴塑材料是由聚四氟乙烯和多种金属材料制成的复合材料，厚度有各种规格，长与宽由客户自行裁剪，采用粘贴的方法固定，如图 3-1-17 所示。

(a) 导轨软带

(b) 数控车床 Z 轴贴塑导轨

图 3-1-17 贴塑导轨

贴塑导轨的粘贴工艺过程：先将导轨粘贴面加工至表面粗糙度 Ra3.2～1.6，将导轨粘贴面加工成 0.5～1 mm 深的凹槽，然后用汽油或金属清洁剂或丙酮清洗粘贴面，将已经切割成形的导轨软带清洗后用胶黏剂粘贴，固化 1～2 小时后，再合拢到固定导轨或专用夹具上，施加一定的压力，在室温下固化 24 小时，取下并清除余胶后即可开油槽进行精加工。

(2) 涂塑材料以环氧树脂和二硫化铝为基体，加入增塑剂，混合成液体或膏状为一组份、固化剂为另一组分的双组分塑料涂层。当导轨间隙调整好后，将两组材料按比例混合好，注涂于动导轨涂层面上，固化成塑料导轨面，其抗压强度高于聚四氟乙烯软带。

涂塑导轨的注塑工艺过程：首先将导轨涂层表面粗刨或粗铣成如图 3-1-18 所示的粗糙表面，以保证有良好的黏附力，然后将与塑料导轨相配的金属导轨面(或者模具)用溶剂清洗后涂上一薄层硅油或专用脱模剂，以防与耐磨涂层黏接。将按配方加入固化剂并调好的耐磨涂层材料抹于导轨面上，然后叠合在金属导轨面(或者模具)上进行固化。叠合前可放置形成油槽、油腔用的模板，固化 24 小时后，即可将两导轨分离。涂层硬化三天后可进行下一步加工。涂层面的厚度及导轨面与其他表面的相对位置精度可借助等高块或专用夹具保证。

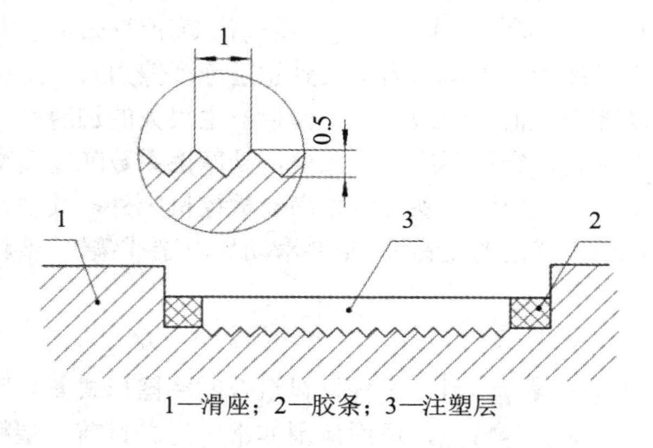

1—滑座；2—胶条；3—注塑层

图 3-1-18 涂塑导轨

塑料导轨的缺点是耐热性差、热导率低、热膨胀系数比金属大，在外力作用下易产生变形、刚性差、吸湿性大，所以不宜用于高温、潮湿的环境。

3) 滑动导轨副截面形状

滑动导轨副常见截面形状如表 3-1-2 所示，几种截面形状的导轨副均存在凸形和凹形两类，凹形容易存油，但也容易积存切屑和尘粒，因此适用于具有良好防护的环境；凸形适用于具有良好润滑的环境。

表 3-1-2　滑动导轨副常见截面形状

形状	对称三角形	不对称三角形	矩形	燕尾形	圆形
凸形	45°　45°	90°　15°～30°		55°　55°	
凹形	90°～120°	65°～70°　90°		55°　55°	

(1) 三角形导轨副：导轨副有两个导向面，同时控制水平和垂直方向的导向精度。在载荷作用下，能够自动补偿消除间隙，它的截面角度由载荷大小及导向要求而定，一般为 90°；有时为提高导向性，采用 60°；或者为提高承载面积，减小比压，采用 110°～120°。

(2) 矩形导轨副：导轨面较宽，承载能力强，易加工制造，水平方向和垂直方向上的位置精度各不相关。其侧面间隙不能自动补偿，因此必须设置间隙调整机构(压板或者镶条调整)。

(3) 燕尾形导轨副：导轨副结构紧凑，高度值最小，能承受颠覆力矩，用一根镶条可调节各面的间隙，但摩擦阻力较大，刚性较差，制造、检测不方便，因此多用于高度小且导向精度要求不太高的场合。

(4) 圆形导轨副：导轨副制造简单、刚度高，可以做到精密配合，但是对温度变化较敏感，小间隙时很易卡住，大间隙时导向精度差，且磨损后调整间隙困难。因此，相比上述几种截面，这种导轨副的应用较少。

2. 滑动导轨副应用

在数控机床中，滑动导轨副通常采用两条组合的方式使用，以不同的组合方式满足不同机床的工作要求。其组合形式主要是三角形配矩形和矩形配矩形。双矩形导轨副用侧边导向，当采用一条导轨的两侧面导向时称为窄式导向，分别采用两条导轨的两个侧面导向时称为宽式导向。窄式导向制造容易，受热变形影响小。例如，经济型数控车床的 Z 轴采取的导轨副组合形式是三角形配矩形，数控铣床的 Z 轴、Y 轴采取的是矩形配矩形组合形式。

任务实施

数控车床大托板仿真拆卸(滑动导轨拆卸)

数控车床大托板实现机床 *Z* 轴移动，下面以数控机床结构原理仿真软件介绍其拆卸过程。

(1) 运行上海宇龙公司数控机床结构原理仿真软件。

开启计算机后，启动数控机床结构原理仿真软件，依次选取“数控车床”→“进给传动部件”→“大托板”→“拆除”，进入机床结构仿真界面，如图 3-1-19、图 3-1-20、图 3-1-21 所示。

图 3-1-19　进给模块进入界面

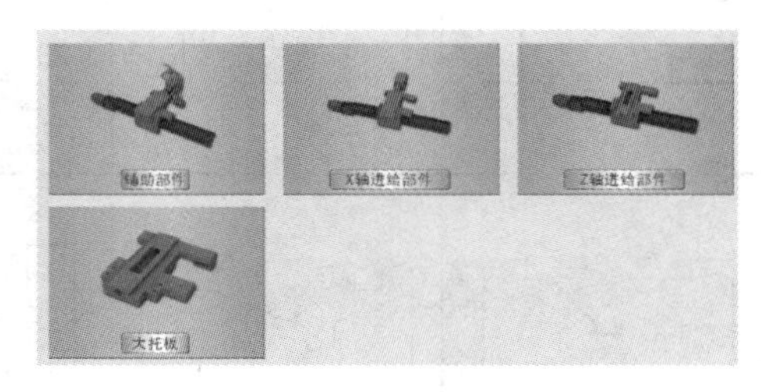

图 3-1-20　数控车床进给大托板界面

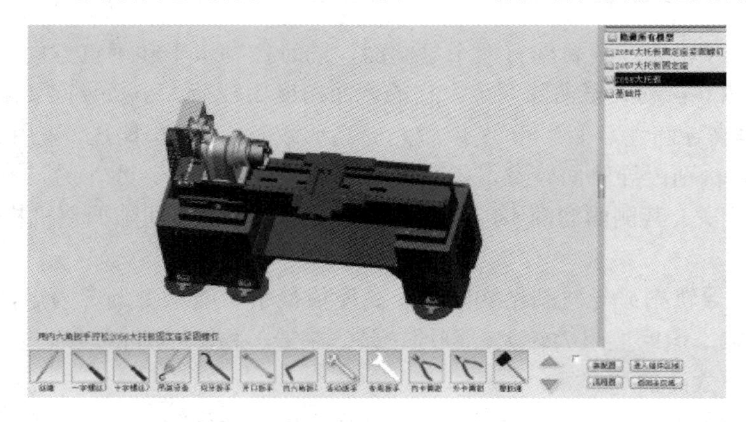

图 3-1-21　进给大托板安装界面

(2) 用内六角扳手拆下大托板固定座紧固螺钉，如图 3-1-22 所示。

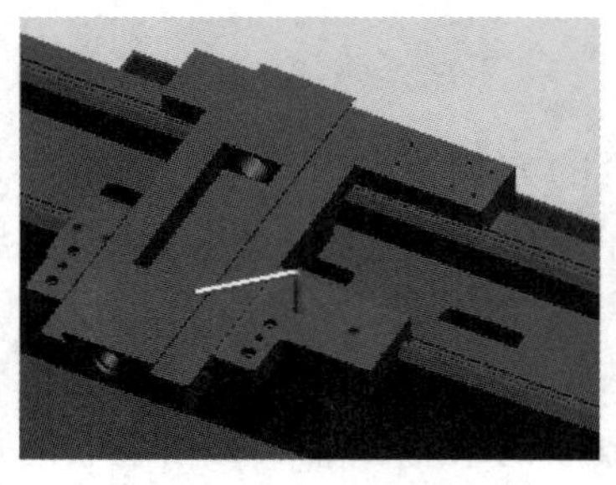

(a) 拆卸大托板前端紧固螺钉

(b) 拆卸大托板后端紧固螺钉

图 3-1-22　拆卸大托板固定座紧固螺钉

(3) 拆卸大托板前、后压板，取下大托板固定座。

(4) 用吊装装置取下大托板，如图 3-1-23 所示。

(a)　用吊装装置拆卸大托板

(b) 大托板拆卸完毕

图 3-1-23　拆卸大托板

提示：

数控车床进给传动系统大托板安装工艺过程与拆卸过程相反，读者可自行练习。

任务评价

认识数控机床进给传动系统的评分标准如表 3-1-3 所示。

表 3-1-3　认识数控机床进给传动系统的评分标准

班级：			姓名：		学号：	
任务 3.1　认识数控机床进给传动系统					实物图：	
序号	检测内容		配分	检测标准	评价结果	得分
1	数控车床大托板拆卸与安装	数控车床大托板拆卸	15	拆卸顺序正确，各零件没有损坏		
2		数控车床大托板安装	20	安装顺序正确；各零件连接可靠		
3	滚珠丝杠螺母副安装	底座安装	20	两端底座安装正确		
4		丝杠两端等高度检测	15	检测方法正确，检测精度符合要求		
5		丝杠与导轨平行度检测	15	检测方法正确，检测精度符合要求		
6	7S 管理	装配调试规范	15	工具、量具清理后摆放整齐，保养得当		
综合得分			100			

思考与练习

一、填空题

1. 凸缘联轴器是把两个带有凸缘的半联轴器分别与__________连接，然后用螺栓把两个半联轴器连成一体，以传递__________。

2. 刚性联轴器目前主要采用__________的连接方法，而且大多进给电机轴上都备有__________。

二、选择题

1. 由于利用了锥环的胀紧原理，__________可以较好地实现无键、无间隙连接，它是一种安全的联轴器。

A. 膜片联轴器　　B. 凸缘联轴器　　C. 安全联轴器　　D. 超越联轴器

2. _________的作用是在进给过程中，当进给力过大或滑板移动过载时，为了避免整个运动传动机构的零件损坏，其动作会终止运动的传递。

A. 弹性联轴器　　B. 凸缘联轴器　　C. 安全联轴器　　D. 刚性联轴器

3. 电动机和滚珠丝杠连接用的________松动或________本身的缺陷，如裂纹等，会造成滚珠丝杠转动与伺服电动机的转动不同步，从而使进给运动忽快忽慢，产生爬行现象。

A. 套筒　　B. 键　　C. 联轴器　　D. 销

三、简答题

1. 数控机床采用的联轴器有哪些类型？各有何特点？

2. 数控机床滚珠丝杠螺母副间隙如何调整？

3. 数控机床滚珠丝杠如何实现制动？

任务 3.2　数控车床进给传动系统机械装调

学习目标

(1) 熟悉数控车床进给传动系统装配图的识图方法；

(2) 掌握数控车床 Z 轴部件的拆装与调整方法；

(3) 掌握正确使用工量具的方法，并逐渐养成良好的工作习惯，提升职业素养。

任务引入

数控车床进给传动系统安装与调试的前提是看懂其装配图，而数控车床进给传动系统维修的前提是数控车床进给传动系统的正确装调。因此，分析进给传动系统图、熟悉进给传动系统装配图是进行装调与维修工作的第一步。如图 3-2-1 所示为数控车床进给传动系统装配现场图片。

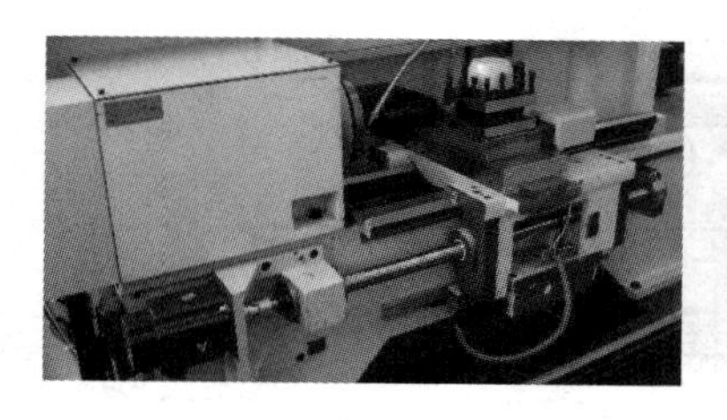

(a) 部件：进给传动系统　　(b) 部件：滚珠丝杠螺母副　　(c) 滚珠丝杠螺母副装配

图 3-2-1　数控车床进给传动系统装配现场

任务分析

数控车床的进给传动系统由伺服电动机驱动，通过滚珠丝杠带动刀架完成纵向(Z 轴)和横向(X 轴)的进给运动。进给系统的传动要求准确、无间隙，因此要求进给传动链中的各环节(如伺服电动机与丝杠的连接，丝杠与螺母的配合及支承丝杠两端的轴承等)都要消除间隙。如果经调整后仍有间隙存在，可通过数控系统进行间隙补偿，但间隙补偿量最好不要超过 0.05 mm，因为传动间隙太大对加工精度影响很大。

相关知识

一、数控车床进给传动系统(Z 轴)拆装概述

数控车床纵向移动由伺服电动机带动纵向丝杠来实现。丝杠的前端支承在 3 个角接触球轴承上，后端支承在深沟球轴承上。前端轴承由螺母、轴套、法兰及螺钉定位在与床身相连的箱体上。丝杠的前端轴向是固定的，后端轴向是自由的，可以补偿由于温度引起的伸缩变形，如图 3-2-2 所示。拆装的技术要求如下：

(1) 零件装配前，必须彻底清洗，绝不允许有油污、脏物和铁屑存在，并去毛刺。

(2) 工作时榔头和凿子头部不应有油，手上的油和汗应擦净，防止因滑动而失去控制，发生事故。

(3) 压入平键和装卸轴承时，不得使用铁锤敲打，应用木槌、橡皮锤、紫铜锤或用专用装配工具进行装配。

(4) 各外露部件如螺钉、销钉、标牌、轴头或法兰、电镀等均应整齐完好，不许有损伤或字迹不清等现象，否则应予以更换，以确保外观质量。

(5) 装配在同一位置的螺钉，应保证长短一致，松紧适宜。主要部位的螺钉，应用限力扳手紧固。销钉头应齐平。

(6) 组件或部件装好经检查合格后，必须采取妥善防护措施，以防止水汽、油污进入。

(7) 在机床装配时，应注意整机和部件、组件间的调整工作，如摩擦片、传动带、把手、主轴、丝杠等均应仔细调整，转动灵活，松紧一致，符合工艺规定的要求。

(8) 拆卸及装配前仔细阅读装配工艺图。拆卸及装配过程严格按照相关工艺要求，符合相关操作规程。

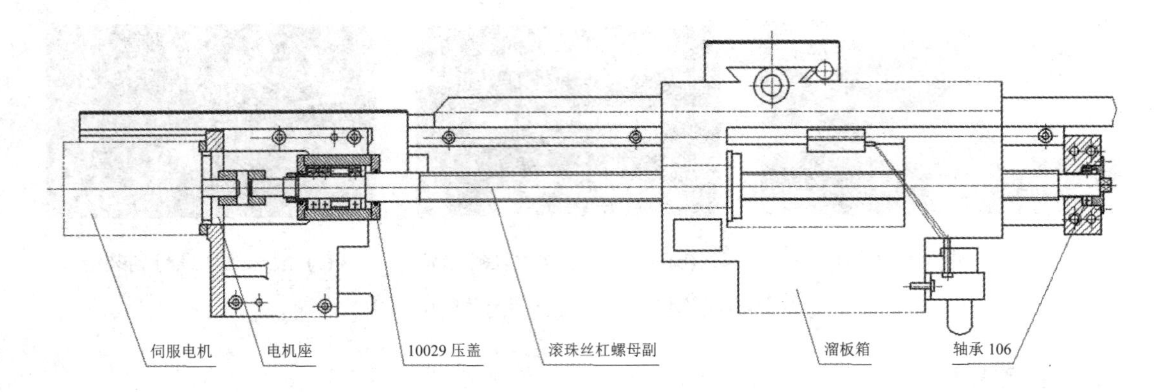

图 3-2-2　CKA6136 型数控车床 *Z* 轴装配示意图

二、数控车床进给传动系统 *Z* 轴拆卸

1. 数控车床进给传动系统 *Z* 轴拆卸步骤

(1) 先将机床卡盘、尾座取下，平稳放置在橡胶皮垫上；再将机床的床头罩、床头箱盖板和防护门、丝杠防护壳等拆下，做好标记后放置在空位处。

(2) 取出轴承座与大托板的定位销，将电机与丝杠脱开，拆下电机。

(3) 拆下丝杠后支承座和其中的轴承。

(4) 拆下丝杠前端紧固螺母，将丝杠从电机座中抽出；松开丝杠副与螺母座的螺钉，取下丝杠。

(5) 拆下前轴承座，并取出其中轴承。

2. 数控车床进给传动系统 *Z* 轴具体拆卸过程

(1) 使用活动扳手和木棍将机床主轴的卡盘、尾座取下，平稳放置在橡胶皮垫上；再按顺序将车床的床头罩、床头箱盖板和防护门、丝杠防护壳等拆下，做好标记后放置在空位处，如图 3-2-3 所示。

(2) 用手松开电动机动力线接头和反馈电线接头，如图 3-2-4 所示。使用加长内六角扳手松开电动机上的 4 个内六角螺母 M8 × 30，如图 3-2-5 所示。

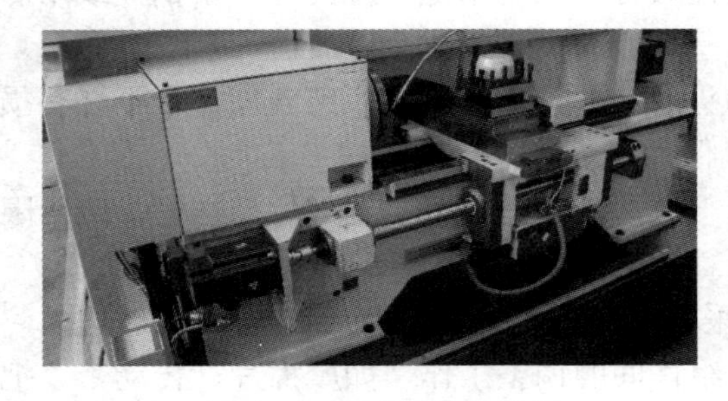

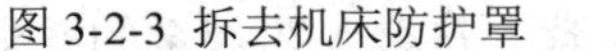

图 3-2-3　拆去机床防护罩

图 3-2-4　松开电动机动力线接头和反馈电线接头

(3) 使用内六角扳手松开连接电动机轴和丝杠的联轴器上的紧固螺钉，如图 3-2-6 所示，将电动机从电机座中抽出。

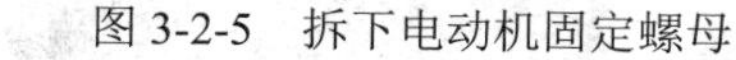

图 3-2-5　拆下电动机固定螺母

图 3-2-6　松开联轴器

(4) 使用内六角扳手松开轴端紧固螺母，拆下前端盖。用活动扳手卡住丝杠右侧端，如图 3-2-7 所示，同时用半圆扳手逆时针旋转将其取出。如果固定螺母 M24 × 1.5 太紧，可用锤子和铜棒沿逆时针方向从丝杠上将其敲出，如图 3-2-8 所示，然后取出左压盖。

图 3-2-7　用活动扳手卡住丝杠右侧端

图 3-2-8　拆下丝杠固定螺母

(5) 松开后轴承座的压盖，用拔销器将定位销取出，拆下固定螺钉，如图 3-2-9 所示。用拉马将后轴承座拉出，如图 3-2-10 所示，放置在橡胶皮垫上。

图 3-2-9　拆下后轴承座固定螺钉

图 3-2-10　用拉马将后轴承座拉出

(6) 用铁锤和铝棒敲出轴承座中的轴承 30 × 55 × 13，清洗后吊挂，如图 3-2-11 所示。

(7) 松开电机座上的压盖，将一对半圆环放置在轴承 760206TN1/P4TBTB 后。而后装上压盖，预紧螺母 M6 × 20。

(8) 将枕木放置在主轴箱与溜板箱间，在丝杠后端用活动扳手转动丝杠，将丝杠从电机座中抽出，如图 3-2-12 所示。

(9) 松开前电机座上的压盖，取出一对半圆环。使用拔销器将电机座上的定位销 8 × 40

取出，而后松开螺母 M12 × 30，将电机座取下。通过铜棒和铝套取出其中的 3 个轴承和内、外圈(在敲击时注意方向，防止轴承内、外圈脱落)，如图 3-2-13 所示。清洗(应使用汽油清洗)轴承并做标记(取下时应注意轴承方向，标明轴承大小头的朝向)。

图 3-2-11　取出轴承

图 3-2-12　拆丝杠

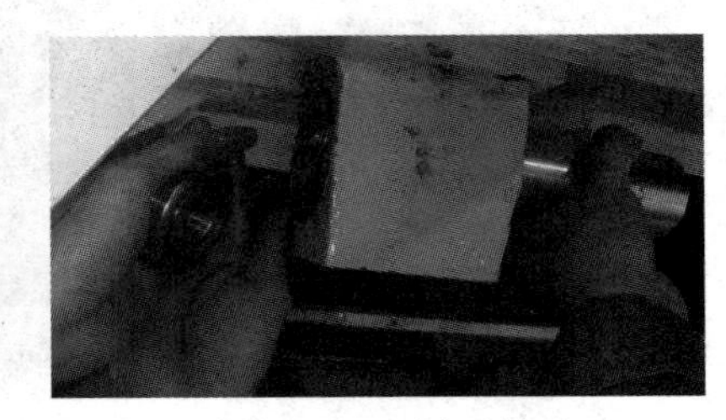

图 3-2-13　拆下轴承

(10) 用加长内六角扳手松开丝杠螺母副上的紧固螺母 M8 × 20，如图 3-2-14 所示，用活动扳手松开油管，如图 3-2-15 所示，将丝杠抽出清洗后悬挂起来。

图 3-2-14　松开丝杠螺母副上的紧固螺母

图 3-2-15　松开油管

三、数控车床进给传动系统 *Z* 轴的装配过程

1. 检验溜板箱的丝杠螺母座与机床导轨的平行度

(1) 擦拭(不得使用棉纱) 电机座，如图 3-2-16 所示，清洗轴承等零件，如图 3-2-17 所示。对电机座基面，用油石去毛刺并擦拭干净，用改锥棉布把销孔和螺钉孔清洗干净。

图 3-2-16　擦拭电机座

图 3-2-17 清洗轴承

(2) 用棉布擦拭 100 ×40H7 GL62-1-1，62 ×40H7 GL62-1-1 两个检套和 40h5 ×350 GL61-1-1(2)检棒内外表面，并在其外端面均匀涂油。

(3) 将检套分别安装于电机座的电机孔和轴承孔中(先装轴承孔)，旋转装入，如图

3-2-18 所示。用 40h5 ×350 GL61-1-1(2)检棒穿过两检套，40h5 ×350 GL61-1-1(2)检棒在两端露出部分应大体一致，如图 3-2-19 所示。

图 3-2-18　安装检套

图 3-2-19　电机孔和轴承孔中装入检套和检棒

(4) 松开溜板箱的紧固螺钉，如图 3-2-20 所示。在溜板箱的丝杠螺母座中装入检套和检棒，如图 3-2-21 所示。检棒在两端露出部分应大体一致，擦拭导轨和桥尺。调整百分表及磁性表座使两百分表表头分别轻轻触及检棒上母线和侧母线并调零，如图 3-2-22 所示。

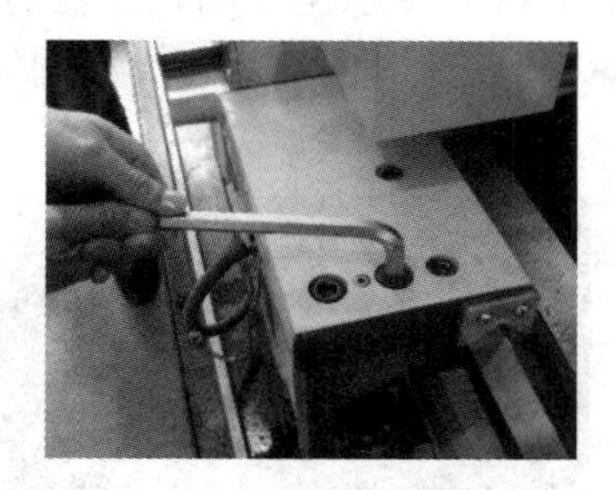

图 3-2-20　松开溜板箱紧固螺钉

图 3-2-21　丝杠螺母座中装入检套和检棒

图 3-2-22　调整百分表及磁力表座

(5) 滑动桥尺，检测溜板箱与床身导轨的平行度。使用铜棒敲击溜板箱(见图 3-2-23)，调整溜板箱与床身导轨的平行度，要求检棒的上母线、侧母线全长平行度允差小于等于 0.01 mm/200 mm。

图 3-2-23　检测溜板箱与床身导轨平行度

图 3-2-24　调整百分表及磁力表座

注：在第一次读数后应将检验棒旋转 180°，再次读数，最终数值取两次平均值。在调

整的同时，适当地紧固溜板箱的螺钉。

2. 检验电机座与溜板箱的丝杠螺母座之间的同轴度

(1) 在电机座上安装检套和检棒，调整百分表及磁性表座，使两百分表表头分别轻轻触及检棒上母线和侧母线并调零，如图 3-2-24 所示。滑动桥尺调整溜板箱，使两个检棒的上母线、侧母线的同轴度小于等于 0.01 mm/(全长)。在第一次读数后应将检棒旋转 180°，再次读数，最终数值取两次平均值。在此过程中不可修刮床身与电机座的结合面。

(2) 达到技术要求后打入定位销 8 ×40，紧固螺钉 M12 ×30，拆卸溜板箱上的检具。

3. 检验轴承支承架与机床导轨之间的平行度

(1) 用油石去除轴承座基面毛刺并擦拭干净，用改锥和棉布将销孔和螺钉孔清洗干净，并且清洗轴承孔，然后上油防止生锈及便于装配。清洗完成后将轴承座装上，预紧固，如图 3-2-25 所示。

(2) 用棉布擦拭检套，然后上油。将合适的检套装入轴承座上的轴承孔内，旋转装入，如图 3-2-26 所示。清洗检棒(40h5 ×350 GL611-1-1(2))并上油，装入检验套中，检棒在检套两端的旋身长度应基本一致。

图 3-2-25　装轴承座

图 3-2-26　轴承孔内装入检套

4. 检验电机座与轴承支承架之间的同轴度

(1) 擦拭机床前部的导轨，并将处于机床后部的桥尺架拿起，轻轻移动，安放在机床前部，滑动桥尺，使两表头分别轻轻触及检棒 40h5 ×350 GL61-1-1(2) 上母线和侧母线，在此过程中应防止撞表，调整千分表。

(2) 以电机座为基准，来回移动桥尺，调整轴承座，如图 3-2-27 所示。使轴承座中检棒与电机座中检棒的同轴度在上、侧母线均小于等于 0.01 mm/全长。达到要求后紧固螺钉 M12 ×30，打入定位销 10 ×45。将检棒和检套取下，检棒应吊起，检套涂油后用油纸包装。

图 3-2-27　调整轴承座

图 3-2-28 装入轴承

(3) 以上步骤完成后，取下桥尺，拆卸表座、检棒及检套，按要求放置。检棒及检套应上油后悬挂，防止划伤和变形。桥架应倒置，防止导轨接触面划伤。

5. 安装滚珠丝杠螺母副

(1) 拆卸轴承座。

(2) 将丝杠装入溜板箱中，找正油管的位置，而后用加长六角扳手预紧固 6 个丝杠螺钉。

(3) 将轴承清洗并涂抹油脂，推动大拖板，使丝杠前端伸出电机座，按照装配图将轴承 760206TN1/MTBTB30 ×62 ×16 依次用锤子和套管敲入丝杠前端(敲击时要一边敲击一边旋转套管，对正方位，防止轴承内、外环脱落或卡死的情况)，如图 3-2-28 所示。装入内圈、外圈，装入后用铜棒调节使其水平。装入专用锁死螺母 M24 ×1.5。

(4) 用枕木顶在电机座和溜板箱间，如图 3-2-29 所示，在丝杠尾部用活动扳手拧动丝杠使轴承副完全进入电机座轴承孔中。取下专用螺母，而后安装电机座前端盖，安装前用油石去毛刺。

图 3-2-29 用枕木顶在电机座和溜板箱间

图 3-2-30 连接油管

(5) 紧固滚动丝杠螺母副与溜板箱螺母支承之间的螺钉。

(6) 连接油管，如图 3-2-30 所示。

(7) 擦拭轴承座与机床的安装面，安装轴承座，装入定位销，预紧螺钉。

(8) 敲入轴承，紧固支承座螺钉。

(9) 紧固电机座后端盖的螺钉。

6. 校核滚珠丝杠螺母副

(1) 测量滚珠丝杠螺母副的径向圆跳动。在前、后导轨上架表测量，使表头触及丝杠外圆光滑表面，旋转丝杆，测量径向跳动。

(2) 测量滚珠丝杠螺母副的轴向窜动。在电机座上架表，在丝杠前端安放涂黄油的钢珠，将表头触到钢珠最高点，用双手旋转丝杠测量其轴向窜动，可通过调节锁紧螺母来调节滚珠丝杠螺母副的轴向窜动，紧固螺母上的防松螺钉。

两项均达标后取下检测工具，用棉布擦拭丝杠前端。

7. 安装联轴器和电动机

(1) 把联轴器安装在电动机转子上，按照图样上联轴器的安装尺寸锁紧螺母。

(2) 将电动机安装于电机座上，紧固螺钉。将联轴器的另一端与丝杠紧固。

(3) 安装电动机的连接线。

(4) 安装防护板。

任务实施

数控车床进给传动系统 X 轴仿真拆卸

数控车床进给传动系统 X 轴仿真拆卸的具体实施步骤如下：

(1) 运行上海宇龙公司数控机床结构原理仿真软件。

开启计算机后，启动数控机床结构原理仿真软件，依次选取“数控车床”→“进给传动部件”→“X 轴进给部件”→“拆除”，进入机床结构仿真界面，如图 3-2-31、图 3-2-32 所示。

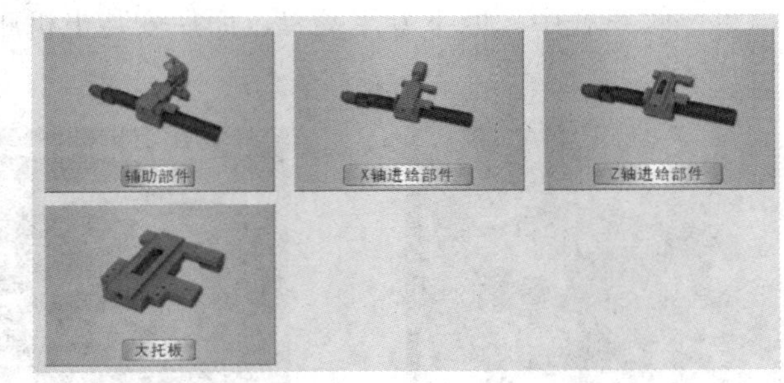

图 3-2-31　数控车床 X 轴进给部件界面

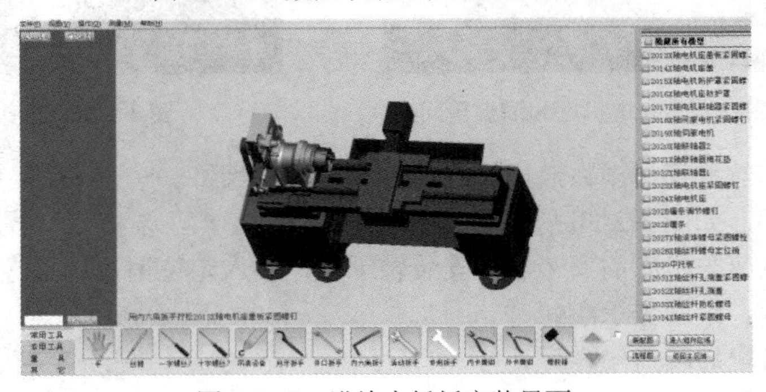

图 3-2-32　进给大托板安装界面

(2) 用内六角扳手拆下 X 轴电机防护罩紧固螺钉，用手取下电机防护罩，用内六角扳手拆下 X 轴电机紧固螺钉，如图 3-2-33、图 3-2-34、图 3-2-35 所示。

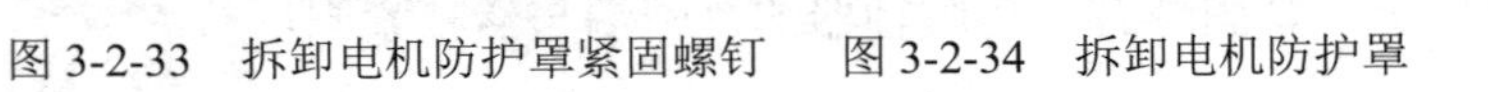

图 3-2-33　拆卸电机防护罩紧固螺钉　　图 3-2-34　拆卸电机防护罩　　图 3-2-35　拆卸电机紧固螺钉

(3) 用内六角扳手拆卸 X 轴电机座盖板紧固螺钉，用手拆卸电机座盖板，用内六角扳手拆下 X 轴电机联轴器紧固螺栓，如图 3-2-36、图 3-2-37、图 3-2-38 所示。

图 3-2-36 拆卸电机座盖板紧固螺钉

图 3-2-37 拆卸电机座盖板

图 3-2-38 拆卸联轴器紧固螺栓

(4) 用手依次取下 X 轴伺服电动机、联轴器、梅花垫，用手取下电机座，如图 3-2-39、图 3-2-40 所示。

图 3-2-39 拆卸伺服电动机

图 3-2-40 拆卸联轴器

(5) 用开口扳手拆下电机座紧固螺钉，用手取下电机座，用月牙扳手拆卸丝杠锁紧螺母，如图 3-2-41、图 3-2-42 所示。

图 3-2-41 取下电机座

图 3-2-42 拆卸丝杠锁紧螺母

(6) 用手取下丝杠垫圈，用一字螺丝刀拆卸镶条调节螺钉，用手取出镶条，如图 3-2-43、图 3-2-44、图 3-2-45 所示。

图 3-2-43 取出丝杠垫圈

图 3-2-44 拆卸镶条调节螺钉

图 3-2-45 取出镶条

(7) 用内六角扳手拧松滚珠螺母紧固螺栓，用拔销器拆下丝杠螺母定位销，用内六角扳手拆下滚珠螺母紧固螺栓，如图 3-2-46、图 3-2-47、图 3-2-48 所示。

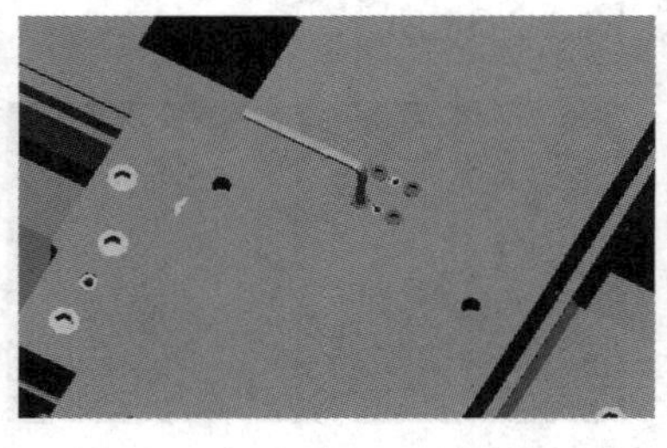
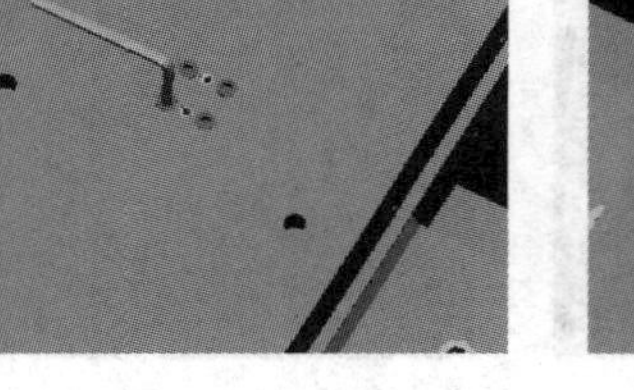

图 3-2-46　拧松紧固螺栓

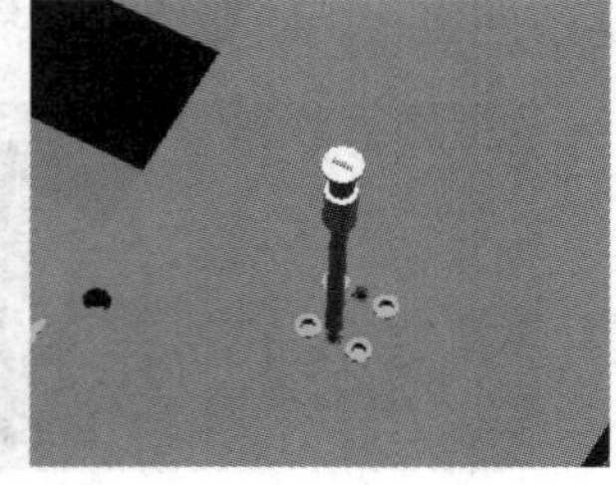

图 3-2-47　拆卸定位销

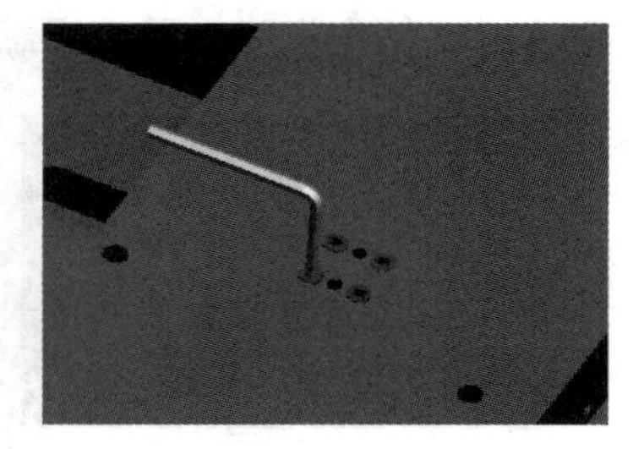

图 3-2-48　拆卸紧固螺栓

(8) 用内六角扳手拆卸丝杠前端盖紧固螺钉，用手取出前端盖，用手拆下中托板，用铜棒铁锤拆卸滚珠丝杠螺母副组件，用铜棒铁锤拆卸丝杠轴承，如图 3-2-49、图 3-2-50、图 3-2-51、图 3-2-52 所示。

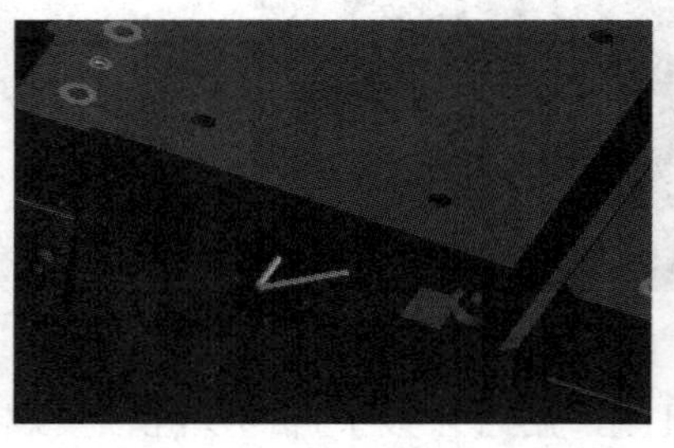

图 3-2-49　拆卸前端盖紧固螺钉

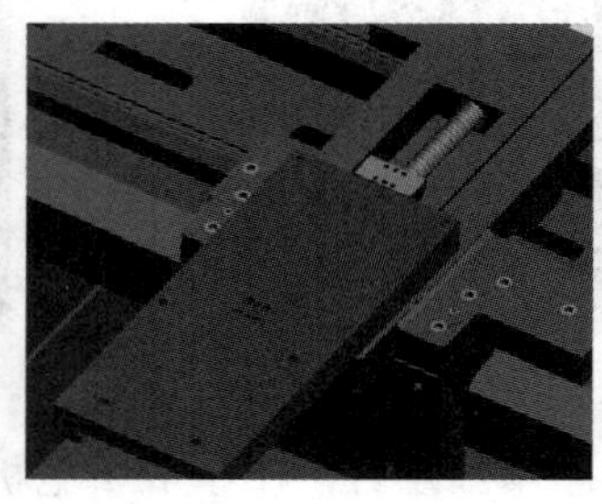

图 3-2-50　拆卸中拖板

图 3-2-51　拆卸滚珠丝杠螺母副组件

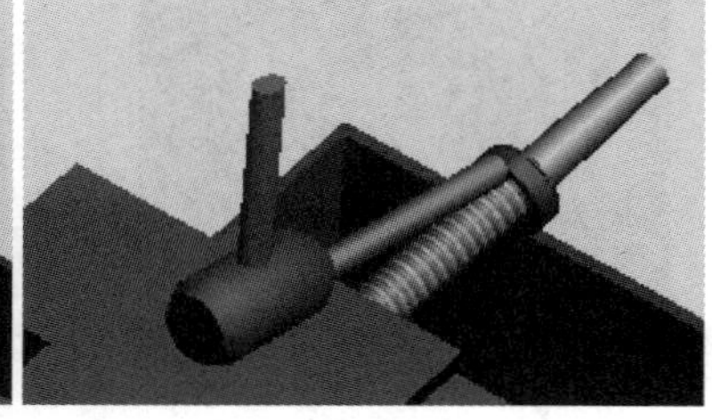

图 3-2-52　拆卸丝杠轴承

(9) 用手拆卸滚珠螺母，用手拆卸丝杠，如图 3-2-53、图 3-2-54 所示。

图 3-2-53　拆卸滚珠螺母

图 3-2-54　拆卸丝杠

任务评价

数控车床进给传动系统机械装调的评分标准如表 3-2-1 所示。

表 3-2-1　数控车床进给传动系统机械装调评分标准

班级：			姓名：		学号：	
任务 3.2　数控车床进给传动系统机械装调					实物图：	
序号	检测内容		配分	检测标准	评价结果	得分
1	Z 轴进给传动系统拆卸	进给伺服电动机拆卸	5	拆卸过程正确、合理		
2		轴承座拆卸	15	拆卸过程正确、合理		
3		滚珠丝杠螺母副拆卸	10	拆卸过程正确、合理，丝杠无损害		
4		轴承拆卸	5	拆卸过程正确、合理		
5	Z 轴进给传动系统装配	检验溜板箱的丝杠螺母座与机床导轨的平行度	10	检测精度符合技术要求		
6		检验电机座与溜板箱的丝杠螺母座之间的同轴度	10	检测精度符合技术要求		
7		检验轴承支承架与机床导轨之间的平行度	10	检测精度符合技术要求		
8		检验电机座与轴承支承架之间的同轴度	10	检测精度符合技术要求		
9		安装滚珠丝杠螺母副	10	操作流程规范、合理		
10	文明生产	工具保养、摆放，主轴箱防护罩安装	15	工量具擦净，上油均匀、适量；摆放整齐有序；防护罩安装正确、可靠		
综合得分			100			

思考与练习

1. 简述数控车床 Z 轴支承形式。
2. 简述数控车床 Z 轴拆卸过程。
3. 简要说明与数控车床 Z 轴有关的检测精度。

任务 3.3　数控铣床(加工中心)进给传动系统机械装调

学习目标

(1) 掌握数控铣床进给传动系统装配图的识图方法；
(2) 掌握数控铣床进给传动系统的拆装与调整方法；
(3) 熟悉数控铣床进给传动系统常见故障诊断与维修方法；
(4) 掌握正确使用工量具的方法，并逐渐养成良好的工作习惯，提升职业素养。

任务引入

数控铣床(加工中心)进给传动系统安装与调试的前提是看懂其装配图，熟悉进给传动系统的功能及结构特点，因此，分析进给传动系统图与装配图是进行装调工作的第一步，这一步做好了就为维修工作打下了坚实的基础。如图 3-3-1 所示为数控铣床进给传动系统。

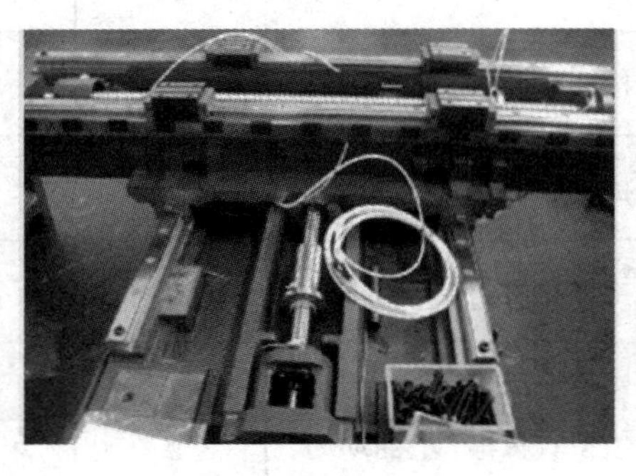

(a) 底座及床鞍

(b) 工作台

图 3-3-1　数控铣床进给传动系统

任务分析

数控铣床(加工中心)进给传动系统由 *X*、*Y*、*Z* 三个直线进给轴组成，*X* 直线进给轴安装在机床床鞍上，*Y* 直线进给轴安装在底座上，*Z* 直线进给轴安装在机床立柱上，三个进给轴在空间上互相垂直，实现数控铣床(加工中心)进给运动。

相关知识

一、滚动导轨副类型与结构

滚动导轨副有直线滚动导轨副和滚柱导轨块两种，如图 3-3-2 所示。

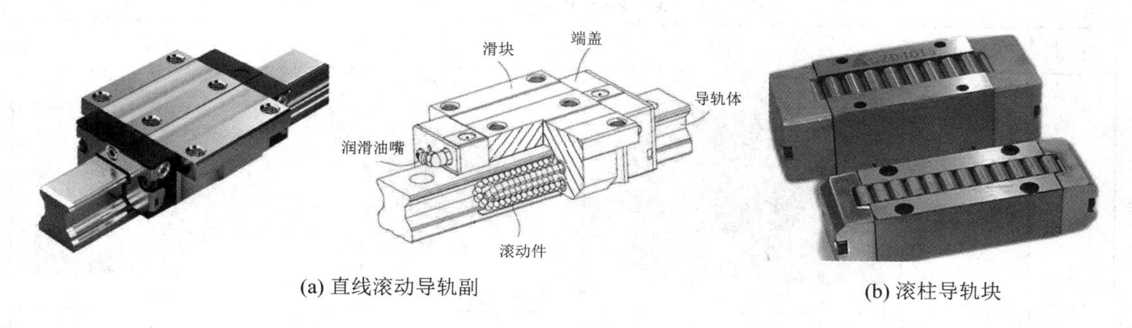

(a) 直线滚动导轨副　(b) 滚柱导轨块

图 3-3-2　滚动导轨副

1. 直线滚动导轨副

直线滚动导轨副是利用滚动摩擦，由滚珠在滑块与导轨之间作无限滚动循环，使得负载平台能沿着导轨轻易地以高精度作线性运动，其摩擦系数可降至传统滑动摩擦的 1/50，能轻易地达到微米级的定位精度。

在使用时，导轨体固定在数控机床的床身或者立柱等支承面上，滑块固定在工作台或滑座等移动部件上。当导轨与滑块做相对运动时，钢球就沿着导轨上经淬硬和精密磨削加工而成的 4 条滚道滚动，当钢球滚到滑块端部，经反向器(反向装置挡板)后再进入滚道，钢球就这样周而复始地进行滚动运动。为防止灰尘和脏物进入导轨滚道，滑块两端及下部均有密封垫。滑块上还有油杯，可以定期润滑。

直线滚动导轨随动性好，能实现无间隙运动，电动机驱动功率较普通导轨副大幅下降，瞬时速度远高于滑动导轨，在成对使用时对导轨安装面加工精度要求低，广泛应用于中小型数控机床。

2. 滚柱导轨块

直线滚动导轨副具有灵敏性好，定位精度高，使用简单，低速运动时不易出现爬行现象等优点，但其抗振性较差、支承刚度有限，用于大行程坐标轴时需要进行接长，适合用于轻载、精密加工的高速、高精度数控机床。对于大载荷、高刚度、长行程的龙门加工中心和落地式加工中心，需要用刚度更高、载荷更大、抗振性更好的滚柱导轨块代替直线滚动导轨副。

滚柱导轨块主要由本体、端盖、保持架及滚动体等组成。其中，滚动体采用滚柱，滚柱在本体中不断运动并承受一定的载荷。滚柱导轨块的精度主要指导轨块的高度偏差，一般分为 C、D、E、F 共 4 级，C 级为最高，其高度误差在 2 μm 以内，D、E、F 级的误差依次为 3 μm、5 μm、10 μm。

二、直线滚动导轨副的安装

直线滚动导轨副的安装步骤如表 3-3-1 所示。

表 3-3-1　直线滚动导轨副的安装步骤

序号	安装步骤	简　图	序号	安装步骤	简　图
1	检查装配面		4	拧紧固定螺钉，使导轨基准侧面与安装台阶侧面相接	
2	设置导轨的基准侧面与安装台阶的基准侧面相对		5	最终拧紧安装 螺钉	
3	检查螺栓的位置，确认螺栓孔位置正确		6	依次拧紧滑块的紧固螺钉	

三、十字滑台的安装

数控铣床十字滑台由伺服电机、联轴器、底座、导轨、丝杠、电动机支座、轴承支座、轴承、移动平台、限位开关等零部件组成，如图 3-3-3 所示。

1—限位开关；2—上移动平台；3—丝杠；4—导轨；5—底座；6—联轴器；7—伺服电机

图 3-3-3　数控铣床十字滑台

安装数控铣床十字滑台所需工具及安装步骤如下。

1. 工具

所需工具包括内六角扳手一套、木槌、拉拔器、螺丝刀、塞尺、千分表及磁力表座。

2. 安装底座平板

(1) 在安装可调底脚以前，将 4 只可调底脚的内六角 M8 × 25 的螺杆拧至 37 mm 左右的高度(螺杆顶端到尼龙底座底部的距离)，螺杆中间的螺母与尼龙底座间隙约为 1 mm，并将扁平螺母放到工作台的固定槽中。

(2) 将底座平板放在工作台上，将可调底脚安装到底座平板底部，对准扁平螺母与底座平板的固定孔，将 M6 × 60 的内六角螺栓拧进扁平螺母，留 1 mm 的间隙，然后将水平仪放在底座平板上，调节可调底脚，达到水平要求后，将可调底脚上的螺母与尼龙底座固定紧，用 M6 × 60 的内六角螺栓(加弹垫与垫片)将底座平板安装在铝质型材平台上，如图 3-3-4 所示。

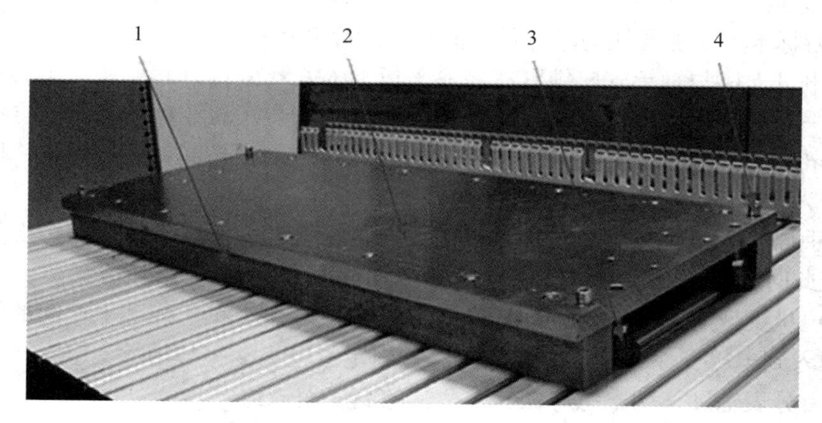

1—底座纵梁；2—底座平板；3—调节水平支座；4—紧固螺钉

图 3-3-4　数控铣床十字滑台底座

3. 安装 *X* 轴部件

1) *X* 轴直线滚动导轨副的装配

(1) 将导轨(650 mm)中的一根安放到底座平板上，用两个 M4 × 20 的内六角螺栓预紧该导轨的两端(加弹垫)；

(2) 以底座平板的侧面为粗基准，按导轨安装孔中心到侧面距离要求，调整导轨与底座侧面基本平行，将剩余的螺丝装上并将该导轨固定在底座平板上，后续的安装工作均以该直线导轨为安装基准(以下称该导轨为基准导轨)；

(3) 将另一根导轨(650 mm)安放到底座上，用两个 M4 × 20 的内六角螺栓预紧此导轨的两端，用游标卡尺初测导轨之间的平行度并进行粗调；

(4) 以安装好的导轨为基准，将杠杆式百分表吸在基准导轨的滑块上，百分表的表头接触在另一根导轨的滚珠槽里，沿基准导轨滑动滑块，通过橡胶榔头调整导轨，使得两导轨平行，将导轨固定在底座平板上，如图 3-3-5 所示。

图 3-3-5　*X* 轴直线滚动导轨副的安装

2) *X* 轴滚珠丝杠螺母副的装配

(1) 用 M4 × 20 的内六角螺丝预装好电机支座上的压盖(加弹垫与垫片)；

(2) 将滚珠丝杠上的螺母与螺母支座拆开(M6 × 20 内六角螺栓，加弹垫与垫片)；

(3) 将滚珠丝杠组件放入电机支座和轴承支座内，用 M6 × 20 的内六角螺栓预紧电机支座与轴承支座；

(4) 用游标卡尺初测导轨与滚珠丝杠间的平行度并进行粗调；

(5) 将电机支座与轴承支座锁紧在底座平板上(M6 × 20 内六角螺栓，加弹垫与垫片)；

(6) 用手摇工具将螺母停在滚珠丝杠的一端，以安装好的导轨为基准，将杠杆式百分表座吸在基准导轨的滑块上，将百分表测头触及螺母上的圆柱面，多次测量，以百分表读数基本不变为准，记录百分表此时读数；

(7) 用手摇工具将螺母停在滚珠丝杠的另一端，将百分表测头触及螺母上的圆柱面，记录百分表此时读数，计算电机支座与轴承支座的同轴度；

(8) 将电机支座与轴承支座的螺丝松开，根据螺母支座和下移动平台间的间隙将合适的填隙片填入到电机支座或轴承支座下面，并固定紧电机支座与轴承支座；

(9) 用百分表辅助，调整螺母在丝杠两端的高度差一致；

(10) 预紧轴承支座与电机支座，调整轴承支座与电机支座使滚珠丝杠与导轨平行，同时使两根导轨相对丝杠对称，如图 3-3-6 所示。

图 3-3-6　*X* 轴滚珠丝杠螺母副的装配

3) *X* 轴下移动平台的装配

(1) 安装等高块，使侧面有螺孔的等高块对应底座平板有螺孔的一侧；

(2) 用 M5 × 60 内六角螺栓，将下移动平台预紧放置在支承块上；

(3) 用塞尺测出丝杠支承座与下移动平台之间的间隙；

(4) 用填隙片填充上述间隙，预紧下移动平台，用手摇工具转动滚珠丝杠，检查下移动平台的移动是否平稳灵活，否则检查填隙片是否合适，如不合适则重新填充；

(5) 固定下移动平台，如图 3-3-7 所示。

图 3-3-7　*X* 轴下移动平台的装配

4. 安装 *Y* 轴部件

1) *Y* 轴直线滚动导轨副的装配

Y 轴直线滚动导轨副的装配可参照 *X* 轴相应部件的装配工艺过程，如图 3-3-8 所示。

2) *Y* 轴滚珠丝杠螺母副的装配

Y 轴滚珠丝杠螺母副的装配可参照 *X* 轴相应部件的装配工艺过程，如图 3-3-9 所示。

图 3-3-8　*Y* 轴直线滚动导轨副的装配

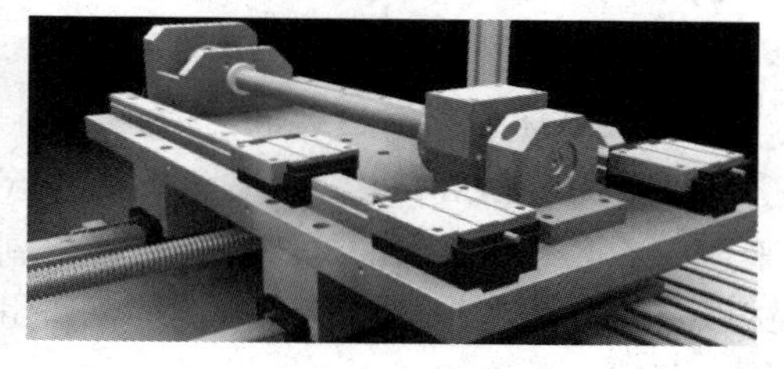

图 3-3-9　*Y* 轴滚珠丝杠螺母副的装配

3) *Y* 轴上移动平台的装配

Y 轴上移动平台的装配可参照 *X* 轴下移动平台的装配工艺过程，如图 3-3-10 所示。

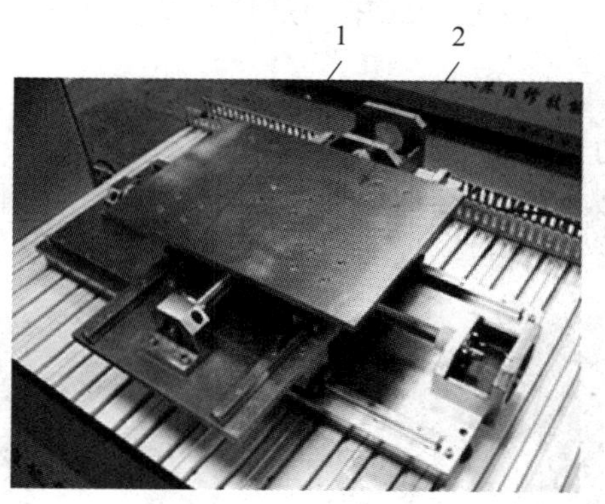

1—下移动平台；2—上移动平台

图 3-3-10　*Y* 轴上移动平台的装配

4) 伺服电动机与联轴器的装配

(1) 用手摇工具转动 *X*、*Z* 向丝杠，检测其能否平稳灵活运行；

(2) 在电机座上分别安装 *X*、*Z* 向电机安装板、联轴器、伺服电动机，如图 3-3-11 所示。

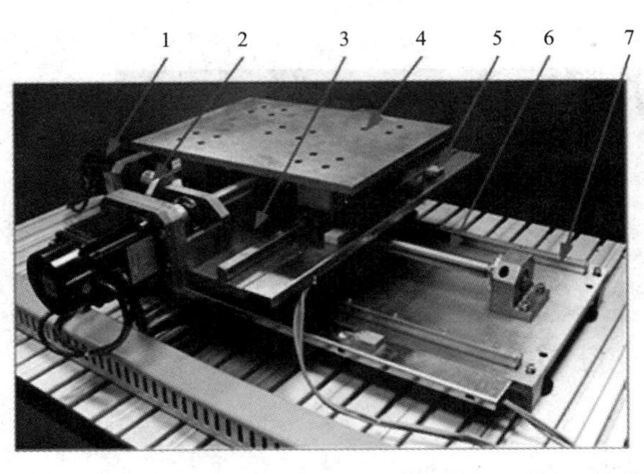

1—伺服电动机；
2—联轴器；
3—下移动平台；
4—上移动平台；
5—限位开关；
6—丝杠；
7—导轨

图 3-3-11　伺服电动机与联轴器的装配

(3) 将 Z 轴限位开关安装板安装在底座平板的一侧，并安装好 Z 轴限位开关挡板；

(4) 将 X 轴限位开关安装板安装在下移动平台的一侧，并安装好 X 轴限位开关挡板；

(5) 用手摇工具转动 X、Z 轴滚珠丝杠，调整 X、Z 轴限位开关挡板与 X、Z 轴限位开关的间隙为 2～3 mm。

5. 数控铣床十字滑台装调与检测

数控铣床十字滑台装调与检测工作由底座、Z 向导轨副、Z 向滚珠丝杠螺母副、下移动平台、X 向导轨副、X 向滚珠丝杠螺母副、上移动平台、电机与联轴器、限位开关装配调试以及各部件在装调后逐项检测等工作组成。十字滑台的检测工作与调试工作是同步进行的，调试一项检测一项。

任务实施

数控加工中心底座仿真拆卸

数控加工中心底座仿真拆卸的具体实施步骤如下：

(1) 运行上海宇龙公司数控机床结构原理仿真软件。

开启计算机后，启动数控机床结构原理仿真软件，依次选取“数控加工中心”→“底座”→“拆除”，进入机床结构仿真界面，如图 3-3-12、图 3-3-13 所示。

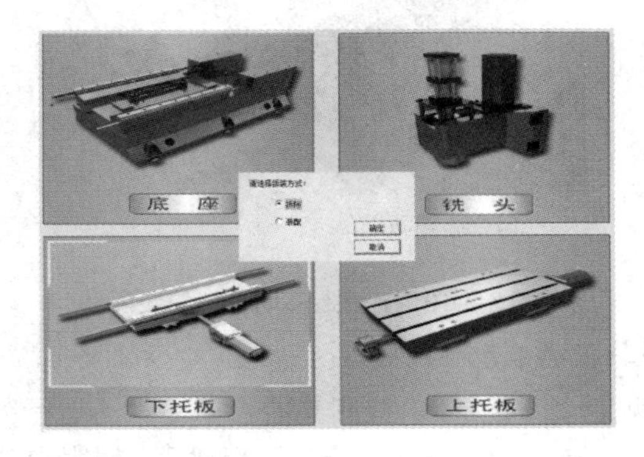

图 3-3-12　进给模块进入界面

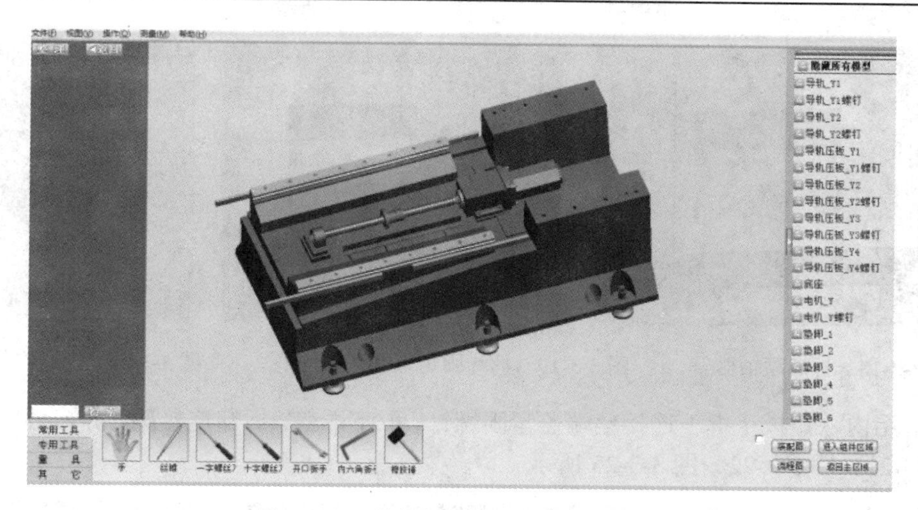

图 3-3-13　数控加工中心底座拆卸界面

(2) 用内六角扳手拆下行程开关支架紧固螺钉，取下行程开关支架，如图 3-3-14、图 3-3-15 所示。

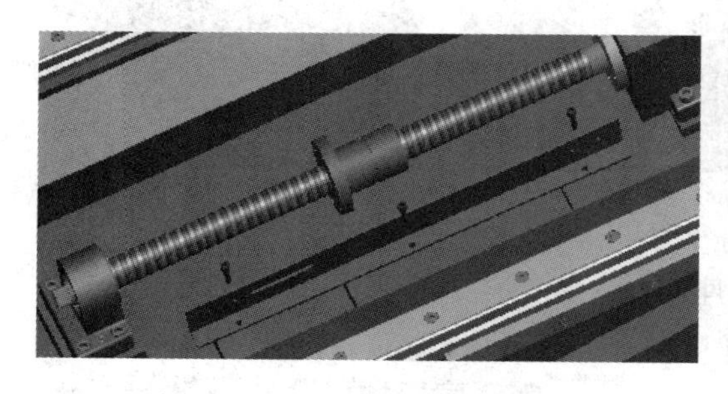

图 3-3-14　拆卸支架紧固螺钉

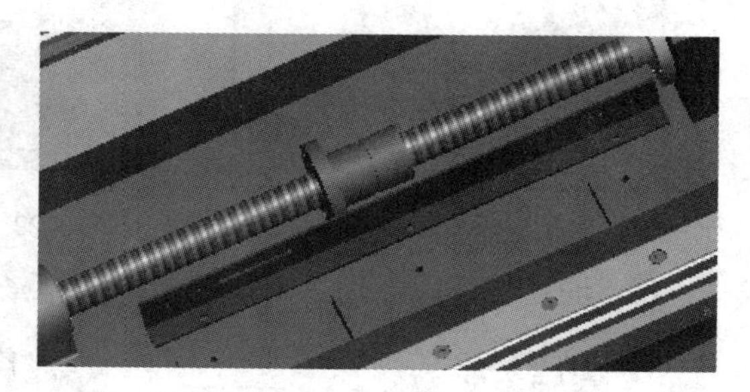

图 3-3-15　取下 *Y* 轴行程开关支架

(3) 用一字螺丝刀拆下盖板紧固螺钉，取下盖板，如图 3-3-16 所示。

(4) 用内六角扳手拆下 *Y* 轴伺服电动机紧固螺钉(旋松联轴器锁紧内六角螺钉)，取下电动机，如图 3-3-17 所示。

图 3-3-16　拆卸盖板

图 3-3- 17　取下 *Y* 轴伺服电动机

(5) 拆下联轴器，拆下前端连接座的固定螺钉、定位销，后端轴承座的固定螺钉、定位销，如图 3-3-18、图 3-3-19、图 3-3-20 所示。

图 3-3-18　拆卸联轴器

图 3-3-19　拆卸固定螺钉、定位销

图 3-3-20　拆卸定位销

(6) 用内六角扳手拆下连接座端盖紧固螺钉，取下端盖，拆卸连接座，拆卸后端轴承，如图 3-3-21、图 3-3-22、图 3-3-23 所示。

图 3-3-21　拆卸端盖紧固螺钉

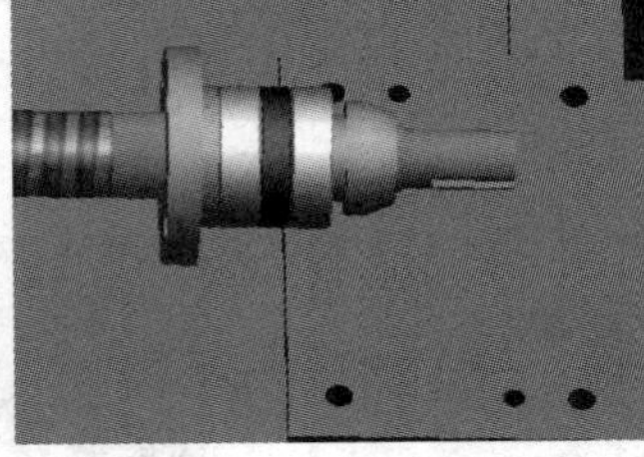

图 3-3-22　拆卸连接座

图 3-3-23　拆卸后端轴承

(7) 拆卸滚珠丝杠螺母副组件，拆卸轴承座组件，如图 3-3-24、图 3-3-25 所示。

图 3-3-24　拆卸滚珠丝杠螺母副组件

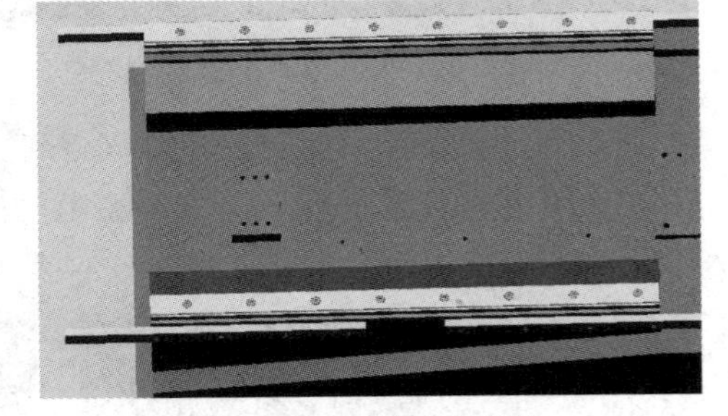

图 3-3-25　拆卸轴承座组件

(8) 用内六角扳手依次拆卸导轨紧固螺钉、导轨压板紧固螺钉，拆卸导轨压板、导轨，如图 3-3-26 所示。

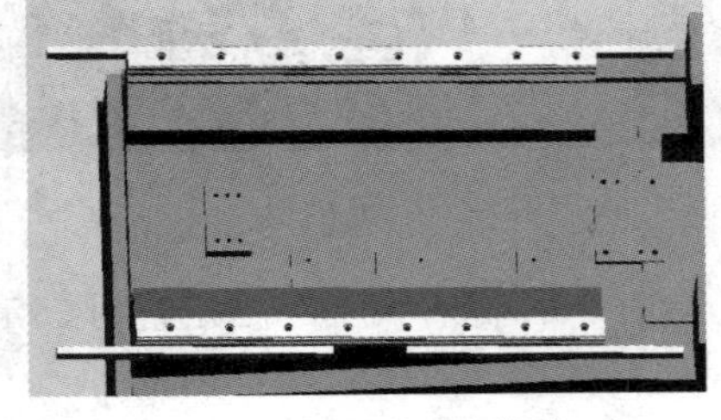

(a) 拆卸导轨紧固螺钉

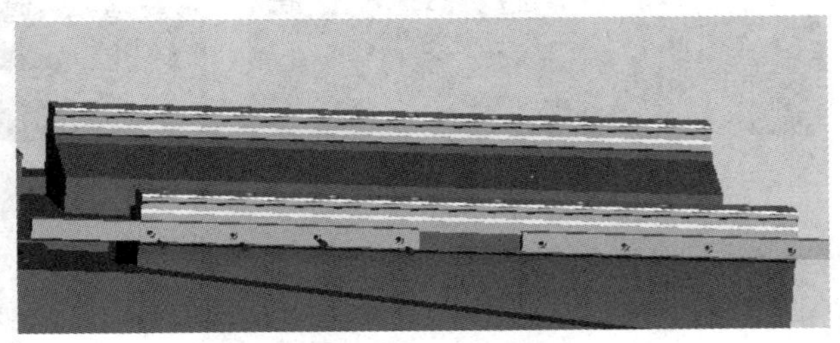

(b) 拆卸导轨压板紧固螺钉

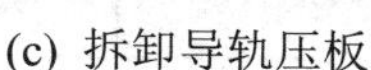
(c) 拆卸导轨压板

(d) 拆卸导轨

图 3-3-26　拆卸导轨组件

(9) 依次拆下垫脚、调节螺母、调节螺杆，拆卸底座，如图 3-3-27、图 3-3-28、图 3-3-29 所示。

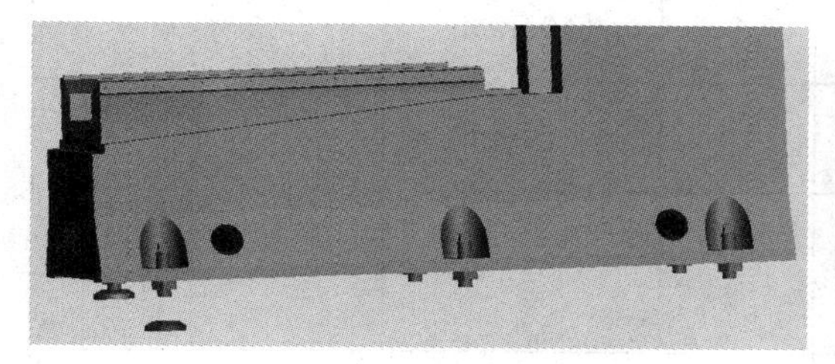
图 3-3-27　拆卸垫脚

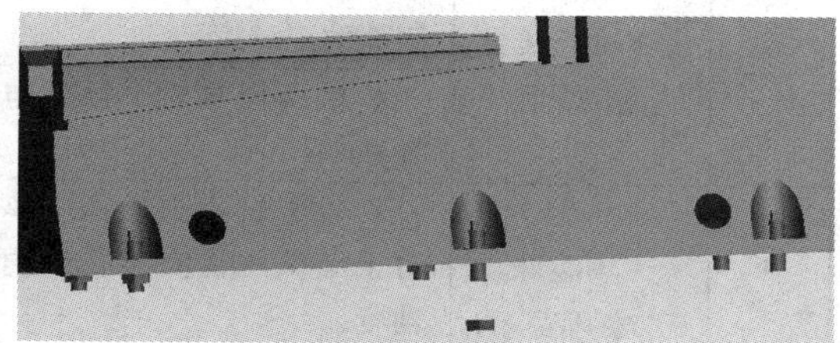
图 3-3-28　拆卸调节螺母

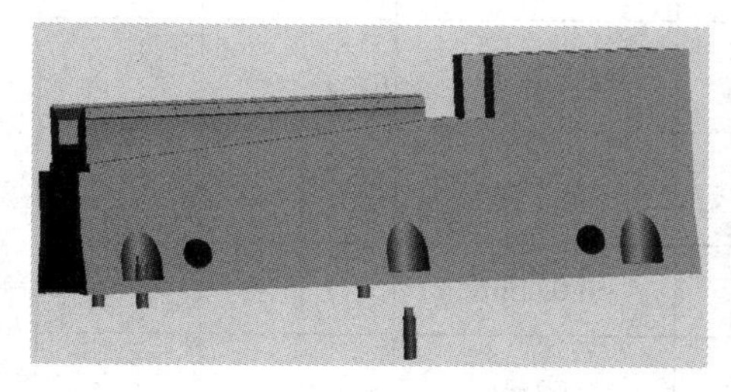
图 3-3-29　拆卸调节螺杆

图 3-3-30　拆卸端盖紧固螺钉

图 3-3-31　拆卸轴承座端盖

(10) 在组件区拆卸轴承座组件，依次拆卸轴承座端盖紧固螺钉、端盖，如图 3-3-30、图 3-3-31 所示。

(11) 在组件区拆卸丝杠组件，依次拆卸丝杠锁紧螺母、隔圈、轴承、外隔圈、内隔圈、轴承、丝杠端盖、防尘圈零件，如图 3-3-32、图 3-3-33、图 3-3-34 所示。

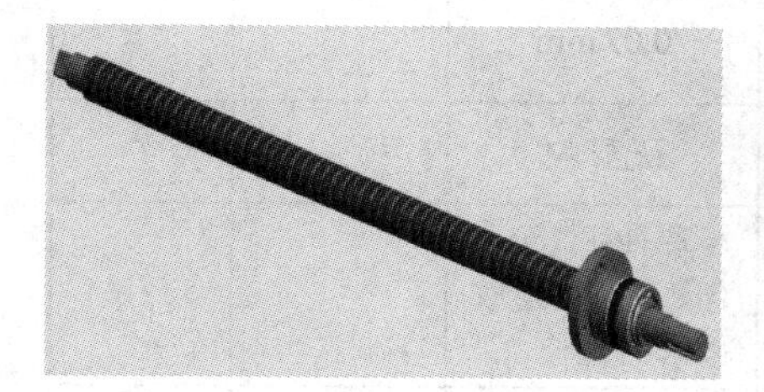
图 3-3-32　拆卸丝杠锁紧螺母

图 3-3-33　拆卸轴承

图 3-3-34　拆卸丝杠端盖

任务评价

数控铣床(加工中心)进给传动系统机械装调评分标准如表 3-3-1 所示。

表 3-3-1　数控铣床(加工中心)进给传动系统机械装调评分标准

<table>
<tr><td colspan="3">班级：</td><td colspan="2">姓名：</td><td colspan="2">学号：</td></tr>
<tr><td colspan="5">任务 3.3　数控铣床(加工中心)进给传动系统机械装调</td><td colspan="2">实物图：</td></tr>
<tr><td>序号</td><td colspan="2">检测内容</td><td>配分</td><td>检测标准</td><td>评价结果</td><td>得分</td></tr>
<tr><td>1</td><td>底座的装配</td><td>底座平板安装水平</td><td>5</td><td>小于 1 格</td><td></td><td></td></tr>
<tr><td>2</td><td rowspan="2">X 轴直线导轨副的装配</td><td>X 轴主导轨与底座平板侧面的平行度</td><td>5</td><td>0.02 mm</td><td></td><td></td></tr>
<tr><td>3</td><td>X 轴两根导轨平行度与等高</td><td>10</td><td>0.02 mm</td><td></td><td></td></tr>
<tr><td>4</td><td rowspan="2">X 轴滚珠丝杠螺母副的装配</td><td>X 轴电机座与轴承支座对于滚珠丝杠安装孔的同轴度</td><td>5</td><td>0.02 mm</td><td></td><td></td></tr>
<tr><td>5</td><td>X 轴滚珠丝杠与两导轨平行对称度</td><td>10</td><td>0.02 mm</td><td></td><td></td></tr>
<tr><td>6</td><td>移动平台的装配</td><td>下移动平台与底座平板的平行度</td><td>5</td><td>0.02 mm</td><td></td><td></td></tr>
<tr><td>7</td><td rowspan="3">Y 轴直线导轨副的装配</td><td>Y 轴主导轨与下移动平台侧面的平行度</td><td>10</td><td>0.02 mm</td><td></td><td></td></tr>
<tr><td>8</td><td>Y 轴与 X 轴的垂直度</td><td>10</td><td>0.02 mm</td><td></td><td></td></tr>
<tr><td>9</td><td>Y 轴两根导轨平行度与等高</td><td>5</td><td>0.02 mm</td><td></td><td></td></tr>
<tr><td>10</td><td rowspan="2">Y 轴滚珠丝杠螺母副的装配</td><td>Y 轴电机座与轴承支座对于滚珠丝杠安装孔的同轴度</td><td>5</td><td>0.02 mm</td><td></td><td></td></tr>
<tr><td>11</td><td>Y 轴滚珠丝杠与两导轨平行对称度</td><td>10</td><td>0.02 mm</td><td></td><td></td></tr>
<tr><td>12</td><td>移动平台安装</td><td>移动平台与底座平板的平行度</td><td>5</td><td>0.02 mm</td><td></td><td></td></tr>
<tr><td>13</td><td>整体调试</td><td>工作台移动是否有异响</td><td>10</td><td>无异响</td><td></td><td></td></tr>
<tr><td>14</td><td>文明生产</td><td>工具保养、摆放</td><td>5</td><td>擦净，上油均匀、适量；摆放整齐有序</td><td></td><td></td></tr>
<tr><td colspan="3">合计</td><td>100</td><td></td><td></td><td></td></tr>
</table>

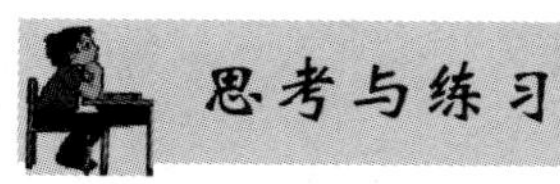

思考与练习

一、填空题

1. 数控机床导轨按运动轨迹可分为__________导轨和__________导轨。

2. 滚动导轨的结构形式，可按滚动体的种类分为__________、滚柱导轨和滚针导轨。

二、选择题

1. 对于贴塑导轨均需要进行精加工，通常采用__________。

A. 手工刮研方法　　B. 磨削加工　　C. 铣削加工　　D. 车削加工

2. 塑料导轨两导轨面间的摩擦力为__________。

A. 滑动摩擦　　B. 滚动摩擦　　C. 液体摩擦　　D. 静压摩擦

3. 数控机床导轨按接合面的摩擦性质可分为滑动导轨、滚动导轨和________导轨3种。

A. 贴塑　　B. 静压　　C. 动摩擦　　D. 静摩擦

4. __________不是滚动导轨的缺点。

A. 动、静摩擦因数很接近　　B. 结构复杂

C. 防护要求高　　D. 不需润滑

5. 滚动导轨预紧的目的是_________。

A. 提高导轨的强度　　B. 提高导轨的接触刚度

C. 减少牵引力　　D. 降低导轨的接触刚度

6. 如定位精度下降，反向间隙过大，机械爬行，轴承噪声过大等，这通常是________故障。

A. 进给传动链　　B. 主轴部件

C. 自动换刀装置　　D. 数控装置

7. 如果滚动导轨强度不够，结构尺寸亦不受限制，应该　　　　　。

A. 增加滚动体数目　　B. 增大滚动体直径

C. 增加导轨长度　　D. 增大预紧力

三、简答题

简述十字滑台装配关键工序内容。

项目 4　数控机床自动换刀装置机械装调

按数控装置的刀具选择指令从刀库中将所需要的刀具转换到取刀位置的过程，称为自动选刀。数控机床对自动换刀装置的要求主要有以下几方面：

(1) 换刀时间短、刀具重复定位精度高；

(2) 结构紧凑且刀具储存量多；

(3) 刀具识别准确、动作可靠且使用稳定。

数控机床在刀库中选择刀具的方法通常有顺序选择法和任意选择法两种。

在数控车床上，由于被加工工件安装在主轴上，刀具只需要在刀架上进行交换即可，不涉及主轴和刀架间的刀具交换问题，因此，换刀系统结构简单，形式比较单一，通常都使用回转刀架进行换刀。

在加工中心上，由于刀具被安装在主轴上，换刀必须在主轴和刀库之间进行，为此必须配备专门的自动换刀装置和刀库。自动换刀装置通常可分为无机械手换刀和机械手换刀两大类。

任务 4.1　数控车床四工位刀架机械装调

学习目标

(1) 掌握数控车床四工位刀架的工作原理；

(2) 掌握数控车床四工位刀架的拆装过程；

(3) 熟悉数控车床四工位刀架常见故障及诊断方法；

(4) 掌握四工位刀架装配和调试操作规程，能对四工位刀架进行日常维护保养，并逐渐养成良好的工作习惯，提升职业素养。

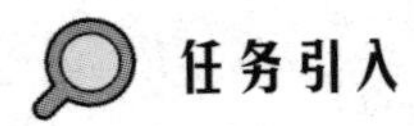

任务引入

数控车床以加工轴套类零件为主，控制刀具沿 X、Z 向进行各种车削、镗削、钻削等加工，但所加工孔的中心线一般都与 Z 轴重合，加工偏心孔要靠夹具协助完成。车削中心上的动力刀具还可以沿 Y 轴运动，完成铣削加工、中心线不与 Z 轴重合的孔加工，以及其他加工，以实现工序集中的目的，如图 4-1-1 所示。

(a) 回转刀架

(b) 四工位方刀架

(c) 排刀架

(d) 带动力刀具的刀架

图 4-1-1　刀架类型

任务分析

数控机床使用的回转刀架是比较简单的自动换刀装置，常用的类型有四方刀架、六角刀架，即在其上装有 4 把、6 把或更多的刀具。回转刀架必须具有良好的强度和刚度，以承受粗加工的切削力，同时要保证回转刀架每次转位的重复定位精度。立式四工位方刀架可装 4 把刀，常用于数控车床上，在切削时要连同刀具一起承受切削力，在加工过程中要完成刀具交换转位、定位夹紧等动作。在拆卸、装配过程中要认真分析它的转位、定位和夹紧等机构的工作原理。如图 4-1-1(b)所示为数控车床常用的立式四工位方刀架。

相关知识

一、四工位方刀架的工作原理

经济型数控车床四工位方刀架是在普通车床四方刀架的基础上发展的一种自动换刀装置，其功能和普通四方刀架一样，有 4 个刀位，能装夹 4 把不同功能的刀具，四工位方刀架每回转 90°，刀具交换一个刀位，但四工位方刀架的回转和刀位号的选择是由加工程序指令控制的。换刀时四工位方刀架的动作顺序是刀架抬起、刀架转位、刀架定位和刀架夹紧。上述动作要由相应的机构来实现，下面就以 WZD4 型刀架为例说明其结构，如图 4-1-2 所示。

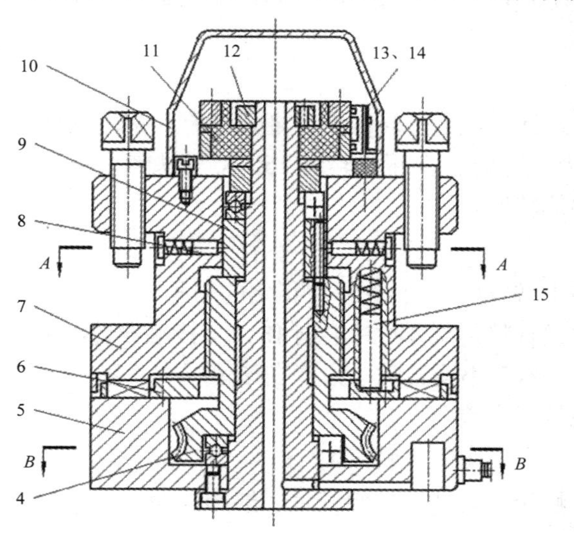

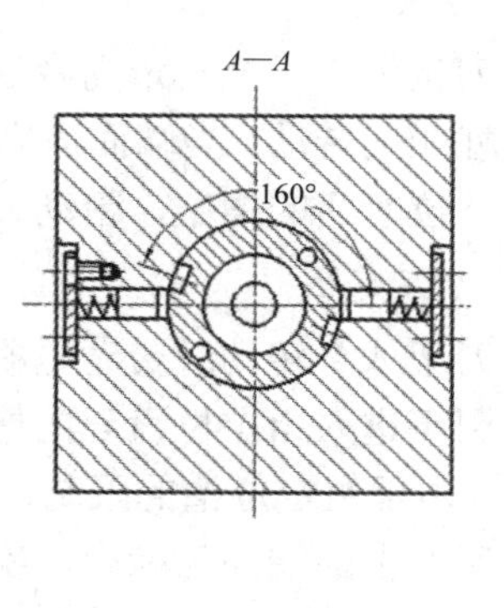

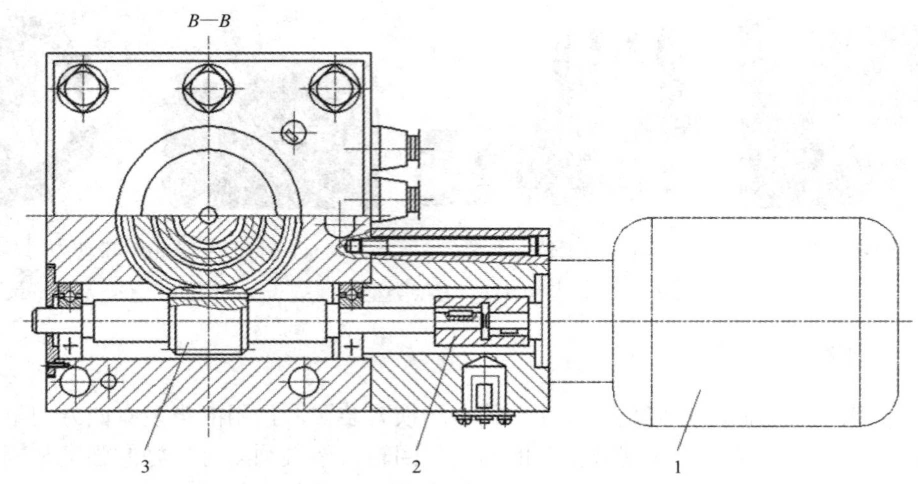

1—刀架电动机；2—平键套筒联轴器；3—蜗杆轴；4—蜗轮丝杠；5—刀架底座；6—粗定位盘；7—刀架体；8—球头销；9—转位套；10—电刷座；11—发信盘；12—螺母；13、14—电刷；15—粗定位销

图 4-1-2　WZD4 型刀架结构

1. 四工位方刀架换刀主要动作过程

刀架电动机 1 带动蜗杆轴 3 转动→蜗杆轴 3 带动蜗轮丝杠 4 转动→蜗轮带动丝杠转动→丝杠旋转，带动上齿盘上升→上齿盘上升到位，刀架正转→刀架到位信号输出→刀架体停止转动，蜗轮反转→刀架体下降，反靠定位销，刀架体锁紧→换刀动作结束。

2. 四工位方刀架换刀过程

1) 刀架抬起

当数控装置发出换刀指令后，刀架电动机 1 起动并正转→蜗杆轴 3 转动(刀架电动机 1 和蜗杆轴 3 通过平键套筒与联轴器 2 连接)→蜗轮丝杠 4 转动(蜗轮与丝杠为整体结构)→刀架体 7 抬起(刀架体 7 内孔加工有内螺纹，与丝杠连接。当蜗轮开始转动时，由于刀架底座 5 和刀架体 7 上的端面齿处在啮合状态，且蜗轮丝杠轴向固定，基于“丝杠原地回转、螺母移动”的原理，刀架体向上移动)。

2) 刀架转位

当刀架体 7 抬至一定高度后，端面齿脱开，转位套 9 通过销钉与蜗轮丝杠 4 连接，随蜗轮丝杠一同转动。当端面齿完全脱开，转位套正好转过 160°，球头销 8 在弹簧力的作用下进入转位套 9 的槽中，带动刀架体转位。

3) 刀架定位

当刀架体 7 转动时带动电刷座 10 转动，当转到程序指定的刀号时，粗定位销 15 在弹簧的作用下进入粗定位盘 6 的槽中进行粗定位，同时电刷 13、14 接触导通，使刀架电动机 1 反转。由于粗定位槽的限制，刀架体 7 不能转动，只能在该位置垂直落下，刀架体 7 和刀架底座 5 上的端面齿啮合，实现精确定位。

4) 刀架夹紧

刀架电动机 1 继续反转，此时蜗轮停止转动，蜗杆轴 3 继续转动，夹紧力增加，转矩不断增大，当达到一定值时，刀架电动机 1 停止转动。

这种刀架在经济型数控车床及普通车床的数控化改造中得到广泛的应用。

二、四工位方刀架拆卸

在刀架的拆卸过程中，应将各零部件集中放置，特别要注意细小零件的存放，避免遗失。刀架的安装基本上是拆卸的逆过程，按照正确的安装顺序把刀架装好即可。在操作时要注意保持双手的清洁，并注意零部件的防护。

1. 工具

所需工具包括铜棒、橡胶锤、活动扳手、螺钉旋具、内六角扳手、润滑油、清洁布。

2. 数控车床刀架拆卸步骤

按照表 4-1-1 所列的拆卸步骤完成刀架拆卸，在拆卸过程中注意选择合适的工具。

表 4-1-1　四工位方刀架拆卸步骤

序号	图　示	说明	序号	图　示	说明
1		拆上防护盖	2		拆发信盘连接线
3		拆发信盘锁紧螺母	4		拆磁钢
5		拆转位盘锁紧部件	6		拆转位盘
7		拆刀架体	8	 	旋出刀架体

续表

序号	图　示	说明	序号	图　示	说明
9		拆粗定位盘	10		拆刀架底座
11	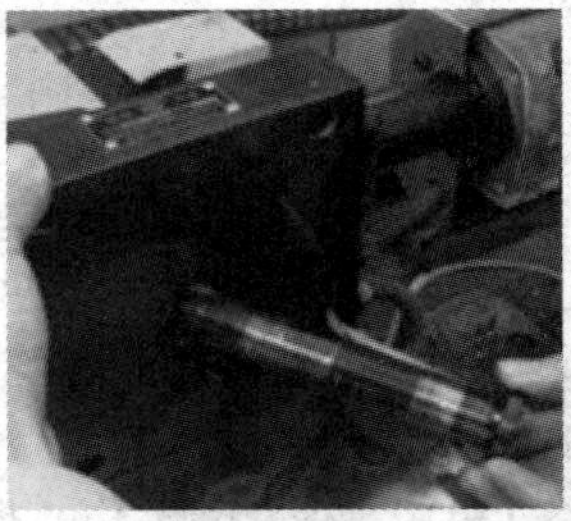	拆刀架轴和蜗轮丝杠	12		拆分丝杠、蜗轮

三、霍耳元件的应用

机床精度是一台数控机床的生命，如果机床丧失了精度，也就丧失了加工生产的意义，数控机床精度的保障很大一部分源于霍耳元件的检测精准性。

1. 霍耳元件的工作原理

所谓的霍耳效应，是指当磁场作用于载流金属导体、半导体中的载流子时，产生横向电位差的物理现象。金属的霍耳效应是于 1879 年被美国物理学家霍耳发现的。当电流通过金属箔片时，若在垂直于电流的方向施加磁场，则金属箔片两侧面会出现横向电位差。半导体中的霍耳效应比金属箔片中更为明显，而铁磁金属在居里温度以下会呈现极强的霍耳效应。

利用霍耳效应可以设计制成多种传感器，如图 4-1-3 所示。霍耳电位差 U_H 的基本关系为

$$U_H = \frac{R_H IB}{d} \tag{4-1}$$

$$R_H = \frac{1}{nq}\ (\text{金属}) \tag{4-2}$$

式中：R_H 为霍耳系数(m^3/C)；n 为载流子浓度或自由电子浓度；q 为电子电量(C)；I 为通过的电流(A)；B 为垂直于 I 的磁感应强度(T)；d 为导体的厚度(m)。

半导体和铁磁金属的霍耳系数表达式与式(4-2)不同，此处略。

(a)　螺纹式霍耳传感器

(b)　方形霍耳传感器

(c)　圆形霍耳传感器

图 4-1-3　霍耳传感器

由于通电导线周围存在磁场，其大小与导线中的电流成正比，故可以利用霍耳元件测量出磁场大小，进而确定导线电流的大小，利用这一原理可以设计制成霍耳电流传感器。其优点是不与被测电路发生电接触，不影响被测电路，不消耗被测电源的功率，特别适合大电流传感。

霍耳元件是应用霍耳效应的半导体。若把霍耳元件置于电场强度为 E、磁场强度为 H 的电磁场中，则在该元件中将产生电流 I，元件上同时产生的霍耳电位差与电场强度 E 成正比，如果再测出该电磁场的磁场强度，则电磁场的功率密度瞬时值 P 可由 $P=EH$ 确定。利用这一原理可以设计制成霍耳功率传感器。

如果把霍耳元件集成的开关按预定位置有规律地布置在物体上，当装在运动物体上的永磁体经过它时，可以从测量电路上测得脉冲信号。根据脉冲信号列可以得出该运动物体的位移。若测出单位时间内发出的脉冲数，则可以确定其运动速度。

2. 霍耳元件在刀架中的应用

在数控机床上常用到的是霍耳接近开关，其中的霍耳元件是一种磁敏元件。当磁性物体靠近霍耳开关时，开关检测面上的霍耳元件因产生霍耳效应而使开关内部电路状态发生变化，由此识别附近有磁性物体存在，进而控制开关的通或断。这种接近开关的检测对象必须是磁性物体。

当用霍耳开关检测刀位时，首先要得到换刀信号，即换刀开关先接通，随后刀架电动机通过驱动放大器正转，刀架抬起；刀架电动机继续正转，刀架转过一个工位；霍耳元件检测是否为所需刀位，若是，则刀架电动机停转延时再反转，刀架下降压紧；若不是，电动机继续正转，刀架继续转位直至所需刀位。

四、刀架的维护

刀架的维护与维修一定要紧密结合起来，维修中容易出现故障的地方，要重点维护。刀架的维护要求如下：

(1) 每次上下班均清扫散落在刀架表面上的灰尘和切屑。刀架体类的部件容易积留一些切屑，其容易与切削液混合，发生氧化腐蚀。特别是刀架体都要旋转时抬起、到位后反转落下，最容易将未及时清理的切屑卡在里面，例如内齿盘上有碎屑就会造成夹紧不牢或加工尺寸不稳定，因此每次上下班都要清理刀架表面的切屑、灰尘，防止其进入刀架体内，保证刀架换位的顺畅无阻，有利于刀架回转精度的保持。

(2) 严禁超负荷使用，严禁撞击、挤压通往刀架的连线。

(3) 减少刀架被间断撞击(断续切削) 的机会，保持良好的操作习惯，严防刀架与卡盘、尾座等部件碰撞。

(4) 保持刀架的润滑良好，定期检查刀架内部润滑情况，如果润滑不良，易造成旋转件卡死，导致刀架不能起动。

(5) 尽可能减少腐蚀性液体的喷溅，当无法避免时，下班后应及时擦拭干净并涂油。

(6) 注意刀架预紧力的大小要调节适度，如过大会导致刀架不能转动。

(7) 经常检查并紧固连线、传感器元件盘(发信盘)、磁铁，注意发信盘螺母要连接紧固，如果松动，易引起刀架的越位过冲或转不到位。

(8) 定期检查刀架内部机械配合是否松动，否则容易造成刀架不能正常夹紧的故障。

(9) 定期检查刀架内部的反靠定位销、弹簧、后靠棘轮等是否起作用，以免造成机械卡死。

任务实施

数控车床四工位刀架装配(仿真)

数控车床四工位刀架装配(仿真) 的具体实施步骤如下：

(1) 运行上海宇龙公司数控机床结构原理仿真软件。

开启计算机后，启动数控机床结构原理仿真软件，依次选取“数控车床”→“立式四方刀架”→“装配”，进入机床结构仿真界面，如图 4-1-4、图 4-1-5 所示。

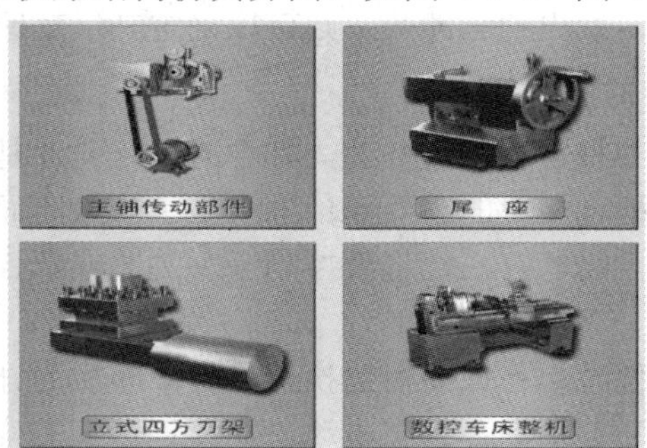

图 4-1-4　立式四方刀架进入界面

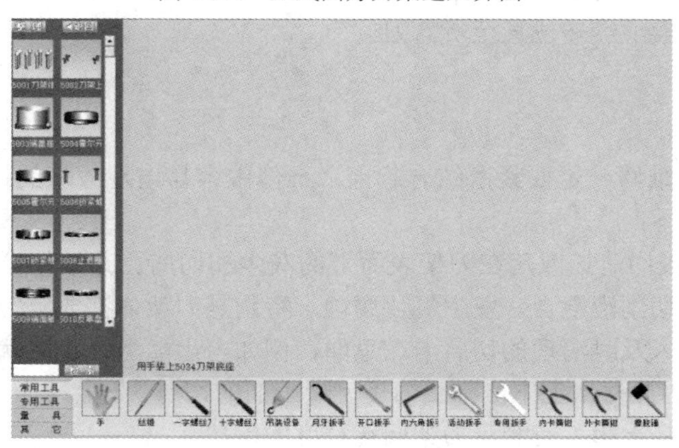

图 4-1-5　数控车床刀架安装界面

(2) 安装刀架底座、离合盘，用黄油涂抹离合盘上的定位销，如图 4-1-6、图 4-1-7、图 4-1-8 所示。

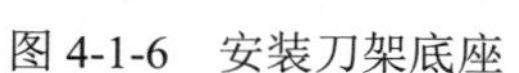

图 4-1-6　安装刀架底座

图 4-1-7　安装离合盘

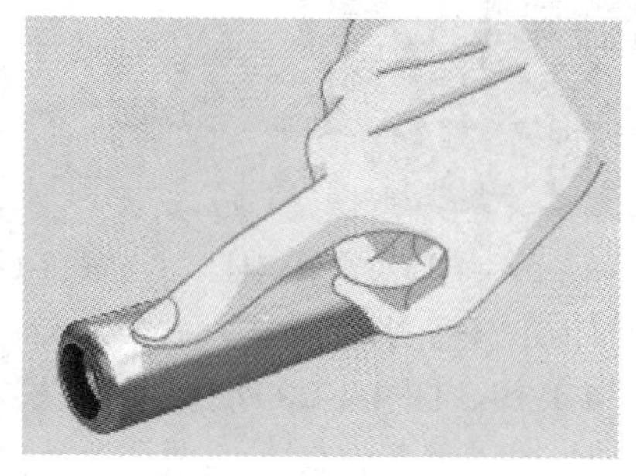

图 4-1-8　定位销涂抹黄油

(3) 用橡胶锤安装离合盘上的定位销，用内六角扳手安装离合盘紧固螺钉，用黄油涂抹限位销轴，如图 4-1-9、图 4-1-10、图 4-1-11 所示。

图 4-1-9　安装定位销

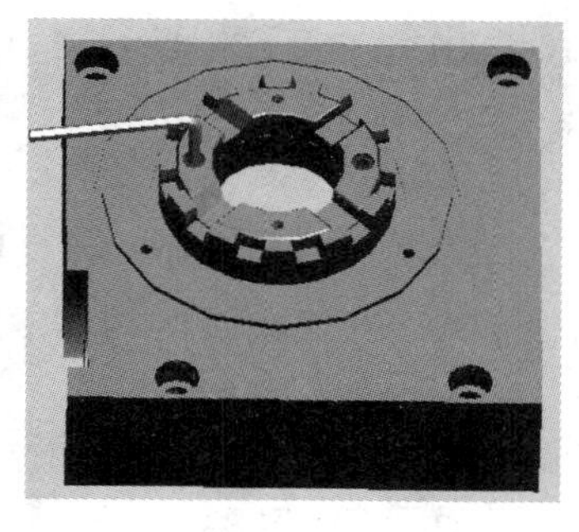

图 4-1-10　安装离合盘紧固螺钉

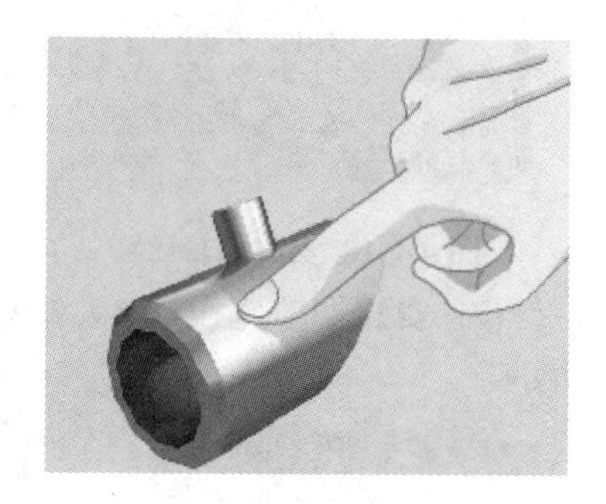

图 4-1-11　限位销轴涂抹黄油

(4) 安装限位销轴，用黄油涂抹刀架侧面轴承(深沟球轴承)，用铜棒和铁锤安装刀架侧面轴承，如图 4-1-12、图 4-1-13、图 4-1-14 所示。

图 4-1-12　安装限位销轴

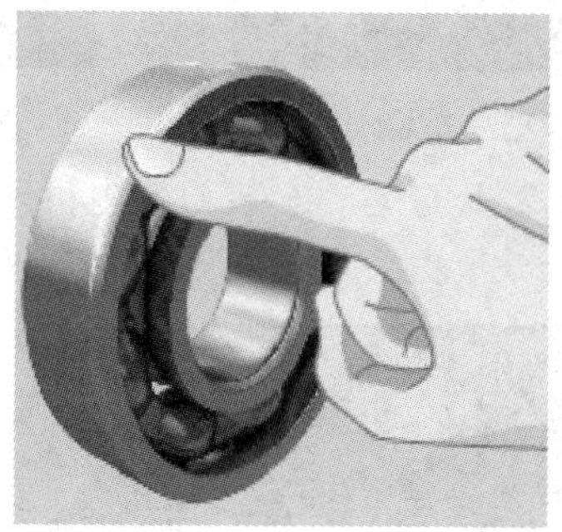

图 4-1-13　轴承涂抹黄油

图 4-1-14　安装深沟球轴承

(5) 用铜棒和铁锤安装蜗杆，用黄油涂抹刀架底座轴承并用铝套和铁锤安装，如图 4-1-15、图 4-1-16、图 4-1-17 所示。

图 4-1-15　安装蜗杆

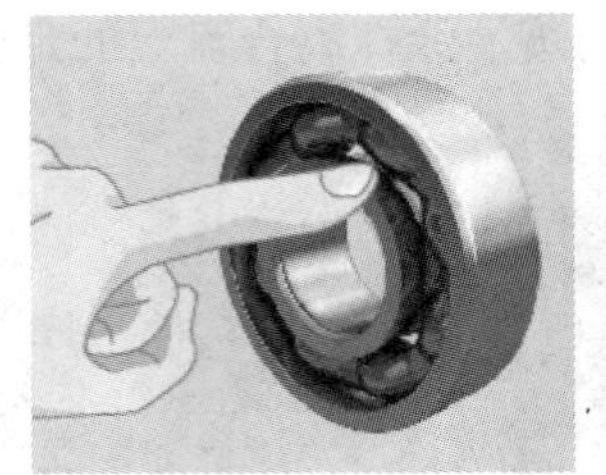

图 4-1-16　底座轴承涂抹黄油

图 4-1-17　安装轴承

(6) 安装蜗轮丝杠，安装中轴，用内六角扳手紧固中轴底盘紧固螺钉，如图 4-1-18、图 4-1-19、图 4-1-20 所示。

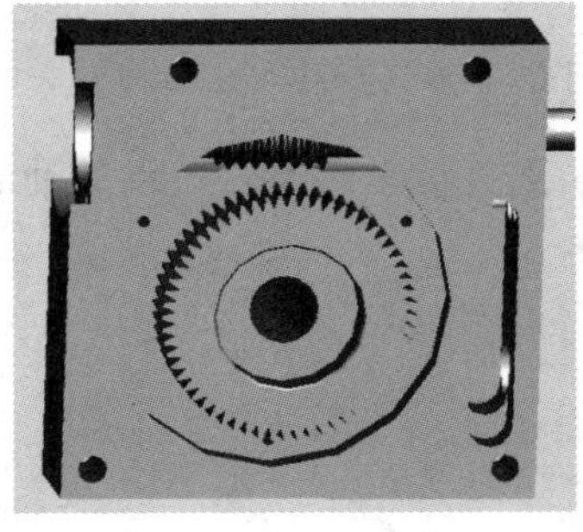

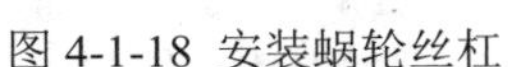

图 4-1-18 安装蜗轮丝杠

图 4-1-19 安装中轴

图 4-1-20 紧固中轴底盘紧固螺钉

(7) 安装调节底板，安装蜗杆上的键，安装联轴器 1，如图 4-1-21、图 4-1-22、图 4-1-23 所示。

图 4-1-21　安装调节底板

图 4-1-22　安装蜗杆上的键

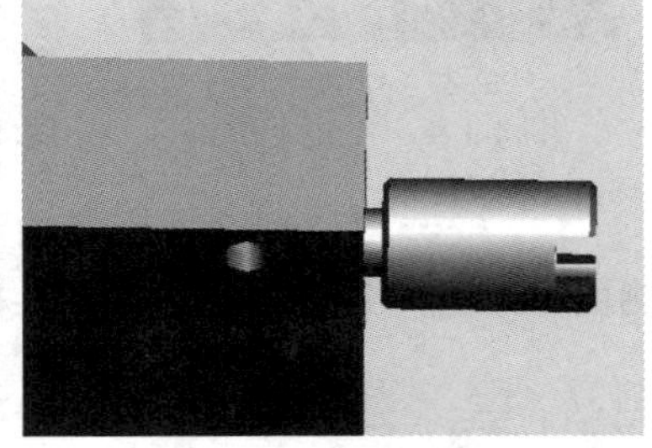

图 4-1-23　安装联轴器 1

(8) 安装联轴器 2，安装联轴器 2 上的键，安装刀架电机座，如图 4-1-24、图 4-1-25、图 4-1-26 所示。

图 4-1-24　安装联轴器 2

图 4-1-25　安装联轴器上的键

图 4-1-26　安装刀架电机座

(9) 用内六角扳手安装电机座紧固螺钉，安装刀架电动机，并用内六角扳手紧固，将已装好的刀架安装在机床上，如图 4-1-27、图 4-1-28、图 4-1-29 所示。

图 4-1-27　安装电机座紧固螺钉

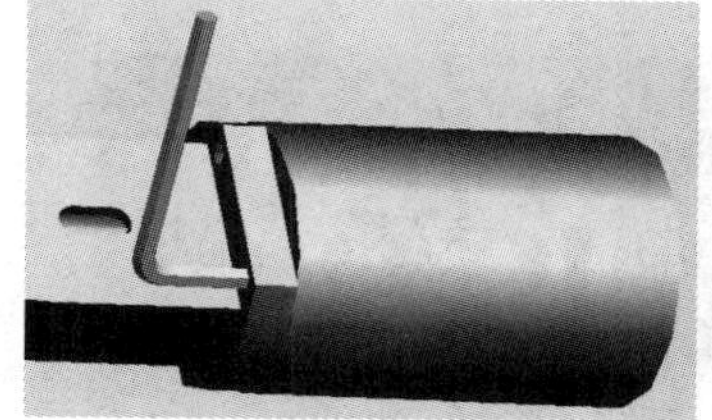
图 4-1-28　安装刀架电动机

图 4-1-29　将刀架安装在机床上

(10) 用内六角扳手紧固刀架螺钉，进入组件区，安装刀架上锁紧盘、外端齿盘，如图 4-1-30、图 4-1-31、图 4-1-32 所示。

图 4-1-30　紧固刀架螺钉

图 4-1-31　安装刀架上锁紧盘

图 4-1-32　安装外端齿盘

(11) 用黄油涂抹定位销，并用橡胶锤安装，安装刀架体，如图 4-1-33、图 4-1-34、图 4-1-35 所示。

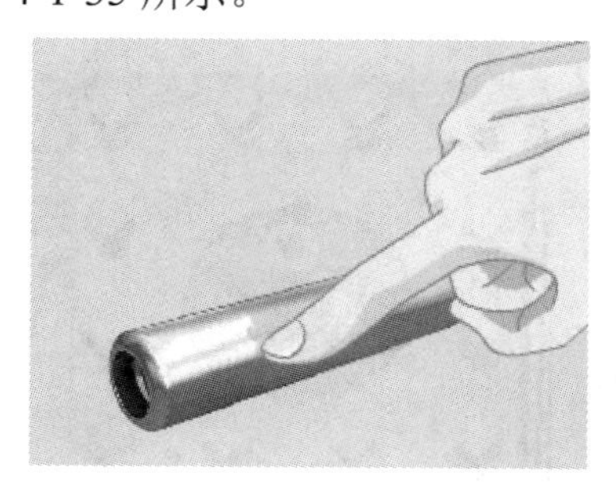
图 4-1-33　定位销涂抹黄油

图 4-1-34　安装定位销

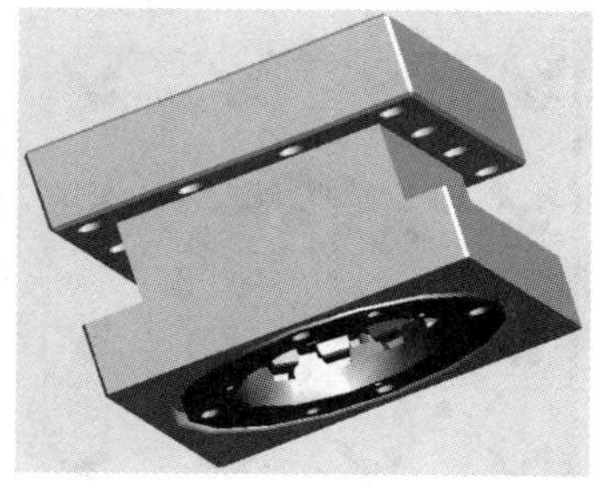
图 4-1-35　安装刀架体

(12) 用内六角扳手紧固外齿盘螺钉，用橡胶锤安装外齿盘销轴，返回主装配区，如图 4-1-36、图 4-1-37、图 4-1-38 所示。

图 4-1-36　安装外齿盘紧固螺钉

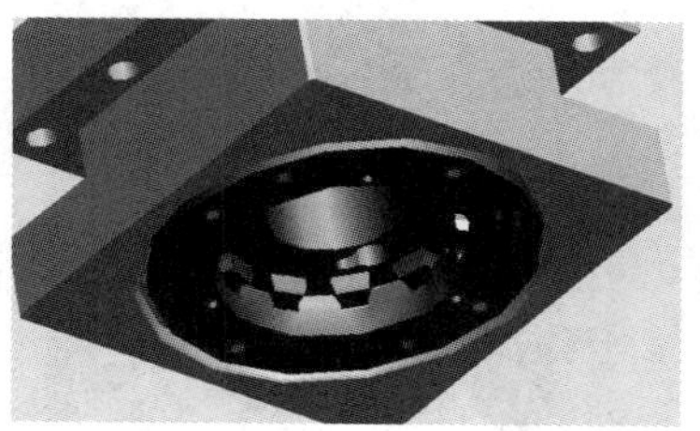
图 4-1-37　安装外齿盘销轴

图 4-1-38　返回主装配区

(13) 安装刀架体，用开口扳手安装刀架体上螺栓，安装弹簧，如图 4-1-39、图 4-1-40、图 4-1-41 所示。

图 4-1-39 安装刀架体

图 4-1-40　安装螺栓

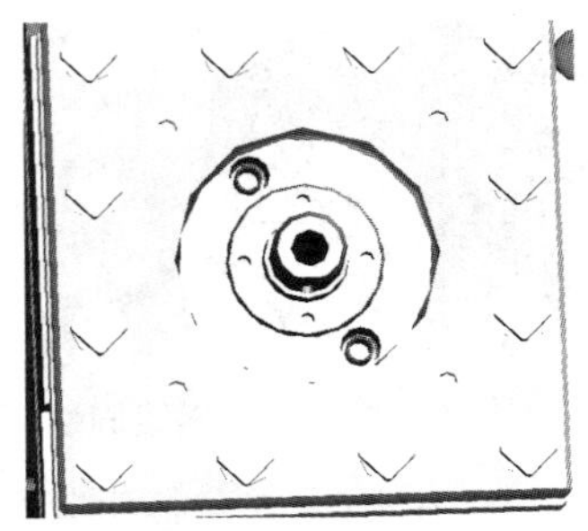

图 4-1-41　安装弹簧

(14) 用黄油涂抹反靠销并安装，安装反靠盘，如图 4-1-42、图 4-1-43、图 4-1-44 所示。

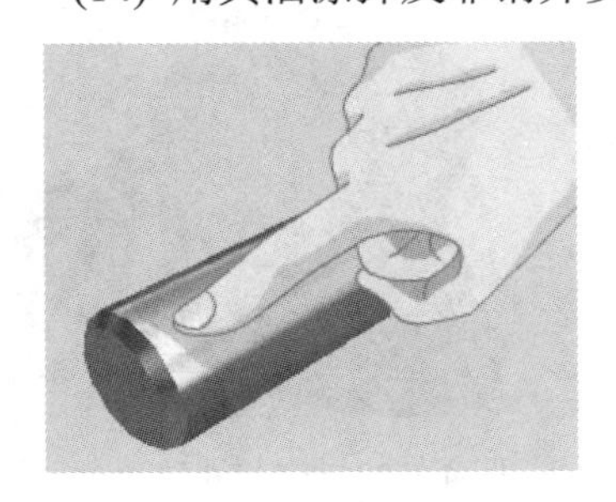

图 4-1-42　反靠销涂抹黄油

图 4-1-43　安装反靠销

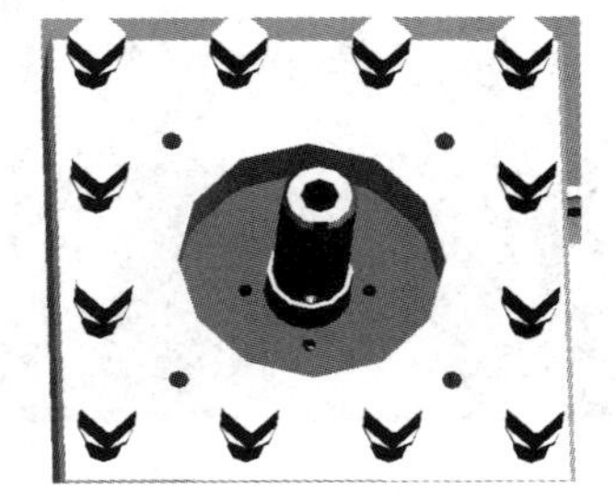

图 4-1-44　安装反靠盘

(15) 用黄油涂抹反靠盘定位销并安装，用黄油涂抹推力球轴承端面并安装，如图 4-1-45、图 4-1-46、图 4-1-47 所示。

图 4-1-45　安装反靠盘定位销

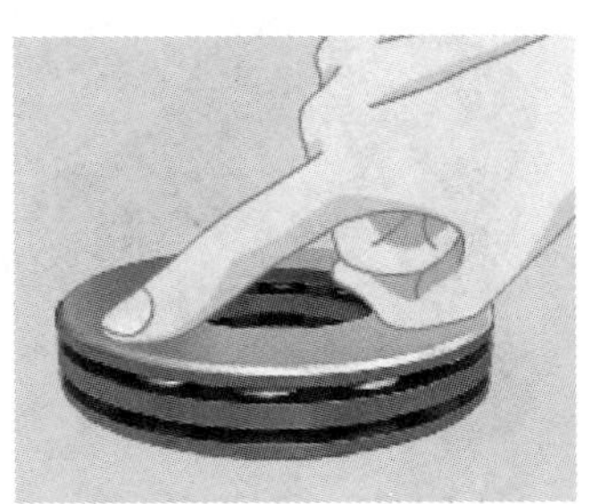

图 4-1-46　推力球轴承端面涂抹黄油

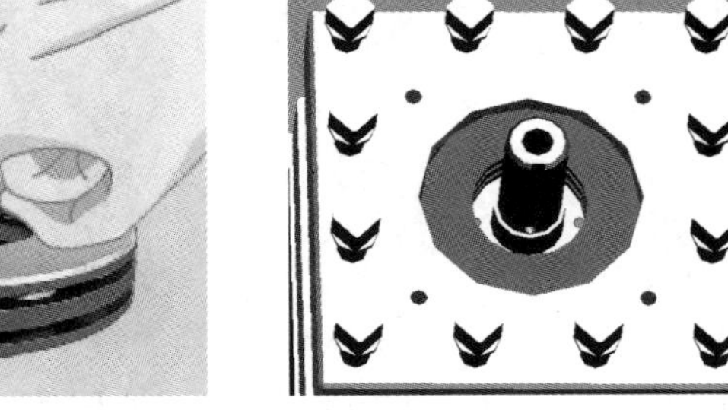

图 4-1-47　安装推力球轴承

(16) 安装中轴键、止退圈和锁紧螺母，如图 4-1-48、图 4-1-49、图 4-1-50 所示。

图 4-1-48　安装中轴键

图 4-1-49　安装止退圈

图 4-1-50　安装锁紧螺母

(17) 用一字螺丝刀安装锁紧螺母放松螺钉，用内角扳手转动蜗杆，锁紧刀架，安装刀架底座侧面压板及紧固螺钉，如图 4-1-51、图 4-1-52、图 4-1-53 所示。

图 4-1-51　安装锁紧螺母放松螺钉

图 4-1-52　锁紧刀架

图 4-1-53　安装压板及紧固螺钉

(18) 安装霍耳元件、锁紧螺母、端盖座及紧固螺钉，如图 4-1-54、图 4-1-55、图 4-1-56 所示。

图 4-1-54　安装霍耳元件

图 4-1-55　安装锁紧螺母

图 4-1-56　安装端盖座及紧固螺钉

任务评价

数控车床四工位刀架机械装调评分标准如表 4-1-2 所示。

表 4-1-2　数控车床四工位刀架机械装调评分标准

<table>
<tr><td colspan="4">班级：</td><td>姓名：</td><td colspan="2">学号：</td></tr>
<tr><td colspan="5">任务 4.1　数控车床四工位刀架机械装调</td><td colspan="2">实物图：</td></tr>
<tr><td>序号</td><td colspan="2">检测内容</td><td>配分</td><td>检测标准</td><td>评价结果</td><td>得分</td></tr>
<tr><td>1</td><td rowspan="7">数控车床四工位刀架的装配</td><td>蜗杆、刀架轴与基座装配</td><td>10</td><td>装配方法规范、合理，各零件没有损坏</td><td></td><td></td></tr>
<tr><td>2</td><td>升降螺杆装配</td><td>15</td><td>装配方法规范、合理，各零件没有损坏</td><td></td><td></td></tr>
<tr><td>3</td><td>定位盘的装配</td><td>10</td><td>装配方法规范、合理，各零件没有损坏</td><td></td><td></td></tr>
<tr><td>4</td><td>刀架体装配</td><td>15</td><td>装配方法规范、合理，各零件没有损坏</td><td></td><td></td></tr>
<tr><td>5</td><td>转位盘装配</td><td>15</td><td>刀架转动灵活，无咬死现象</td><td></td><td></td></tr>
<tr><td>6</td><td>发信盘装配</td><td>15</td><td>装配方法规范、合理，各零件没有损坏</td><td></td><td></td></tr>
<tr><td>7</td><td>防护罩装配</td><td>5</td><td>装配方法规范、合理，各零件没有损坏</td><td></td><td></td></tr>
<tr><td>8</td><td>7S 管理</td><td>装配调试规范</td><td>15</td><td>工具、量具清理后摆放整齐，保养得当</td><td></td><td></td></tr>
<tr><td colspan="3">综合得分</td><td>100</td><td></td><td></td><td></td></tr>
</table>

思考与练习

一、填空题

1. 为进一步提高数控机床的加工效率，数控机床向着工件在一台机床一次装夹即可完成多道工序或全部工序加工的方向发展，因此必须有__________，以便选用不同刀具，完成不同工序的加工工艺。

2. 数控车床回转刀架根据刀架回转轴与安装底面的相对位置，分为__________和卧式刀架两种。

3. 经济型数控车床方刀架换刀时的动作顺序是__________、刀架转位、__________和刀架夹紧。

二、选择题

1. 代表自动换刀的英文是__________。

A. APC　　B. ATC　　C. PLC　　D. PMC

2. 在刀库中每把刀具在不同的工序中不能重复使用的选刀方式是__________。

A. 顺序选刀　　B. 任意选刀　　C. 软件选刀　　D. 编码选刀

3. 双齿盘转塔刀架由__________将转位信号送可编程控制器进行刀位计数。

A. 直光栅　　B. 编码器　　C. 圆光栅　　D. 传感器

4. 回转刀架换刀装置常用数控__________。

A. 车床　　B. 铣床　　C. 钻床　　D. 磨床

三、简答题

1. 简述数控车床四工位刀架与普通车床四工位刀架结构的异同点。

2. 简述数控车床四工位刀架拆卸与安装关键技术要点。

任务 4.2　加工中心自动换刀系统机械装调

学习目标

(1) 掌握加工中心刀库和机械手装配图的识图方法；

(2) 熟悉机械手换刀和无机械手换刀过程；

(3) 熟悉自动换刀系统常见故障诊断与维修方法；

(4) 掌握正确使用工量具的方法，并逐渐养成良好的工作习惯，提升职业素养。

任务引入

数控加工刀具的交换除采用刀架实现外，还可以通过刀库来实现。目前，加工中心大多数采用刀库来实现。

刀库的动力由电动机或液压系统来提供，用刀具运动机构来保证换刀的可靠性，用定位机构来保证更换的每一把刀具或刀套都能可靠地准停。常见刀库类型如表 4-2-1 所示。

表 4-2-1　常见刀库类型

序号	图　示	名称	序号	图　示	名称
1		盘式刀库	2		斗笠式刀库
3		链式刀库	4		加长链式刀库

刀库的功能是储存加工工序所需的各种刀具，按程序指令把将要用的刀具准确地送到换刀位置，并接受从主轴送来的已用刀具。

刀库的储存量一般为 8～64 把，多的可达 100～200 把，甚至更多，刀库的容量首先要考虑加工工艺的需要。

任务分析

在数控机床的自动换刀系统中，用来实现刀库与机床主轴之间传递和装卸刀具的装置称为刀具交换装置。刀具的交换方式通常分为采用机械手刀具交换(刀臂式刀库换刀) 和由刀库与机床主轴之间的相对运动实现无机械手刀具交换(斗笠式刀库换刀)。采用机械手进行刀具交换的方式在加工中心中应用最为普遍，机械手换刀有很大的灵活性，可以减少换刀时间。

在刀具交换装置中，对机械手的具体要求是动作迅速可靠、准确协调。由于不同的加工中心刀库和主轴的相对位置不同，各种加工中心所使用的换刀机械手也不尽相同。为防止刀具滑落，各机械手的活动爪都带有自锁机构。

相关知识

一、自动换刀装置的换刀过程

立式加工中心自动换刀装置分为无机械手换刀和机械手换刀两种形式。

1. 无机械手换刀(斗笠式刀库)

无机械手换刀是利用刀库与机床主轴的相对运动实现刀具交换的。其特点是结构简单、紧凑，不会影响加工精度，但影响机床的生产率；因刀库尺寸限制，装刀数量不能太多，常用于小型加工中心。

无机械手换刀装置的换刀过程分为取刀、还刀、换刀3个步骤，具体动作顺序：读取换刀指令→主轴至换刀点→主轴准停→刀库推出→主轴还刀(主轴松刀)→主轴返回第一参考点→刀库选刀→主轴下降到换刀点→主轴紧刀→刀库退回→换刀结束。

1) 取刀

(1) 现状：主轴上无刀具。

(2) 编程：M06 T*。

(3) 刀库动作描述如下：

① 由PMC程序根据换刀指令中的目标刀具，控制刀库按照就近方向旋转，将目标刀具置于换刀位置。

② *Z*轴快速移动到换刀准备位置，如图4-2-1所示。

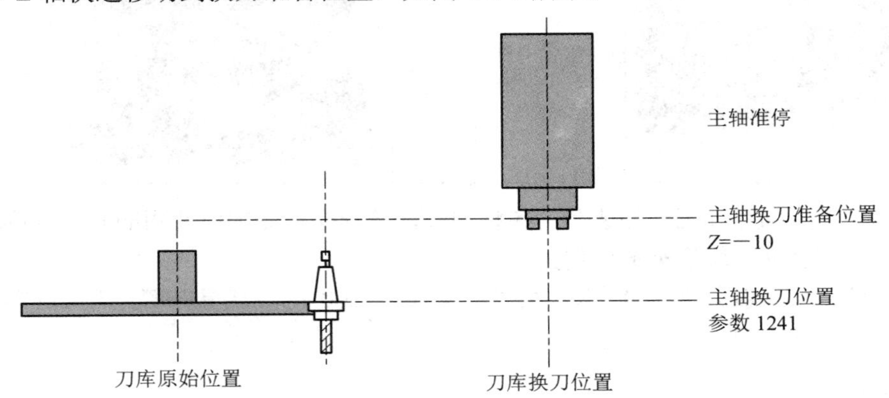

图4-2-1　主轴至换刀点

③ *Z*轴到位后，刀库推出，如图4-2-2所示。

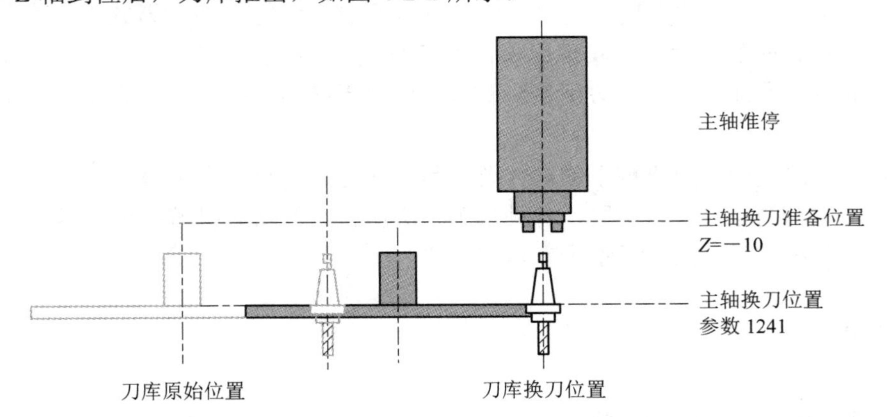

图4-2-2　刀库推出

④ 在确认刀库推出到位后，主轴准停。

⑤ 主轴松刀，同时启动吹气。

⑥ 在确认主轴抓刀机构松刀到位后，Z 轴慢速移动到主轴换刀位置，如图 4-2-3 所示。

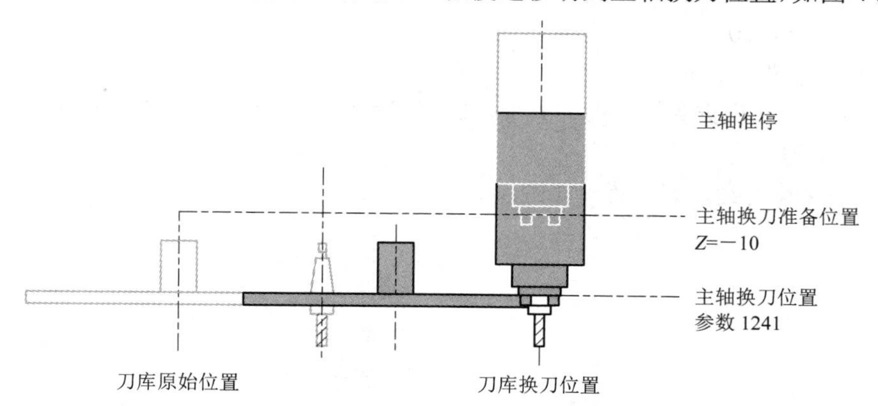

图 4-2-3　主轴松刀

⑦ 主轴紧刀，抓住刀库中的目标刀具。

⑧ 在确认紧刀到位后，刀库退回到原始位置上，如图 4-2-4 所示。

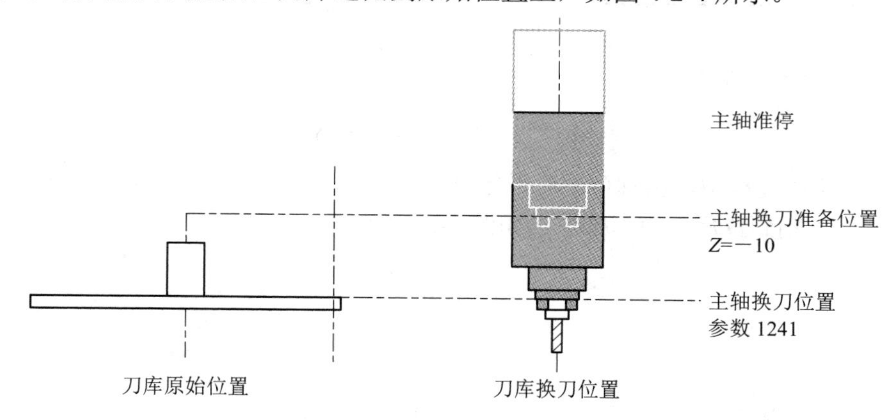

图 4-2-4　刀库退回

⑨ 主轴返回换刀准备位置，如图 4-2-5 所示。

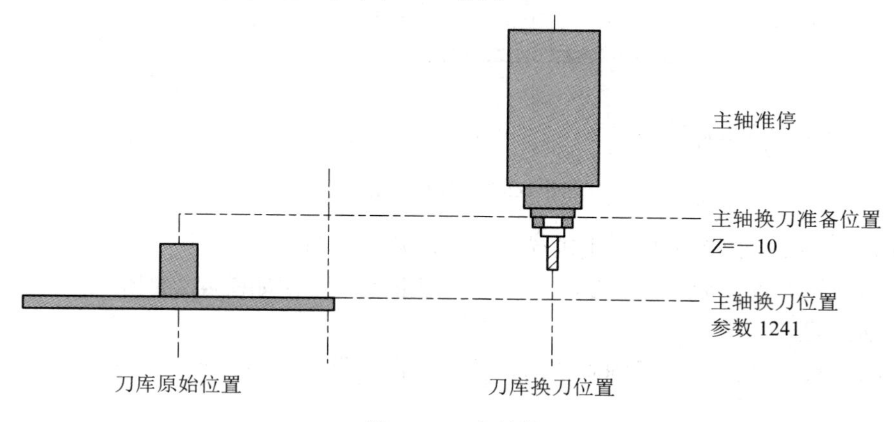

图 4-2-5　主轴抬刀

2) 还刀

(1) 现状：主轴上有刀具。

(2) 编程：M06 T0。

(3) 刀库动作描述如下：

① 由 PMC 程序根据主轴上的刀具号，控制刀库按照就近方向旋转，将主轴上刀具对应的刀位移至换刀位置。

② Z 轴快速移动到换刀位置，如图 4-2-6 所示。

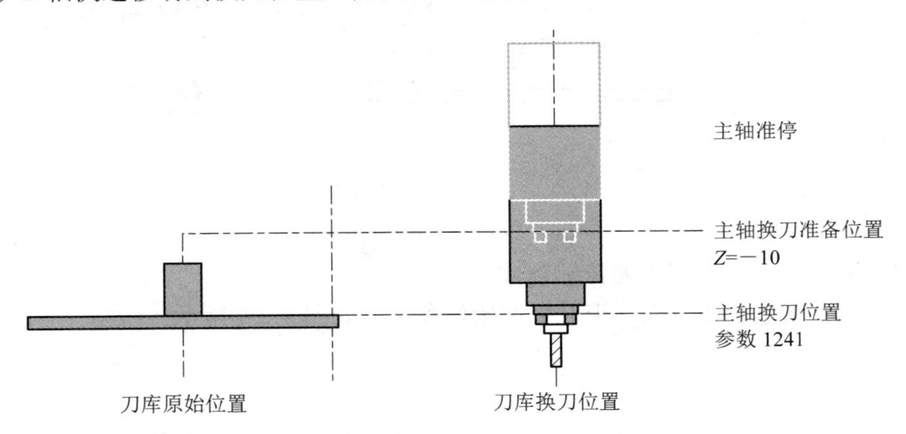

图 4-2-6　主轴至换刀点

③ Z 轴在移动过程中，主轴可同时进行准停。

④ 在确认主轴到位后，刀库推出，如图 4-2-7 所示。

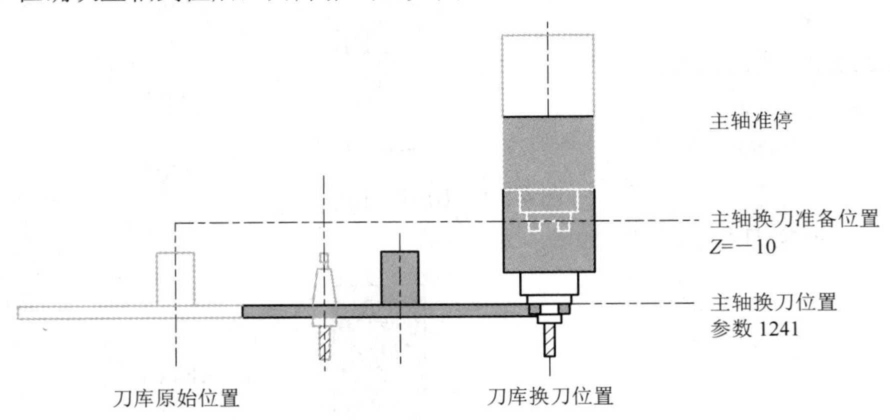

图 4-2-7　刀库推出

⑤ 在确认刀库推出到位后，主轴松刀，同时启动吹气。

⑥ 在确认松刀到位后，Z 轴慢速上升到换刀准备位置，如图 4-2-8 所示。

⑦ 主轴紧刀。

⑧ 在确认紧刀到位，且 Z 轴到位后，刀库退回到原始位置，如图 4-2-9 所示。

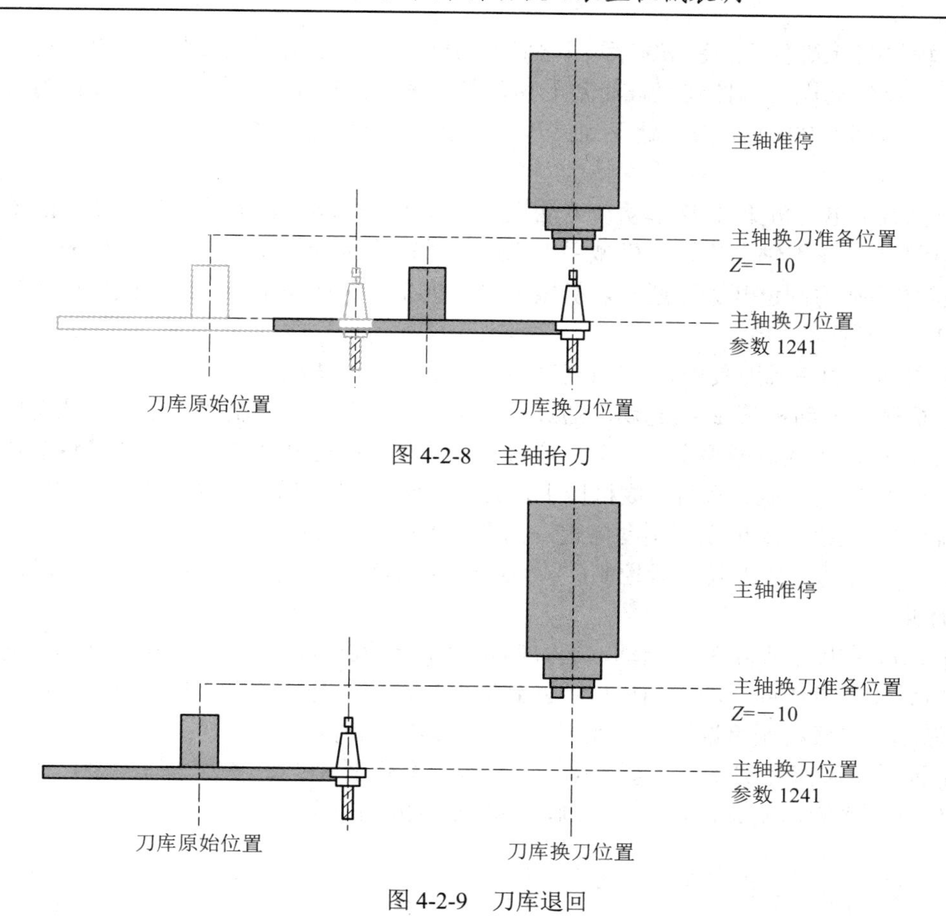

图 4-2-8　主轴抬刀

图 4-2-9　刀库退回

3) 换刀

(1) 现状：主轴上有刀具。

(2) 编程：M06 T*。

(3) 刀库动作描述：刀具交换的过程，就是还刀加上取刀的过程。

2. 机械手换刀

加工中心机械手换刀装置的换刀过程分为刀库旋转、机械手动作、主轴松、紧刀等步骤。具体动作顺序：读取选刀指令→刀库选刀→读取换刀指令→主轴至换刀点→主轴准停→刀套下翻 90°→机械手抓刀→主轴松刀→机械手拔刀、旋转 180°、机械手送刀→主轴抓刀→机械手回原位→刀套上翻 90°→换刀结束。

(1) 当程序执行到 T 代码时，系统首先判别刀库里有无此刀号，如果没有，则发出报警(如 T 代码错误)；此外还要判别所选的刀具是否在主轴上，如果在主轴上，则完成 T 代码控制。然后判别所选刀具在刀库的具体位置，如果所选刀具在换刀位置，则刀盘电动机不动作，等待机械手交换刀具；如果所选刀具不在换刀点位置，系统判别从当前位置转到换刀位置的路径(刀盘是正转还是反转) 及到换刀位置的步数。最后驱动刀盘电动机实现就近选刀控制，通过刀盘上的计数器开关控制所选刀具是否转到换刀位置，如果计数器为零，立即使刀盘电动机制动停车，完成程序的 T 码控制，如图 4-2-10(a)所示。

(2) 程序执行到换刀指令 M06 后，主轴(刀具)自动返回换刀点且实现主轴定向准停控制。

(3) 通过气动电磁阀控制气缸活塞上移，带动偏心凸轮旋转，刀盘把所选择的刀套翻下 90°。刀套翻下 90° 后，刀套翻下到位开关接通，完成所选刀套翻下控制，如图 4-2-10(b)所示。

(4) 机械手电动机第 1 次起动，电动机通过锥齿轮带动凸轮滚子旋转，凸轮滚子上的圆柱凸轮槽控制花键轴套旋转，机械手由原位逆时针旋转 65° 或 75°，进行机械手抓刀控制。当机械手抓刀到位开关接通时，机械手电动机立即制动停止，完成机械手抓刀控制，如图 4-2-10(c)所示。

(5) 主轴自动完成刀具松开控制(气动控制)，并发出主轴松开到位信号。

(6) 机械手电动机第 2 次起动，通过凸轮滚子上的凸轮槽控制摆杆运动，从而控制花键轴上下运动，实现机械手上下移动；通过凸轮滚子上的圆柱凸轮槽控制花键轴套转动，实现机械手的旋转控制，从而完成机械手拔刀、旋转 180° 及送刀控制。当抓刀到位开关再次接通后，机械手电动机立即制动停止，如图 4-2-10(d)、(e)所示。

(7) 主轴自动完成刀具夹紧控制(气动或液动控制)，并发出主轴夹紧到位信号，如图 4-2-10(f)所示。

(8) 机械手电动机第 3 次起动，通过凸轮滚子上的圆柱凸轮槽控制花键轴套转动，机械手顺时针旋转 65° 或 75°。当机械手回到原位后，原位开关信号接通，机械手电动机立即制动停车，完成机械手返回原位控制，如图 4-2-10(g)所示。

(9) 通过电磁阀控制气缸活塞下移，刀盘把刀套翻上 90°。当刀套翻上 90° 时，刀套翻上到位开关接通，完成刀套翻上控制，如图 4-2-10(h)所示。

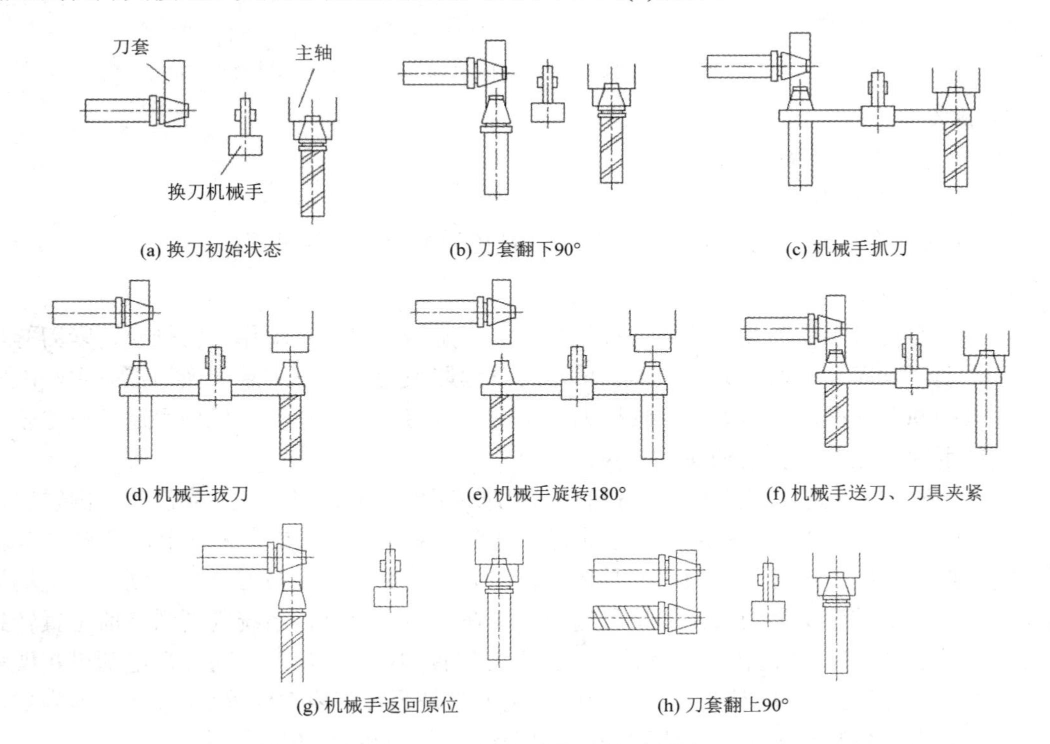

(a) 换刀初始状态　(b) 刀套翻下90°　(c) 机械手抓刀

(d) 机械手拔刀　(e) 机械手旋转180°　(f) 机械手送刀、刀具夹紧

(g) 机械手返回原位　(h) 刀套翻上90°

图 4-2-10　刀库动作过程示意图

二、刀库结构

目前，刀库常见的结构有直排式刀库、斗笠式刀库、盘式刀库、链式刀库等类型，如图 4-2-11 所示为直排式刀库。

直排式刀库的成本较低，操作方便，直排式刀库可以放置在机床龙门框架下方，换刀速度快，导轨磨损小。斗笠式刀库结构简单、控制容易、换刀可靠，它通过刀库与机床 *Z* 轴的相对运动来实现刀具的装卸与交换。盘式刀库的刀库容量较大，结构较复杂，不影响行程，机床外形紧凑。由于刀具的夹持面为刀柄，而且和主轴交错，所以需要机械手和传动箱。链式刀库的刀库容量大，结构复杂，适合机械手换刀方式。

图 4-2-11　直排式刀库

目前，中小型数据加工中心的刀库多数采用斗笠式和圆盘式两种，下面仅对这两种刀库结构进行介绍。

1. 斗笠式刀库

斗笠式刀库主要由横移装置(气缸推动横移支架在导轨上滑动，以使刀库移动至主轴位置)、分度装置(刀库驱动电动机带动槽轮机构旋转，以选择刀盘上的目标刀具)、刀盘和限位开关等部分组成，如图 4-2-12 所示。换刀时，依靠横移装置实现刀库中刀具和主轴刀具的交换(先还刀再取刀)，且二者不能同时进行，因此斗笠式刀库的换刀机构属于无机械手自动换刀装置，换刀时不需要机械手，其结构非常简单、动作可靠，但不能实现刀具的预选动作，即在换刀时必须先将原来主轴上的刀具放回到刀库中，然后再通过刀库的旋转选择新刀具，因此换刀需要一定时间，而且每次换刀，刀库和 *Z* 轴还必须进行一次往复运动，故而其换刀时间较长。此外，斗笠式刀库上刀具的安装也不是很方便。

1—刀盘；
2—计数器传感器；
3—刀库驱动电动机；
4—气缸；
5—气动调速阀；
6—刀库支架；
7—气缸限位开关；
8—棘轮机构；
9—刀爪

图 4-2-12　斗笠式刀库

2. 圆盘式刀库

采用机械手换刀的加工中心，其刀库布置灵活，刀具数量不受结构的限制，还可实现刀具预选。此外，如采用机械凸轮控制，其动作迅速，定位准确，可大大提高换刀速度，因此这是一种高速、高性能加工中心普遍采用的换刀方式，此换刀方式多采用圆盘式刀库，如图 4-2-13 所示。

图 4-2-13　圆盘式刀库与机械手

圆盘式刀库凸轮机械手换刀过程包括刀库找刀和换刀两个独立的动作，涉及圆盘刀库、凸轮机械手和主轴 3 方面的协作关系。刀库找刀动作由带抱闸的三相异步电动机实现，通过分度盘的运动及相关检测元件的逻辑组合，每个刀套可准确地停止在换刀位置，并由气缸控制刀套实现水平和垂直状态的切换，刀套分度盘可顺时针或逆时针方向旋转，用最短的时间搜索到目标刀具，如图 4-2-14 所示。

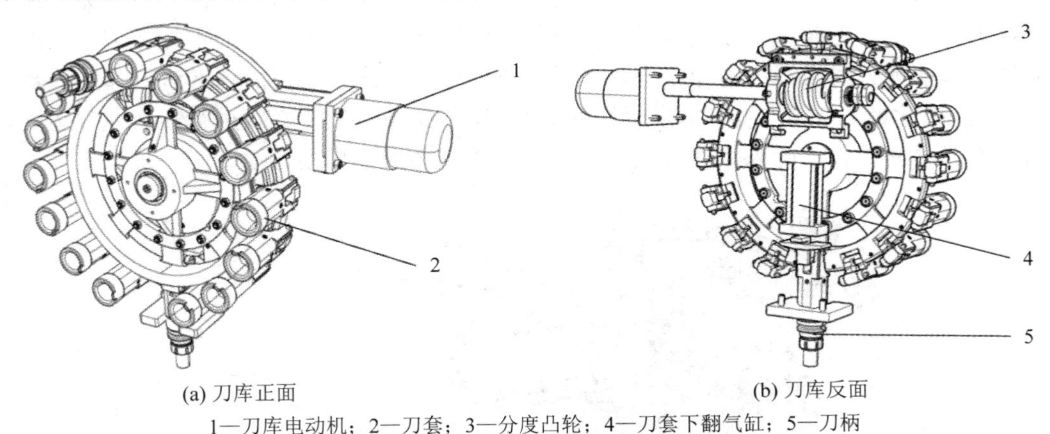

(a) 刀库正面　　(b) 刀库反面

1—刀库电动机；2—刀套；3—分度凸轮；4—刀套下翻气缸；5—刀柄

图 4-2-14　圆盘式刀库结构

三、机械手

机械手换刀前，需将刀库中的刀套预先转动到换刀位置，由气缸控制刀套呈垂直状态。在换刀过程中，辅以主轴定向准停、主轴拉刀、松刀和主轴吹气等动作。

1. 凸轮式机械手换刀传动机构

换刀机械手的动作由带抱闸的三相异步电动机实现，通过凸轮机构把电动机产生的匀速旋转运动转变为机械手的规律性上升、下降和回转运动；将不用的刀具从主轴上卸下来送回刀库中，同时从刀库中选择指定的刀具装在主轴上，然后机械手返回初始位置等待下一个工作循环，如图 4-2-15 所示。

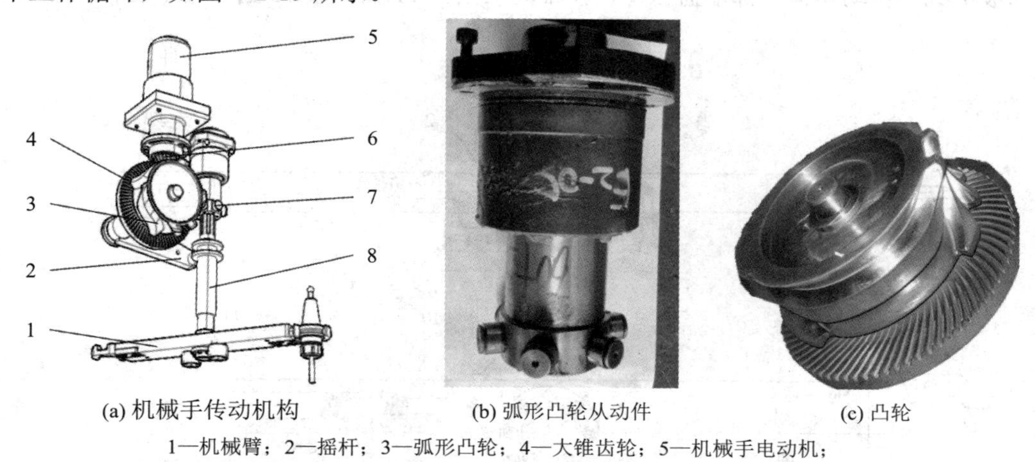

(a) 机械手传动机构　(b) 弧形凸轮从动件　(c) 凸轮

1—机械臂；2—摇杆；3—弧形凸轮；4—大锥齿轮；5—机械手电动机；
6—小锥齿轮；7—弧形凸轮从动件；8—输出轴

图 4-2-15　凸轮式机械手换刀传动机构

机械手传动箱的整体结构如图 4-2-16 所示。电动机 1 通过锥齿轮传动带动弧形凸轮 6 旋转，经过弧形凸轮从动件 5 带动机械手输出轴作间歇圆周运动，从而带动机械手臂作间歇圆周运动，实现换刀动作。机械手臂的上下移动由槽凸轮 9、摇杆 10、销轴等零件带动输出轴作上、下直线运动，实现拔刀、送刀动作。

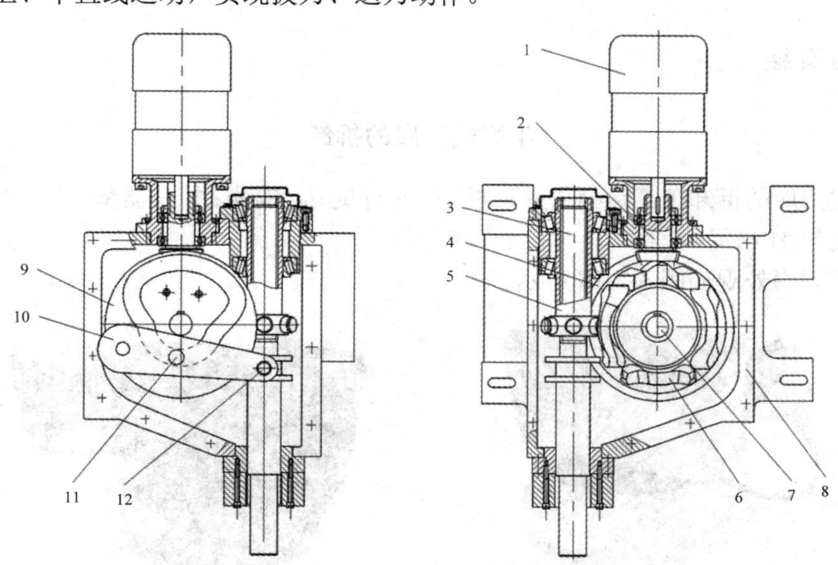

1—电动机；2—小锥齿轮；3—输出轴；4—大锥齿轮；5—弧形凸轮从动件；6—弧形凸轮；7—凸轮轴；
8—箱体；9—槽凸轮；10—摇杆

图 4-2-16　机械手传动箱整体结构

2. 机械手

如图 4-2-17 所示为机械手结构，机械手抓刀部分主要由机械臂 14 和固定在其两端的结构完全相同的两个抓手 13 组成，抓手上握刀的圆弧部分有一个限位块 12，当机械手抓刀时，该限位块插入刀柄的键槽中。当机械手由原位转 75° 抓住刀具时，两抓手上的锥套 2 上部被机械手传动箱体下部端盖压下，使轴向锁紧杆 11 在弹簧 10 的作用下右移顶住刀具。

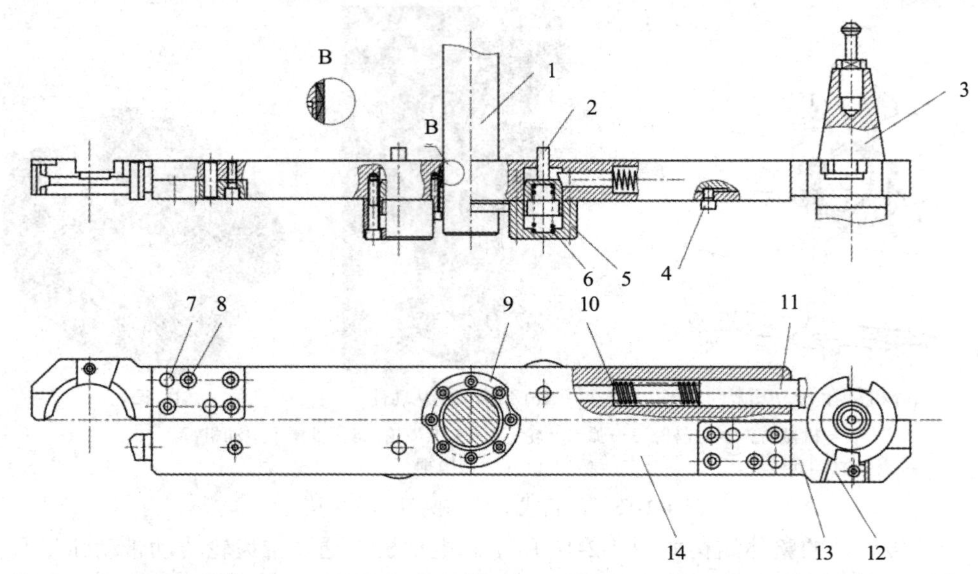

1—传动箱输出轴；2—锥套；3—刀柄；4—限位螺钉；5—锥套盖；6、10—弹簧；7—圆柱销；8—螺钉；9—压紧套；11—锁紧杆；12—限位块；13—抓手；14—机械臂

图 4-2-17　机械手结构

任务实施

斗笠式刀库的拆卸

斗笠式刀库的拆卸工具包括内六角扳手、螺钉旋具、铜棒、拉马器垫铁、马蹄形垫铁、拉马器、皮带(作吊绳用)。

斗笠式刀库外观如图 4-2-18 所示。

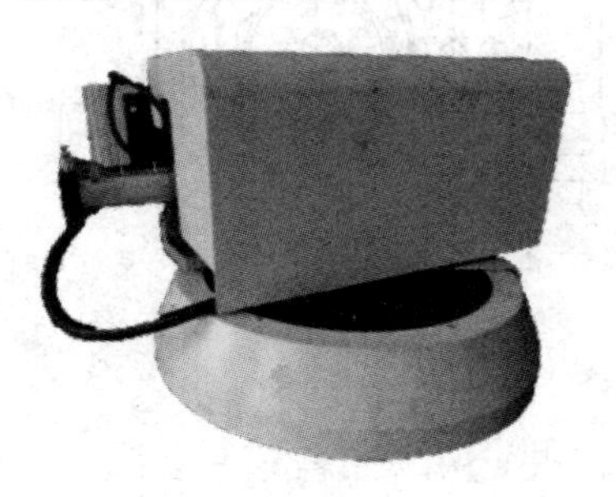

(a) 刀库正面

(b) 刀库反面

图 4-2-18　斗笠式刀库外观

斗笠式刀库拆卸的具体实施步骤如下：

(1) 用内六角扳手拆卸刀库顶罩紧固螺钉，拆卸顶罩后的刀库如图 4-2-19(b)所示。

(a) 刀库顶罩

(b) 拆卸顶罩后的刀库

图 4-2-19　拆卸刀库顶罩

(2) 用内六角扳手拆卸环罩限位块，拆卸两端环罩，拆卸环罩后的刀库如图 4-2-20(b)所示。

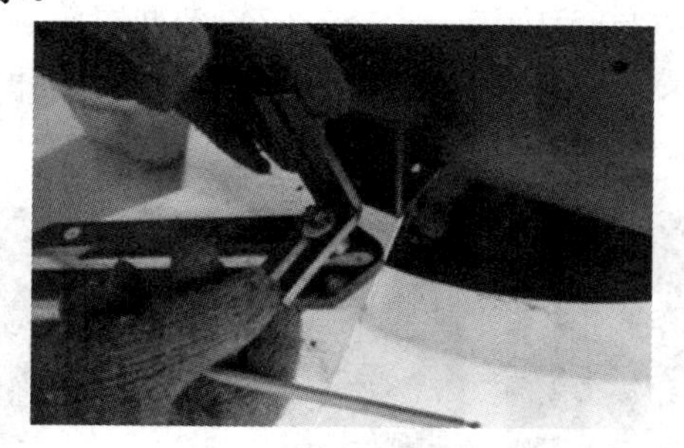

(a) 拆卸环罩限位块

(b) 拆卸环罩后的刀库

图 4-2-20　拆卸刀库环罩

(3) 通过吊装设备将刀库吊起，拆卸下罩片，然后将刀库翻转放置在工作台上，用螺丝刀和铜棒拆卸刀盘锁紧螺母，如图 4-2-21 所示。

(a) 吊起刀库

(b) 拆卸下罩片

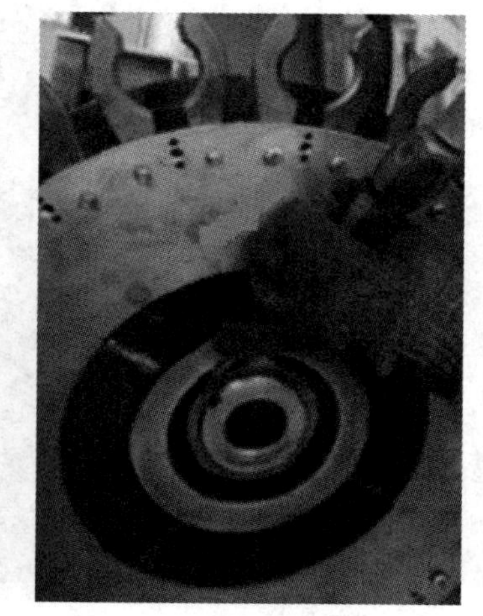

(c) 拆卸刀盘锁紧螺母

图 4-2-21　拆卸刀库下罩片和刀盘锁紧螺母

(4) 取下刀盘锁紧螺母后，用铜棒敲击，利用自身重力作用，把刀盘拆卸下来。在敲击时垫上一块垫铁，防止头部因敲击造成螺纹损坏，同时也可扩大受力面积，拆卸的轴承和刀盘如图 4-2-22 所示。

(5) 用内六角扳手拆卸刀爪固定螺栓和螺母，拆卸时用力要轻缓，避免损坏刀爪，拆卸后的刀爪如图 4-2-23 所示，拆卸后的刀盘如图 4-2-24 所示。

图 4-2-22　轴承和刀盘

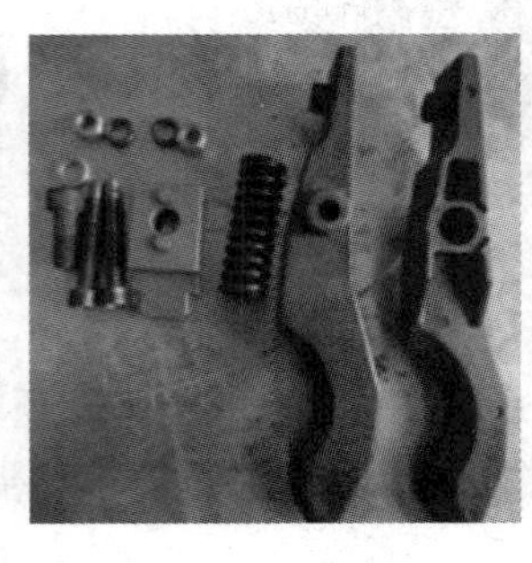

图 4-2-23　拆卸后的刀爪

图 4-2-24　拆卸后的刀盘

(6) 用内六角扳手拆卸刀盘轴紧固螺钉，取下刀盘轴、垫圈、刀盘挡圈，通过马蹄形垫铁、拉马器拆卸轴承，如图 4-2-25 所示。

(a) 拆卸刀盘轴

(b) 拆卸刀盘轴轴承

(c) 拆卸刀盘轴后的刀库

图 4-2-25　拆卸刀盘轴

(7) 拆卸接线盒和传感器，拆卸前需对各类电线做好标记，方便后续接线，如图 4-2-26 所示。

(a) 拆下接线盒盖

(b) 接线盒上各类电线

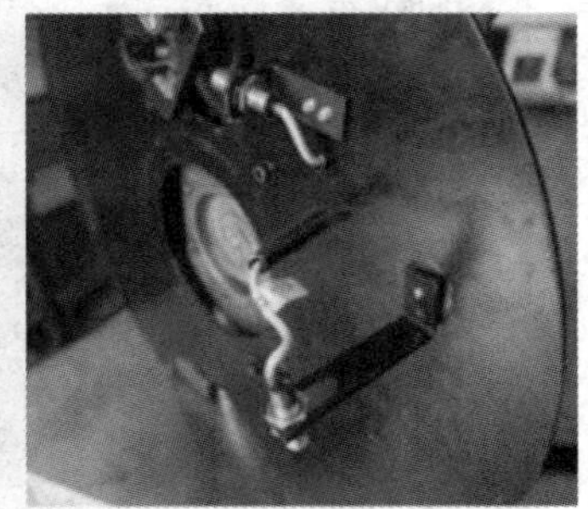

(c) 拆卸刀盘传感器

图 4-2-26　拆卸接线盒和传感器

(8) 拆卸刀库下顶盖，如图 4-2-27 所示。

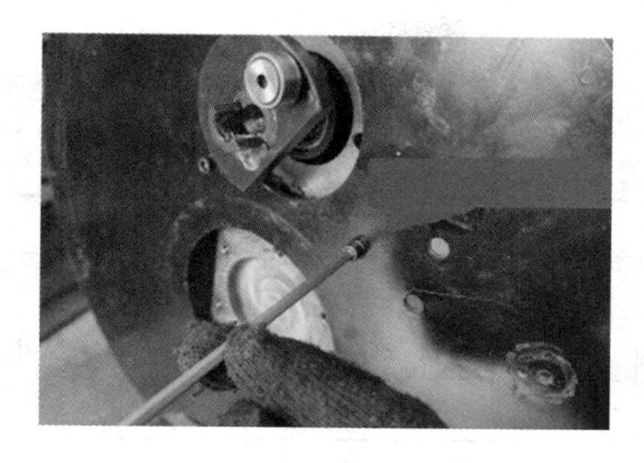

(a) 拆下顶盖紧固螺钉

(b) 拆卸下顶盖

图 4-2-27　拆卸刀库下顶盖

(9) 拆卸刀库电动机，如图 4-2-28 所示。

(a) 拆卸电动机紧固螺钉

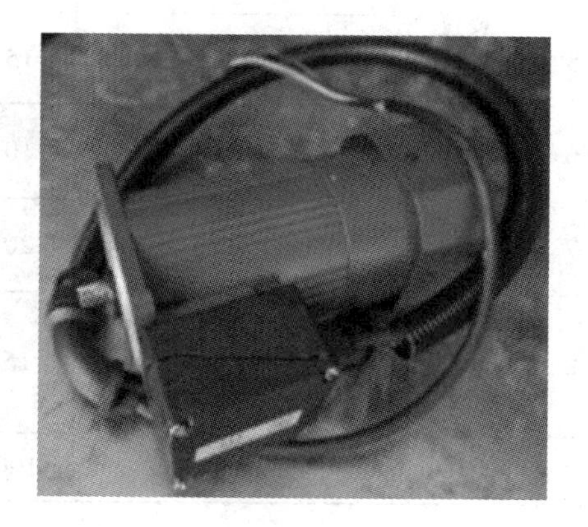

(b) 拆下的刀库电动机

图 4-2-28　拆卸刀库电动机

(10) 拆卸支承平台、移动平台，如图 4-2-29 所示。

(a) 拆卸支承平台

(b) 拆卸滑杆

(c) 拆卸移动平台

图 4-2-29　拆卸支承平台和移动平台

任务评价

加工中心刀库换刀装置拆卸评分标准如表 4-2-2 所示。

表 4-2-2 加工中心刀库换刀装置拆卸评分标准

<table>
<tr><td colspan="3">班级：</td><td colspan="2">姓名：</td><td colspan="2">学号：</td></tr>
<tr><td colspan="5">任务 4.2 加工中心刀库换刀装置拆卸</td><td colspan="2">实物图：</td></tr>
<tr><td>序号</td><td colspan="2">检测内容</td><td>配分</td><td>检测标准</td><td>评价结果</td><td>得分</td></tr>
<tr><td>1</td><td rowspan="7">刀库换刀装置的拆卸</td><td>机械手电动机拆卸</td><td>10</td><td>拆卸过程正确、合理</td><td></td><td></td></tr>
<tr><td>2</td><td>刀库电动机拆卸</td><td>10</td><td>拆卸过程正确、合理</td><td></td><td></td></tr>
<tr><td>3</td><td>刀盘盖拆卸</td><td>10</td><td>拆卸过程正确、合理</td><td></td><td></td></tr>
<tr><td>4</td><td>刀盘整体拆卸</td><td>10</td><td>拆卸过程正确、合理</td><td></td><td></td></tr>
<tr><td>5</td><td>连杆轴承拆卸</td><td>15</td><td>拆卸过程正确、合理，无零件损坏</td><td></td><td></td></tr>
<tr><td>6</td><td>换刀机构箱盖的拆卸</td><td>10</td><td>拆卸过程正确、合理，无零件损坏</td><td></td><td></td></tr>
<tr><td>7</td><td>凸轮机构拆卸</td><td>20</td><td>拆卸过程正确、合理，无零件损坏</td><td></td><td></td></tr>
<tr><td>8</td><td>文明生产</td><td>工具保养、摆放，主轴箱防护罩</td><td>15</td><td>工量具擦净，上油均匀、适量；摆放整齐有序；防护罩安装正确、可靠</td><td></td><td></td></tr>
<tr><td colspan="3">综合得分</td><td>100</td><td></td><td></td><td></td></tr>
</table>

思考与练习

一、填空题

1. ＿＿＿＿＿的方式是利用刀库与机床主轴的相对运动实现刀具交换。

2. 刀库的功能是＿＿＿＿＿＿加工工序所需的各种刀具，并按程序指令，把将要用的刀具准确地送到＿＿＿＿＿，并接受从＿＿＿＿＿＿送来的已用刀具。

二、选择题

1. 一般的中、小型立式加工中心配有＿＿＿＿＿把刀具的刀库就能够满足 70%～95%的工件加工需要。

A. 12～16　　B. 14～30　　C. 14～36　　D. 25～40

2. 刀库的最大转角为＿＿＿＿＿，根据所换刀具的位置决定正转或反转，由控制系统自动判别，以使找刀路径最短。

A. 90°　B. 120°　C. 180°　D. 60°

3. 加工中心的自动换刀装置由驱动机构、________组成。

A. 刀库和机械手　B. 刀库和控制系统　C. 机械手和控制系统　D. 控制系统

4. 圆盘式刀库的安装位置一般在机床的________上。

A. 立柱　B. 导轨　C. 工作台　D. 底座

5. 不同的加工中心，其换刀程序是不同的，通常选刀和换刀________进行。

A. 一起　B. 同时　C. 同步　D. 分开

项目 5　数控机床整机装调与精度检测

数控机床属于高精度、自动化机床，应严格按照机床制造厂家提供的使用说明书及有关的技术标准进行安装调试。通常来说，数控机床出厂后直到能正常工作，其安装与检验过程为：接机前的准备工作→到货验收(运输部门的运单) →开箱、安装→通电试运行→空载运行、性能试验及负荷试验→试验记录→精度检验→精度检验报告→典型零件批量试加工及检验→整理检验报告→补充试验、测试→试验、测试报告→评估。

评估结果分两种情况：

(1) 若评估合格→验收。

(2) 若评估不合格→改进或部分改进→重做或部分重做→评估→评估合格→验收(否则还需再次改进和重做，直到评估合格为止)。

任务 5.1　数控机床整机装调

学习目标

(1) 熟悉数控机床的安装过程；

(2) 熟悉数控机床在装配过程中出现误差的检验和调整方法；

(3) 掌握数控机床装配和调试操作规程，能对数控机床进行日常维护保养，并逐渐养成良好的工作习惯，提升职业素养。

任务引入

中小型数控机床是整机运输的，大型数控机床则是拆分运输的，各部件到达用户的安装场地后，再按照要求进行总装，故机床的安装难度大，技术要求较高。本任务主要介绍中小型数控机床的安装过程，如图 5-1-1 所示。

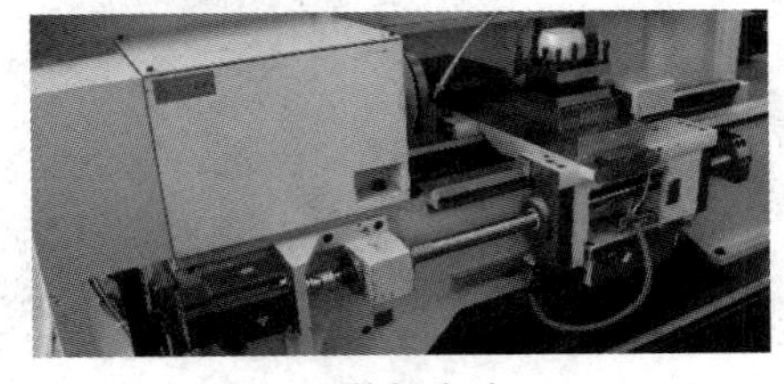

(a) 数控车床

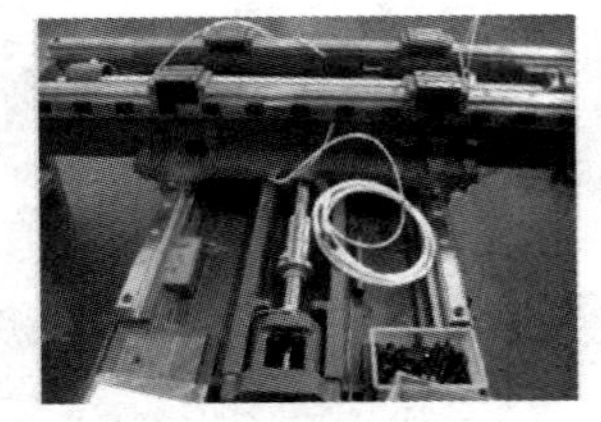

(b) 数控铣床(加工中心)

图 5-1-1　中小型数控机床安装

 **任务分析**

为确保数控机床安装工作和维修作业顺利开展，数控机床的安装需遵循以下原则：

(1) 选择良好的工作环境。数控机床的安装场地要避开阳光直射、电弧光和热源辐射、强电及强磁场干扰，工作场所要清洁、防震、空气干燥、温差较小。

(2) 确保机床各部分的安装位置正确，并校正机床水平位置。

(3) 固牢机床，有利于机床的安全使用。

相关知识

一、对安装地基和安装环境的要求

机床所受的重力、工件所受的重力、切削过程中产生的切削力等作用力，都将通过机床的支承部件最终传至地基。地基质量的好坏，直接关系到机床的加工精度、运动平稳性、机床变形、磨损及机床的使用寿命。因此，在安装机床之前，应先做好地基的处理。

为增大阻尼，减少机床振动，地基应有一定的质量。为避免过大的振动、下沉和变形，地基应具有足够的强度和刚度。机床作用在地基上的压力一般为 $3 \times 10^4 \sim 8 \times 10^4$ Pa。一般天然地基强度足以保证，但机床要放在均匀的同类地基上。对于精密和重型机床，当加工较大的工件且工件需在机床上移动时，会引起地基的变形，故这类机床的地基需加大地基刚度并压实地基土，以减小地基的变形。地基土的处理方法可采用压夯实法、换土垫层法、碎石挤密法或碎石桩加固法。精密机床或 50 t 以上的重型机床的地基加固可用预压法或采用桩基。

在数控机床确定的安放位置上，根据机床说明书中提供的安装地基图进行施工，如图 5-1-2 所示。同时，要考虑机床重量和重心位置与机床连接的电线、管道的铺设、预留地脚螺栓和预埋件的位置。

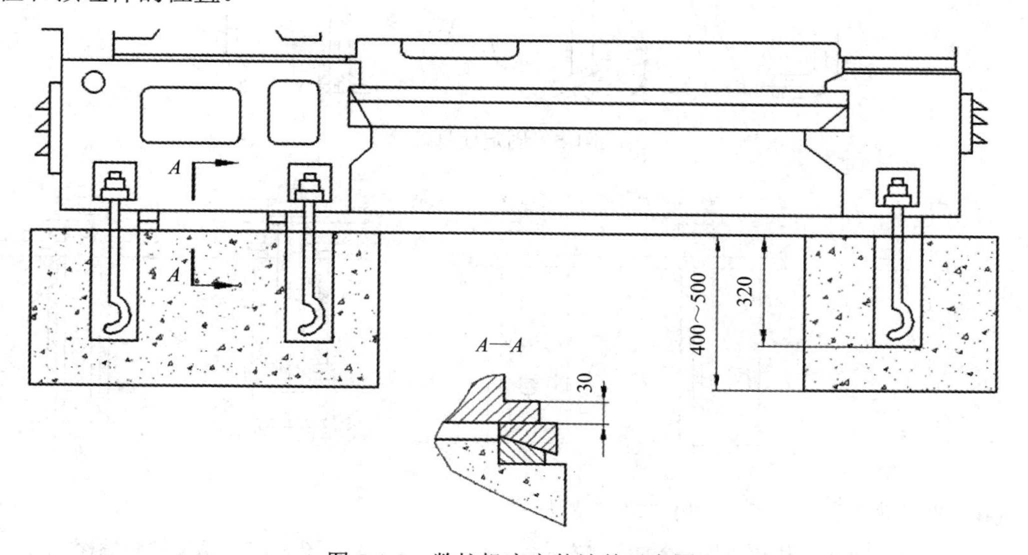

图 5-1-2　数控机床安装地基示意图

一般中小型数控机床无需做单独的地基，只需在硬化好的地面上采用活动垫铁，如图 5-1-3 所示。活动垫铁可稳定机床的床身，用支承件调整机床的水平，如图 5-1-4 所示。大型、重型机床需要专门做地基，精密机床应安装在单独的地基上，在地基周围设置防振沟，并用地脚螺栓紧固。

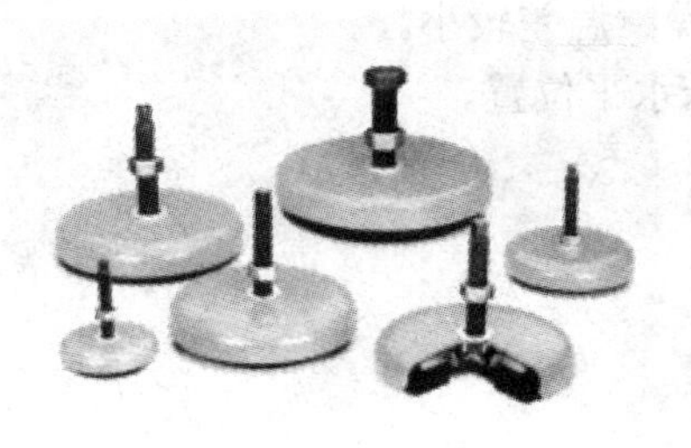

图 5-1-3 活动垫铁

图 5-1-4 用活动垫铁支承的数控机床

常用的各种地脚螺栓及固定方式如图 5-1-5～图 5-1-8 所示。地基平面尺寸应大于机床支承面积的外轮廓尺寸，并考虑安装、调整和维修尺寸。此外，机床旁应留有足够的工件运输和存放空间。机床与机床、机床与墙壁之间应留有足够的通道。

机床应远离焊机、各种高频干扰源及机械振源，应避免阳光照射和热辐射的影响，其环境温度应控制在 0～45℃，相对湿度在 90%左右，必要时应采取适当措施加以控制。机床不能安装在有粉尘的车间里，应避免酸性腐蚀气体的侵蚀。

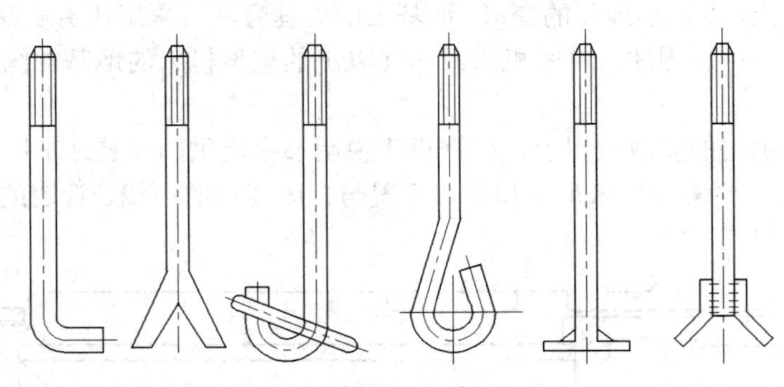

图 5-1-5　固定地脚螺栓

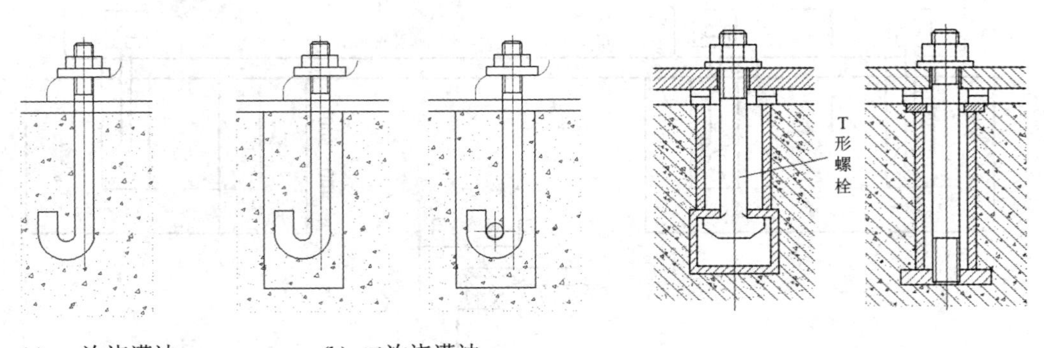

(a) 一次浇灌法　　(b) 二次浇灌法

图 5-1-6　固定地脚螺栓的固定方法

图 5-1-7　活动地脚螺栓

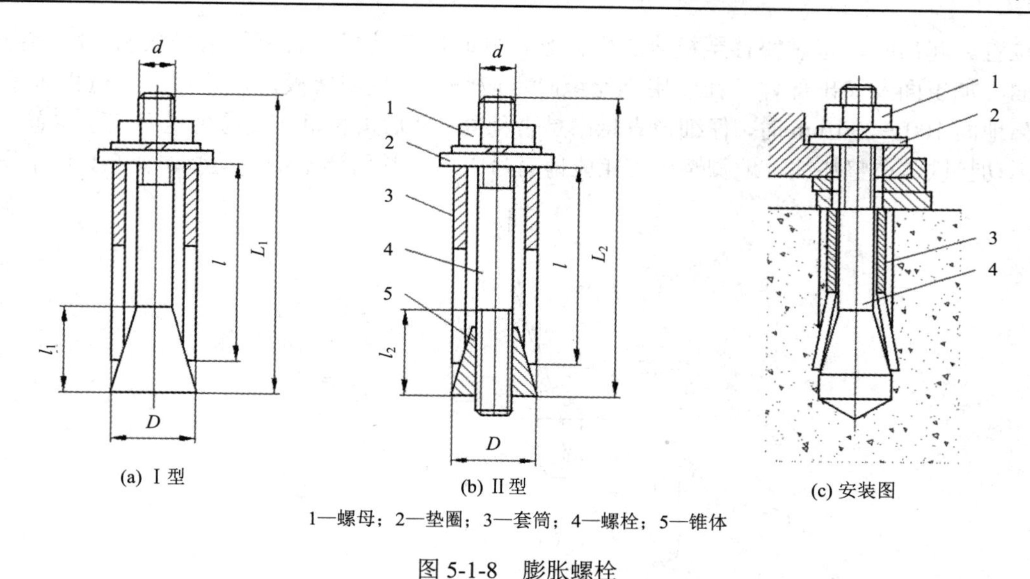

图 5-1-8　膨胀螺栓

二、安装步骤

数控机床的安装可按图 5-1-9 所示的安装步骤进行。

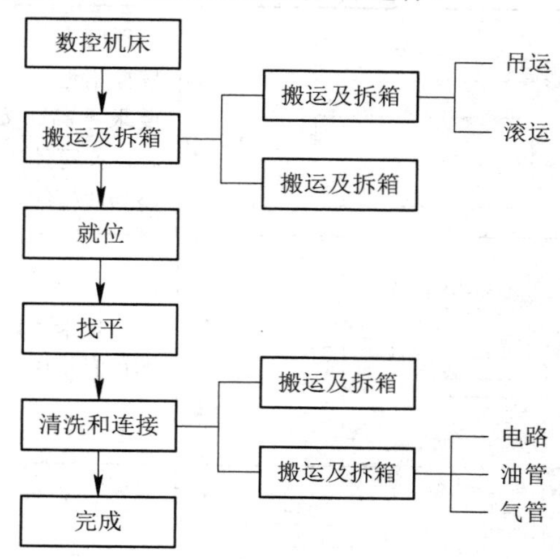

图 5-1-9　数控机床的安装步骤

1. 搬运及拆箱

数控机床在吊运时应单箱吊装，防止冲击振动。在用滚子搬运时，滚子直径以 $\phi70\sim\phi80$ mm 为宜，地面斜坡度不得大于 15°。拆箱前应仔细检查包装箱外观是否完好无损；拆箱时，先将顶盖拆掉，再拆箱壁；拆箱后，应首先找出随机携带的有关文件，并按清单清点机床零部件数量和电缆数量。

2. 就位

机床的起吊应严格按说明书上的吊装图进行，如图 5-1-10 所示，注意机床的重心和起吊位置。起吊时，将尾座移至机床右端锁紧，同时注意使机床底座呈水平状态，防止损坏漆面、加工面及突出部件。在使用钢丝绳时，应垫上木块或垫板，以防打滑。待机床吊起至离地面 100～200 mm 时，仔细检查悬吊是否稳固。然后再将机床缓缓地送至安装位置，并使活动垫铁、调整垫铁、地脚螺栓等相应地对号入座。常用调整垫铁类型如表 5-1-1 所示。

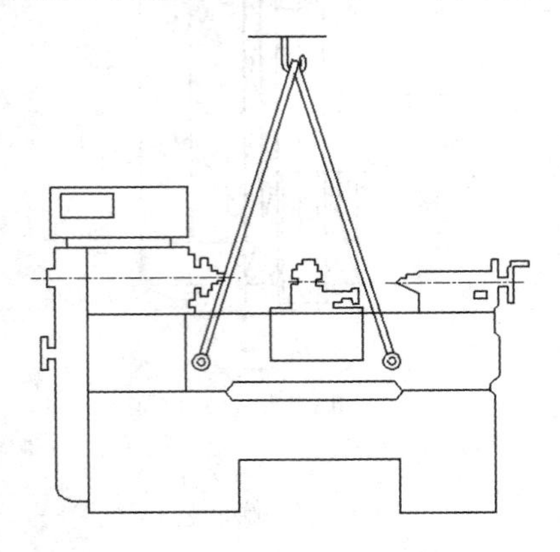

图 5-1-10　数控机床吊装图

表 5-1-1　常用调整垫铁类型

名称	图　示	特点及用途
斜垫铁	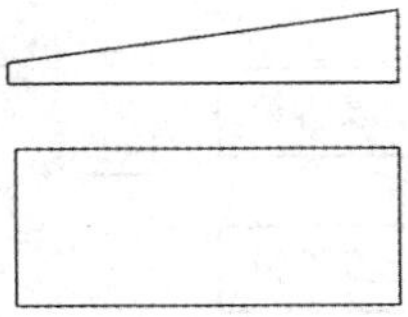	斜度为 1∶10，一般配置在机床地脚螺栓附近，成对使用。用于安装尺寸小、要求不高、安装后不需要再调整的机床，亦可使用单个结构，此时与机床底座为线接触，刚度不高
开口垫铁	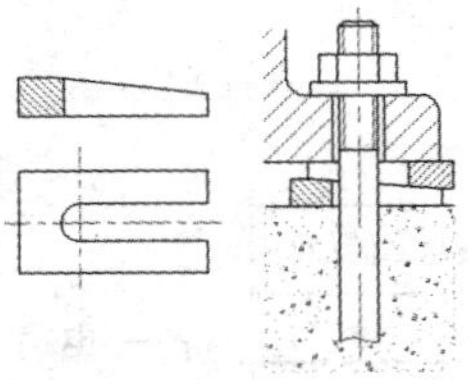	直接卡入地脚螺栓，能减轻拧紧地脚螺栓时机床底座产生的变形
带通孔斜垫铁	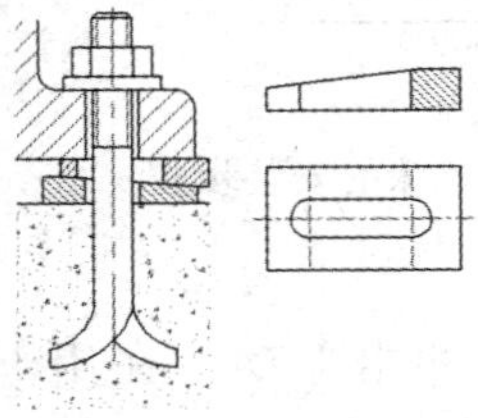	套在地脚螺栓上，能减轻拧紧地脚螺栓时机床底座产生的变形
钩头垫铁	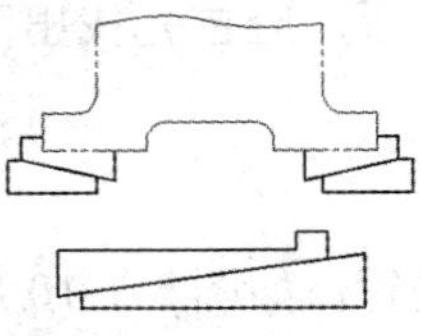	垫铁的钩头部分紧靠在机床底座边缘上，安装调整时起限位作用，安装水平不易走失，用于振动较大或质量为 10～15 t 的普通中、小型机床

3. 找平

将数控机床放置于地基上，在自由状态下按机床说明书的要求调整其水平，然后将地脚螺栓均匀地锁紧，应在机床的主要工作面(如机床导轨面或装配基面)上找正安装水平的基准面。对中型以上的数控机床，应采用多点垫铁支承，在自由状态下将床身调成水平。如图 5-1-11 所示的机床上有 8 副调整水平的垫铁，垫铁应尽量靠近地脚螺栓，避免在紧固地脚螺栓时使已调整好的水平精度发生变化。水平仪读数应小于说明书中的规定数值。在各支承点都能支承住床身后，再压紧各地脚螺栓。在压紧过程中，床身不能产生额外的扭曲和变形。高精度数控机床可采用弹性支承进行调整，以抑制机床振动。

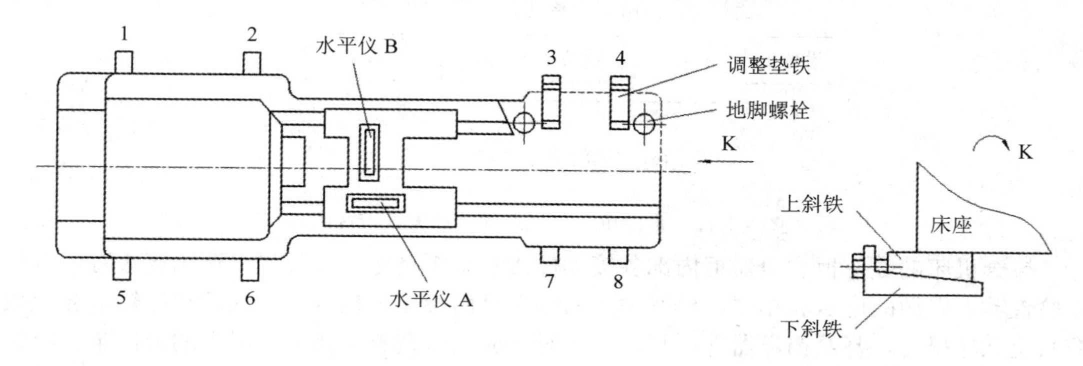

图 5-1-11　垫铁放置图

找平工作应选取一天中温度较稳定的时间段进行。应避免为适应调整水平的需要，使用引起机床产生强迫变形的安装方法，避免引起机床的变形，进而引起导轨精度和导轨相配件的配合和连接的变化，使机床精度和性能受到破坏。考虑水泥地基的干燥有一定的过程，故对安装好的数控机床要求运行数月或半年后再精调一次床身水平，以保证机床长期工作精度，提高机床几何精度的保持性。

4. 清洗和连接

拆除各部件因运输需要而安装的紧固工件(如紧固螺钉、连接板、楔铁等)，清理各连接面、各运动面上的防锈涂料。清理时不能使用金属或其他坚硬刮具，不得用棉纱或纱布，要用浸有清洗剂的棉布或绸布。清洗后涂上机床规定使用的润滑油，并做好各外表面的清洗工作。

对一些解体运输的机床(如车削中心)，待主机就位后，要将在运输前拆下的零、部件安装在主机上。在组装中，要特别注意各接合面的清理，并去除由于磕碰形成的毛刺，要尽量使用原配的定位元件将各部件恢复到机床拆卸前的位置，以利于下一步的调试。

主机装好后即可连接电缆、油管和气管。每根电缆、油管、气管接头上都有标牌，电器柜和各部件的插座上也有相应的标牌，应根据电气接线图、气液压管路图将电缆、管道一一对号入座。在连接电缆的插头和插座时必须仔细清洁和检查有无松动和损坏。安装电缆后，一定要把紧固螺钉拧紧，保证接触完全可靠。良好的接地不仅对设备和人身安全起着重要的保障作用，同时还能减少电气干扰，保证数控系统及机床的正常工作。数控机床接地线的接线方式如图 5-1-12 所示。在油管、气管连接中，注意防止异物从接口进入管路，避免造成整个气压、液压系统发生故障。每个接头都必须拧紧，否则到试运行时，若发现有油管渗漏或漏气现象，常常要拆卸一大批管子，使安装调试的工作量加大，浪费时间。

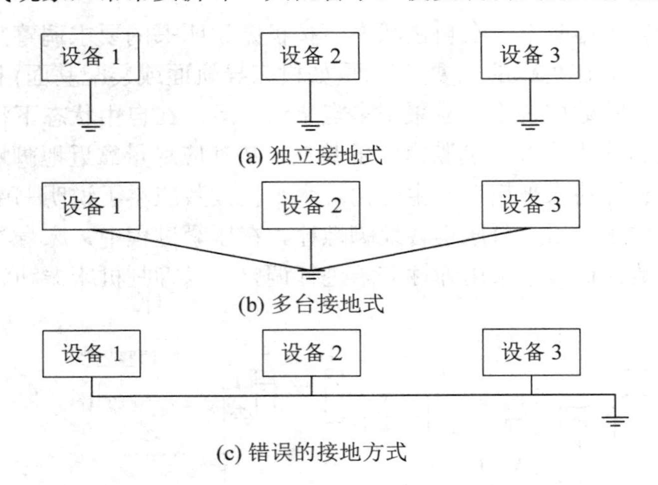

图 5-1-12　数控机床接地线的接地方式示意图

检查机床的数控柜和电器柜内部各接插件接触是否良好。与外界电源相连接时，应重点检查输入电源的电压和相序，电网输入的相序可用相序表检查，错误的相序输入会使数控系统立即报警，甚至损坏器件。相序不对时，应及时调整。接通机床上的液压泵、冷却泵电动机，判断液压泵、冷却泵电动机转向是否正确。液压泵运转正常后，再接通数控系统电源。国产数控机床上常装有一些进口的元器件、部件和电动机等，这些元器件的工作电压可能与国内标准不一样，因此需单独配置电源或变压器。接线时，必须按机床资料中规定的方法连接。通电前，应确认供电制式是否符合要求。最后，全面检查各部件的连接状况，检查是否有多余的接线头和管接头等。只有这些工作都被仔细完成后，才能保证试运行顺利进行。

三、数控车床整机装配流程

1. 数控车床装配原则

为提高数控车床的装配质量，保证产品的加工精度，平床身数控车床装配应遵循以下3项原则：

(1) 先下后上原则，即在明确数控车床结构的基础上，先安装基础部件(床腿、床身)，再安装主轴箱、尾座等其他零部件。

(2) 先里后外原则，即在了解数控车床整体功能的基础上，先安装内部结构(冷却、润滑)，再安装外部结构(防护罩)。

(3) 先分装、部装再总装原则，这样可提高装配效率，保证装配质量。

2. 数控车床整机装配流程

数控车床的整机装配工作要按装配工艺流程来进行，其装配工作流程为：床身调平→主轴箱安装(先部件装配)→床鞍安装(含 *X* 轴)→纵向驱动装置安装(Z 轴)→尾座安装(加工盘类车床无需尾座)→机床动力源安装(主电机)→润滑装置安装→冷却部分安装→电气部分装配→刀架安装→防护部分安装→调试→涂油漆、包装等。

四、数控车床整机装配过程

在数控车床整机装配过程中，几何精度的检测要按照国家标准 GB/T 25659.1—2010《简式数控卧式车床 第 1 部分：精度检测》、GB/T 25659.2—2010《简式数控卧式车床 第 2 部分：技术条件》、GB/T 16462.1—2007《数控车床和车削中心检验条件 第 1 部分：卧式机床几何精度检验》执行，分为 21 项检测项目，即 G1～G21 项。

1. 床身调平

数控车床床身水平调整分为粗调和精调两个步骤。粗调的主要目的是便于观察水平仪的读数，精调的主要目的是使机床床身导轨回复到制造时的自然精度，防止机床受力变形。

1) *床身水平粗调方法*

(1) 将机床地脚螺栓放松，用棉布将两个水平仪和与放置水平仪相接触的水平桥表面擦拭干净；

(2) 将水平仪呈互相垂直的方式放在水平桥上（横向、纵向放置分别与 X 轴、Z 轴平行），摆放位置如图 5-1-13 所示；

(3) 观察水平仪气泡方向，调整②、④处地脚螺栓，使气泡处于中间位置，粗调结束。

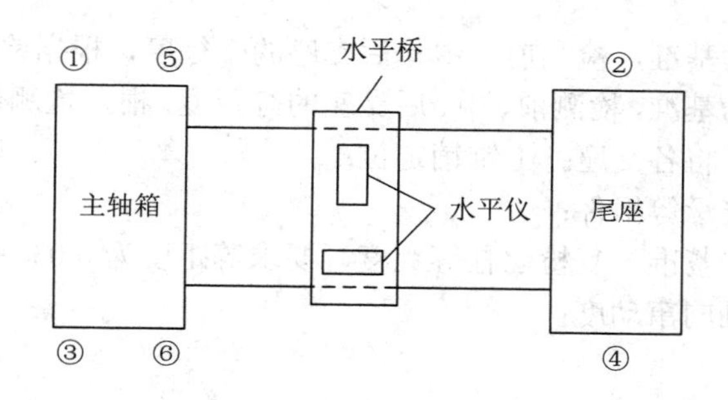

图 5-1-13　床身调平时水平仪放置

2) *床身水平精调方法*

(1) 将水平桥移到主轴箱端处，待稳定后观察水平仪中的气泡位置，调整机床外围 4 个地脚螺栓①、②、③、④，使水平仪气泡居中；

(2) 将水平桥移到尾座端处，根据水平仪气泡位置调整 4 个外围地脚螺栓，使水平仪气泡居中；

(3) 检测精度要求：水平桥在移动过程中，水平仪气泡允许晃动，移动停止待稳定后，要求水泡变化在 2 格以内(水平仪精度为 0.02 mm/1000 mm)；

(4) 床身调平后，先将 4 个外围地脚螺栓旋紧，再将中间两个地脚螺栓旋紧，尽量使气泡居中，精调结束。

2. 主轴箱装配

主轴箱装配是机床总装的第一道工序，是确定主轴箱与床身相互位置关系的重要工序，也是后续各部件装配的基准。

(1) 将组装好的主轴箱放在床身上；

(2) 以床身导轨为基准，检测主轴锥孔中心线对床身导轨的平行度(G7 项)；

(3) 根据检测的精度值(G7 项)，刮研床体与主轴箱的结合面，通常刮研床体的结合面；

(4) 刮研技术要求：以涂色法检验，25 mm × 25 mm 面积内粘点不小于 6 个，结合面紧固前与紧固后 0.04 mm 塞尺不入。

3. 床鞍装配

(1) 以床身导轨为基准，刮研床鞍 V 形导轨和平导轨，刮研技术要求：长度接触 70%以上，宽度接触 50%以上，同时接触面 0.04 mm 塞尺不入；

(2) 以主轴箱主轴锥孔中心线为基准，检测横向滑板移动对主轴锥孔中心线的垂直度(G12 项)；

(3) 以床鞍燕尾导轨为准，刮研滑板燕尾导轨的平导轨和 55° 燕尾主导轨面；

(4) 以床鞍燕尾导轨为准，刮研镶条正面(与床鞍燕尾导轨对应面)；

(5) 以床身下导轨面为准，刮研床鞍压板结合面。

4. 纵向驱动装置装配

(1) 将丝杠的前、中、后支座固定在床体和床鞍上，并将检验棒、检验套装在各支座孔中；

(2) 以床身导轨为基准，检测前、中、后支座的平行度，根据检测值刮研相关支座；

(3) 以床身导轨为基准，检测前、中、后支座的等距度，根据检测值修正(磨削)后支座；

(4) 精度调好后，将各支座打上锥销定位；

(5) 安装丝杠及支承等组件；

(6) 以床身导轨为基准，复检丝杠等距度，要求等距度为 0.03～0.05 mm；

(7) 检测丝杠的轴向窜动度；

(8) 安装电动机。

5. 尾座装配

(1) 以床身导轨为基准，刮研尾座下垫的 V 形导轨和平导轨，刮研技术要求：长度接触 60%以上，宽度接触 40%以上，同时接触面 0.04 mm 塞尺不入；

(2) 将尾座固定在床身上，检测尾座套筒中心线对溜板移动的平行度(G9 项)、尾座套筒锥孔中心线对溜板移动的平行度(G10 项)、主轴箱与尾座两顶尖的等高度(G11 项)；

(3) 将 G9 项、G10 项、G11 项精度的实测值做好记录，按要求铣削尾座下垫上平面；

(4) 将铣好的尾座下垫重新放在床体上，并将尾座上体放好并固定，重新检测以上 3 项精度；

(5) 以床身导轨为基准，找好主轴箱和尾座中心线的侧母线精度，再将尾座上体和下体(尾座垫)打上刻线，标记“零点”位置。

五、数控加工中心整机装配过程

数控加工中心整体结构组成如图 5-1-14 所示。

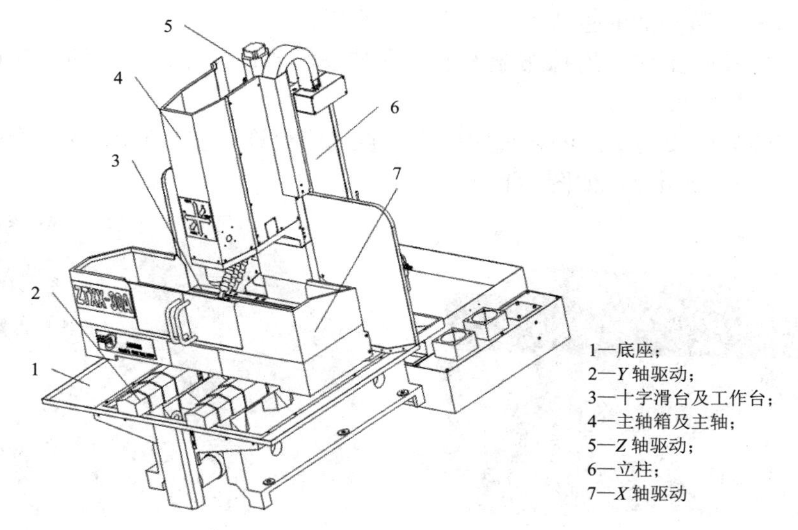

图 5-1-14　数控加工中心整体结构组成

1．床身的装配与调整

1) 床身的检查及清理

(1) 待床身进入装配现场后，应先检查床身的外观有无铸造及加工缺陷(裂纹、砂眼等)，各加工表面有无漏序等现象。

(2) 检查完好后，对床身进行如下操作：

① 用锉刀去除毛坯面及各加工表面的明显毛刺。

② 用压缩空气将床身安装表面、加工平面及各螺钉孔吹干净，不许残留铁屑。

③ 用丝锥铰吊环孔。

2) 床身的吊装、铰螺纹及就位

(1) 安装起吊螺钉。

(2) 将床身用起吊工具吊到装配现场(暂时不落地)，进行如下操作：

① 用气钻铰地脚螺钉孔。

② 用锉刀去除地脚螺钉孔周边毛刺。

③ 用压缩空气将地脚螺钉孔吹净。

④ 将螺栓拧入床身中，拧入时要求转动灵活。

⑤ 将支承块按实际位置摆放，然后将螺栓准确落在支承块上，将床身摆放就位。

3) 床身安装的水平调整

(1) 调整前的清理及准备工作。

① 用油石把直线导轨安装基面轻轻打磨一遍，用抹布蘸溶剂(丙酮、酒精等)把直线导轨安装基面的污渍清理干净。

② 用丝锥分别铰直线导轨安装基面上的螺钉孔，并用锐利油石将螺钉孔周边毛刺去掉，然后用压缩空气将螺钉孔吹干净。

③ 检测床身安装水平度，精度要求为 0.03 mm/1000 mm，如图 5-1-15 所示。若精度不合格，需调整床身 4 个角的螺栓。

(2) 直线导轨安装基面的直线度及扭曲度的检查。

① 检查前的清理工作：用抹布蘸溶剂将安装基面清理干净，并用油石在单根直线导轨安装基面交线处进行清根。

② 单根直线导轨安装基面的直线度检查：直线度允许误差为 0.010 mm/全长，局部允许误差为 0.005 mm/300 mm，如图 5-1-16 所示。

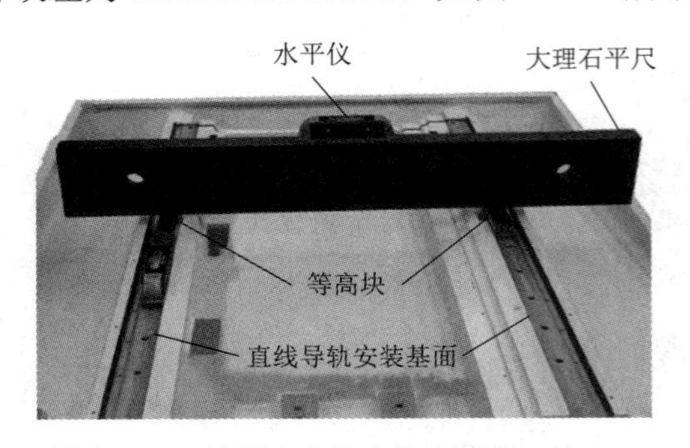

图 5-1-15　检测床身的安装水平度

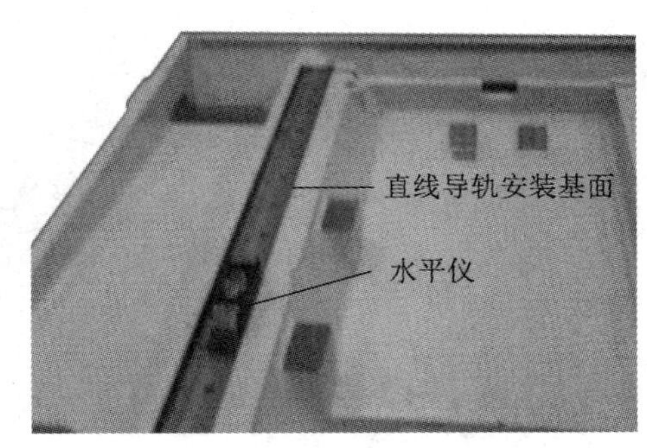

图 5-1-16　单根直线导轨安装基面直线度测量

③ 单根直线导轨安装基面的扭曲度检查：扭曲度允许误差为 0.030 mm/1000 mm；局部 500 mm 范围内的扭曲度允许误差为 0.015 mm/1000 mm。

4) 直线导轨的安装

(1) 用酒精将直线导轨基面及床身导轨安装基面清理干净，检查各基准面有无划痕，用少量润滑油涂抹在直线导轨安装基面上。

(2) 将直线导轨安放于直线导轨安装基面上，注意直线导轨基准面必须与直线导轨安装基面相接触。

(3) 用螺钉将导轨轻轻带紧。

(4) 由直线导转中间向两端依次拧紧调整块的螺钉。

(5) 用力矩扳手从直线导轨中间位置处向直线导轨两端依次拧紧螺钉。

(6) 保证直线导轨的安装基准面(安装基面及侧基面)0.02 mm 塞尺不入。

(7) 复查单根直线导轨的直线度。

单根直线导轨水平面内的直线度允许误差为 0.012 mm/全长；局部直线度允许误差为 0.006 mm/300 mm。单根直线导轨垂直面内的直线度允许误差为 0.012 mm/全长；局部直线度允许误差为 0.006 mm/300 mm，如图 5-1-17、图 5-1-18 所示。

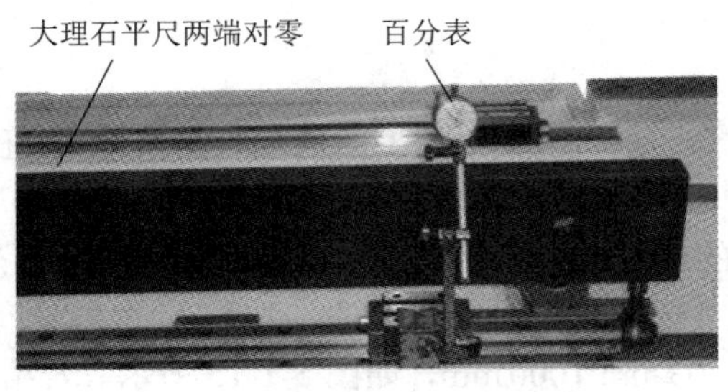

图 5-1-17　检测导轨直线度(垂直面)

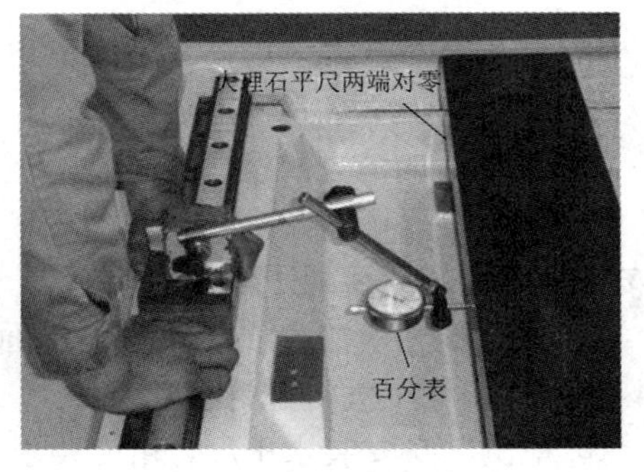

5-1-18　检测导轨直线度(水平面)

(8) 检测两根直线导轨的平行度，允许误差为 0.01 mm。

2. Y 轴驱动装置的装配与调整

1) 电动机座位置的确定

(1) 将电动机座的各加工表面周边明显毛刺用锉刀及油石去掉后，用压缩空气将各螺钉孔吹干净，铰各螺钉孔，用抹布蘸溶剂将检验棒擦干净。

(2) 在电动机座上装检验棒。检验棒装入后，应松紧合适(注意：不能借助外力将检验棒装入)。

(3) 利用检验棒上母线确定电动机座位置，在床身直线导轨滑块上安放方筒，将百分表吸在方筒上，指针指在检验棒的上母线处，检测检验棒上母线平行度，允许误差为 0.01 mm/150 mm。精度不合格时，应修刮电动机座的底面，如图 5-1-19 所示。

(4) 利用检验棒侧母线确定电动机座位置，将百分表吸在床身直线导轨滑块上，指针指在检验棒的侧母线处，检测检验棒侧母线平行度，允许误差为 0.01 mm/150 mm，如图 5-1-20 所示。

(5) 精度合格后，将电动机座用螺钉固定。

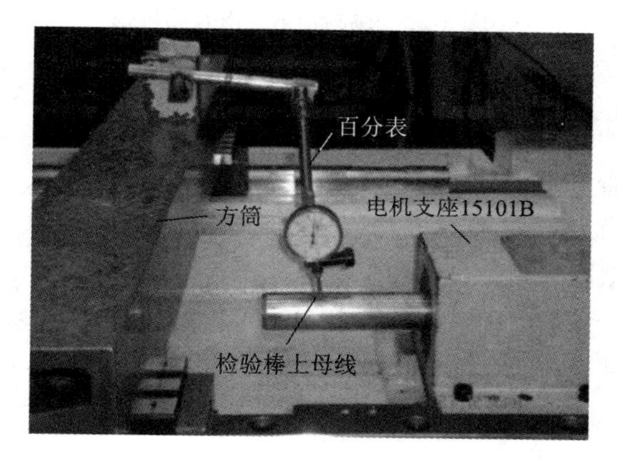

图 5-1-19　检测电动机座内孔上母线

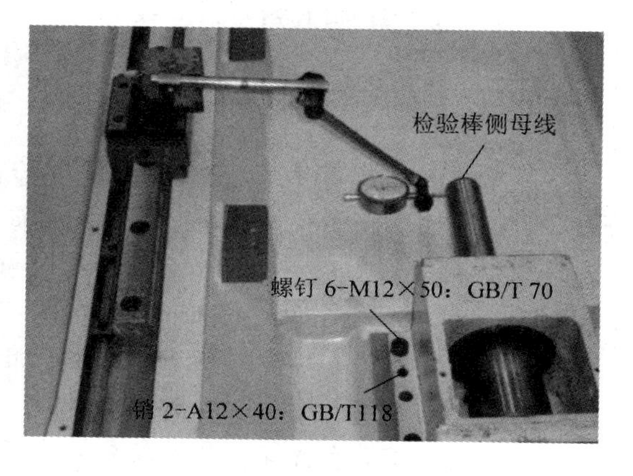

5-1-20　检测电动机座内孔侧母线

2) 轴承座位置的确定

(1) 将轴承座的各加工表面周边明显毛刺用锉刀及油石去掉后，用压缩空气将各螺钉孔吹干净，铰各螺钉孔，用抹布蘸溶剂将检验棒擦干净。

(2) 在轴承座上装检验棒。检验棒装入后，应松紧合适(注意：不能借助外力将检验棒装入)。

(3) 利用检验棒上母线确定轴承座位置。在床身直线导轨滑块上安放方筒，将百分表吸在方筒上，指针指在检验棒的上母线处，检测检验棒上母线平行度，允许误差为 0.01 mm/150 mm。当精度不合格时，应修刮轴承座的底面，如图 5-1-21 所示。

(4) 调整垫的修磨。在床身直线导轨滑块上安放方筒，将百分表吸在方筒上，指针指在检验棒的上母线处，检测轴承座与电动机座检验棒上母线等距度，允许误差为 0.01 mm。当精度不合格时，应修磨调整垫。

(5) 利用检验棒侧母线确定轴承座位置。将百分表吸在床身直线导轨滑块上，指针指在检验棒的侧母线处，检测检验棒侧母线平行度，允差为 0.01 mm/150 mm，如图 5-1-22 所示。不合格时，应调整螺钉位置。

(6) 拖表检测电机座与轴承座检验棒侧母线的等距度，允差为 0.01 mm。

(7) 精度合格后，紧固轴承座各螺钉。

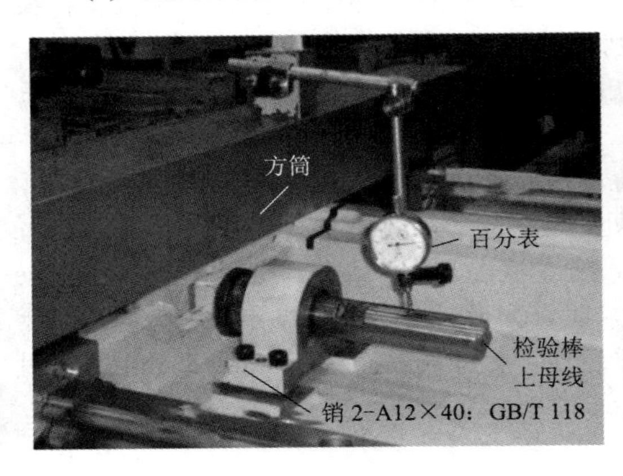

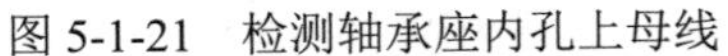
图 5-1-21　检测轴承座内孔上母线

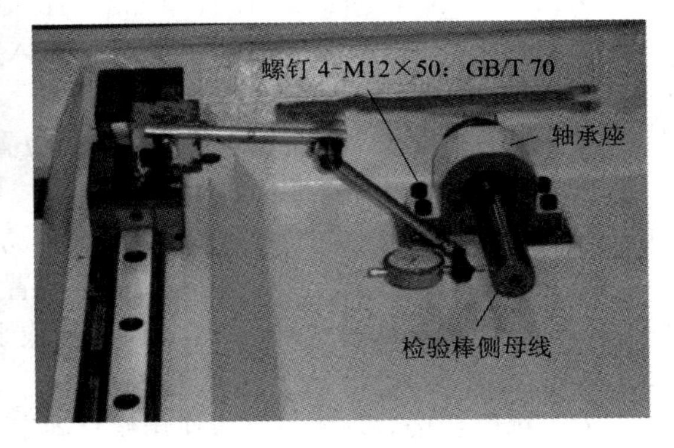

图 5-1-22　检测轴承座内孔侧母线

3. 十字滑台的装配与调整

1) 十字滑台的检查及清理

(1) 待十字滑台进入装配现场后，应先检查十字滑台的外观有无铸造及加工缺箱(裂纹、砂眼等)，各加工表面有无漏序，各加工孔有无深度不够或没有钻透等情况。

(2) 检查完好后，对十字滑台进行如下操作：

① 用锉刀去除各加工表面的明显毛刺。

② 用压缩空气将十字滑台安装表面、加工平面及其各螺钉孔吹干净，不许残留铁屑。

③ 用丝维铰螺钉孔。

2) 检测十字滑台 *X* 轴直线导轨安装基面的扭曲度

导轨安装基面的扭曲度的允许误差为 0.03 mm/1000 mm；任意 500 mm 范围内的扭曲度允许误差为 0.02 mm/1000 mm。

(1) 检测前的准备工作如下：

① 将 4 个调整垫在磨床上磨成等高。

② 用千斤顶调整，在床身直线导轨的滑块上安装 4 个调整垫。

③ 用起吊装置将十字滑台吊到床身直线导轨的滑块上，并用螺钉轻轻带上。

④ 用抹布蘸溶剂(丙酮、酒精等)把直线导轨的结合面污渍清理干净。

(2) 检测十字滑台 *X* 轴直线导轨安装基面的扭曲度，如图 5-1-23 所示。

3) 检测十字滑台 *X* 轴直线导轨安装基面的直线度

检测十字滑台 *X* 轴直线导轨安装基面的直线度，如图 5-1-24 所示。

导轨安装基面的直线度的允许误差为 0.01 mm/1000 mm；局部的直线度允许误差为 0.007 mm/300 mm。

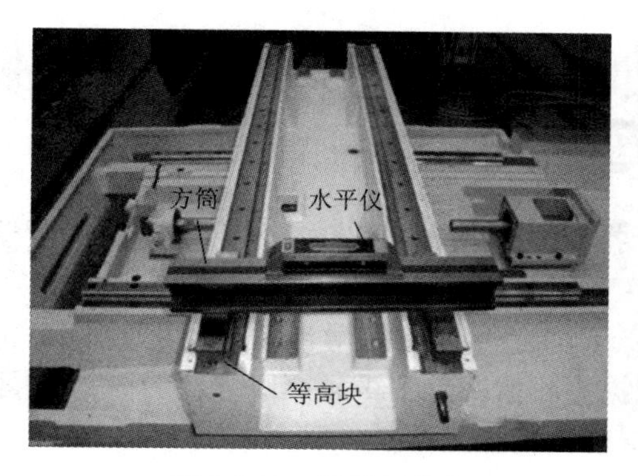

图 5-1-23　检测扭曲度

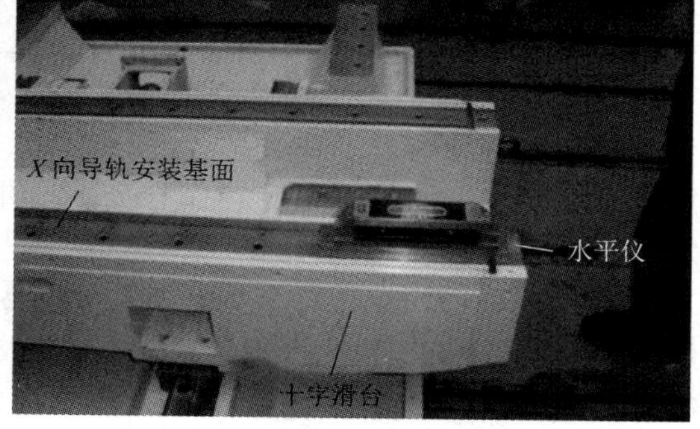

图 5-1-24　检测直线度

4) *X* 轴直线导轨的安装

在安装 *X* 轴直线导轨时，要求单根直线导轨水平面内的直线度允许误差为 0.012 mm/全长；局部直线度允许误差为 0.006 mm/300 mm，且要求单根直线导轨垂直面内的直线度允许误差为 0.012 mm/全长；局部直线度允许误差为 0.006 mm/300 mm。

5) 检测 *X* 轴两根直线导轨的平行度

要求 *X* 轴两根直线导轨的平行度允许误差为 0.01 mm。

4. *X* 轴驱动装置的装配与调整

X 轴驱动装置的装配与调整与 *Y* 轴驱动装置的装配与调整的方法类似。

1) 电动机座位置的确定

将检验棒安装在电动机座内，通过检测检验棒上母线、侧母线平行度，确定电动机座的位置。检测检验棒上母线平行度，允许误差为 0.01 mm/150 mm；检测检验棒侧母线平行度，允许误差为 0.01 mm/150 mm。在精度检测合格后，将电动机座用螺钉固定。

2) 轴承座位置的确定

将检验棒安装在轴承座内，通过检测检验棒上母线、侧母线的平行度及等距度，确定轴承座的位置。检测检验棒上母线平行度，允许误差为 0.01 mm/150 mm；检测检验棒侧母线平行度，允许误差为 0.01 mm/150 mm；检测轴承座与电动机座检验棒上母线等距度，允许误差为 0.01 mm；拖表检测电机座与轴承座检验棒侧母线的等距度，允许误差为 0.01 mm。在精度检测合格后，将电动机座用螺钉固定。

5. *Y* 轴和 *X* 轴轴线运动间的相互垂直调整

1) 工作台的检查及清理

(1) 待工作台进入装配现场后，应先检查工作台的外观有无铸造及加工缺陷(裂纹、砂眼等)，有无划痕等。

(2) 检查完好后，对工作台进行如下操作：

① 用锉刀去除毛坯面及各加工表面的明显毛刺，并倒角 C0.5。

② 用压缩空气将工作台安装表面、加工平面及各螺钉孔吹干净，不许残留铁屑。

2) *Y* 轴和 *X* 轴轴线运动间的垂直度检测

(1) 允许误差：0.01 mm/500 mm。

(2) 检测过程如下：

① 将工作台固定在 X 轴直线导轨的滑块上。固定表座，指针指在方尺处(注意：调整垫暂不装)。

② 将方尺放在工作台中央位置处。

③ 将一个百分表固定在十字滑台处，指针指在方尺侧面，移动工作台，将方尺两端校零。

④ 固定另一百分表表座，指针指在方尺另一侧面。移动十字滑台，检查 Y 轴和 X 轴轴线运动间的垂直度。当精度不满足要求时，依据实际情况修刮 Y 轴直线导轨的侧基准(即十字滑台 X 轴直线导轨面的侧基准或 Y 轴直线导轨面的侧基准)。

6. *Y* 轴丝杠螺母端面位置的确定

1) 十字滑台 Y 轴丝杠螺母端面的清理

(1) 将十字滑台 Y 轴丝杠螺母端面及周边毛刺用锉刀及油石去掉后，用压缩空气将各螺钉孔吹干净，铰各螺钉孔，用抹布蘸溶剂将检验棒擦干净。

(2) 将检验棒用定位螺钉固定在十字滑台 Y 轴丝杠螺母的端面上。

2) 十字滑台 Y 轴丝杠螺母端面检验棒平行度检测

(1) 允许误差：0.01 mm/150 mm。

(2) 操作过程如下：

① 十字滑台 Y 轴滑块侧面用压块及螺钉顶靠，保证 0.02 mm 塞尺不入。

② 在床身适当位置处固定百分表，将百分表指针指在检验棒的上(侧)母线处，推动十字滑台，拖表检测十字滑台 Y 轴螺母端面的平行度。当精度不合格时，应修刮十字滑台 Y 轴螺母端面。

3) 十字滑台 Y 轴螺母端面检验棒等距度检测

(1) 允许误差：0.02 mm。

(2) 操作过程如下：

以电动机座的检验棒为基准，拖表检测十字滑台 Y 轴螺母端面检验棒的等距度(上母线、侧母线)。当精度不合格时，应修磨调整垫。

7. *X* 轴螺母座位置的确定

(1) 首先检查螺母座有无质量问题，再将其倒角，去毛刺。

(2) 用压缩空气将各螺钉孔吹干，铰各螺钉孔，用抹布蘸溶剂将检验棒擦干净。

(3) 用油石将工作台接触面和螺母座接触面打磨平整。

(4) 在工作台上安装 X 轴螺母座，以销子定位。

(5) 在螺母座装检验棒。检验棒装入后，应松紧合适并用定位螺钉拧紧。

(6) 以滑块侧面基准面为基准，推靠方筒(让方筒紧靠滑块侧面基准面)，方筒上放置百分表。

(7) 拖表检测 X 轴螺母座的检验棒上母线的平行度(根部、前端)，允许误差为 0.01 mm/150 mm。当精度不合格时，应修刮 X 轴螺母座的端面。

(8) 拖表检测 X 轴螺母座的检验棒侧母线的平行度(根部、前端)，允许误差为 0.01 mm/150 mm。当精度不合格时，应以销子为基准，调整螺母座的螺钉位置。

8. 工作台的安装

1) 调整垫的修磨

(1) 将 4 个调整垫在磨床上磨成等高。

(2) 用千斤顶来辅助支承，在十字滑台直线导轨滑块上安装 4 个调整垫，并用螺钉固定。

(3) 固定百分表表座，将百分表指计指在工作台的上平面。

(4) 移动工作台及十字滑台，分别检测工作台对 *X* 轴、*Y* 轴的平行度，允许误差为 0.01 mm。当精度不合格但误差较小时，可重新拧紧螺钉；当误差较大时，应修磨工作台的 4 个调整垫。

2) 工作台基准 T 形槽与 *X* 轴轴线运动间的平行度检测

(1) 允许误差：0.015 mm/500 mm。

(2) 操作过程如下：

① 工作台基准 T 形槽与 *X* 轴的平行度检测：固定工作台，将百分表指针指在工作台基准 T 形槽处，将百分表夹持在 *Z* 轴上，将百分表测头置于工作台面上，然后将工作台从原点移至 *X* 轴负方向的最远点。其间，百分表示值的最大以及最小值的差值即为其精度值。当精度不合格时，应修刮工作台固定滑块处的侧基面。

② 将检验棒装到 *X* 轴螺母端面，并用定位螺钉固定，重新检查 *X* 轴螺母端面检验棒的平行度，允许误差为 0.01 mm/150 mm。当精度不合格时，应修刮 *X* 轴螺母端面。

9. 立柱及主轴箱的装配与调整

1) 立柱的检查及清理

检查立柱的外观有无铸造或加工缺陷(裂纹、砂眼等)，各加工表面有无漏序等现象。检查完好后，对立柱进行如下操作：

(1) 用锉刀去除毛坯面及各加工表面的明显毛刺。

(2) 用压缩空气将立柱安装表面、加工平面及螺钉孔吹干净，不许残留铁屑。

2) 立柱的水平安装

(1) 将立柱用 3 块垫铁垫实(不许虚垫)，在立柱滑动导轨上放置方筒，方筒中间位置处放置水平仪(方向与直线导轨垂直)，进行立柱导轨的扭曲度检测。

(2) 在立柱滑动导轨上放置水平仪，其方向与滑动导轨方向平行，进行直线导轨综合直线度检测。

(3) 立柱水平安装，水平度允许误差为 0.02 mm/1000 mm。

(4) 分段移动方筒与水平仪，复查直线导轨的综合直线度，其允许误差为 0.02 mm/全长；局部允许误差为 0.005 mm/300 mm。

(5) 分段移动方筒与水平仪，复查直线导轨的相互平行情况，即扭曲度，其允许误差为 0.03 mm/全长；在任意 500 mm 范围内，其局部允许误差为 0.02 mm/1000 mm。

3) 主轴箱端面的刮研

(1) 安装主轴前检查主轴和主轴箱端面的接触情况，要求 0.02 mm 塞尺不入。

(2) 当精度不合格时，应修刮主轴箱端面，最好用主轴进行配研。

4) 刮研主轴箱贴塑面

(1) 将主轴箱贴塑面进行清根，检查润滑油孔是否相通，然后排花，去除油线边缘加工凸起等。

(2) 在主轴箱的滑动导轨上放置等高块，然后放置方筒。

(3) 在方筒上用垫铁吸上百分表。

(4) 安装气缸座和增压气缸。

(5) 将检验棒插入主轴内。

(6) 刮研主轴箱滑动导轨的贴塑面：将百分表指针指在检验棒的上母线处，推拉主轴箱，拖表检测检验棒上母线的平行度，允许误差为 0.01 mm/150 mm，前端只许加不许减。当精度不合格时，应修刮主轴箱滑动导轨的贴塑面。

(7) 刮研主轴箱滑动导轨的侧贴塑面：将百分表指针指在检验棒的侧母线处，推拉主轴箱，拖表检测丝杠螺母端面的垂直度，允许误差为 0.01 mm/150 mm。当精度不合格时，应修刮主轴箱滑动导轨的侧贴塑面。

5) 复查主轴箱固定丝杠螺母端面的垂直情况

(1) 在主轴箱螺母端面装入检验棒并用定位螺钉拧紧。

(2) 将方筒推靠在主轴箱定位面上。

(3) 拖表检测检验棒的平行情况，允许误差为 0.01 mm/150 mm。当精度不合格时，应修刮主轴箱安装丝杠螺母的端面。

6) 电动机座位置的确定

(1) 将电动机座的各加工表面周边明显毛刺用锉刀及油石去掉后，用压缩空气将各螺钉孔吹干净，铰各螺钉孔，用抹布蘸溶剂将检验棒擦干净。

(2) 在电动机座装检验棒。检验棒装入后，应松紧合适(注意：不得借助外力将检验棒装入)。

(3) 利用检验棒上母线确定电动机座的位置。

在立柱滑动导轨上放置弯板，将百分表吸在弯板上，指针指在检验棒的上母线处，以螺母端面检验棒上母线为基准(主轴箱侧定位面此时应推靠且 0.02 mm 塞尺不入)，拖表检测电动机座检验棒上母线平行度，允许误差为 0.01 mm/150 mm。当精度不合格时，应修刮电动机座的底面或修刮主轴箱的贴塑面。

(4) 利用检验棒侧母线确定电动机座的位置。

将百分表吸在立柱滑动导轨的弯板上，指针指在检验棒的侧母线处，以螺母端面检验棒侧母线为基准(主轴箱侧定位面此时应推靠且 0.02 mm 塞尺不入)，拖表检测电动机座检验棒侧母线平行度，允许误差为 0.01 mm/150 mm。当精度不合格时，应调整固定螺钉的位置。

(5) 在精度合格后，将轴承座用螺钉固定。

7) 轴承座位置的确定

(1) 将轴承座的各加工表面周边明显毛刺用锉刀及油石去掉后，用压缩空气将各螺钉孔吹干净，铰各螺钉孔，用抹布蘸溶剂将检验棒擦干净。

(2) 在轴承座装检验棒。检验棒装入后，应松紧合适。

(3) 利用检验棒上母线确定轴承座的位置。

在立柱滑动导轨面上安放方筒，将百分表吸在方筒上，指针指在检验棒的上母线处，检测检验棒上母线平行度，允许误差为 0.01 mm/150 mm。当精度不合格时，应修刮轴承座的底面。

(4) 利用检验棒侧母线确定轴承座的位置。

将百分表吸在立柱滑动导轨的弯板上，指针指在检验棒的侧母线处，检测检验棒侧母线平行度，允许误差为 0.01 mm/150 mm。当精度不合格时，应调整螺钉的位置。

(5) 拖表检测电动机座及轴承座与检验棒侧母线的等距度，允许误差为 0.01 mm。当精度不合格时，应调整螺钉的位置。在精度合格后，将轴承座用螺钉固定。

(6) 调整垫的修磨。在立柱滑动导轨上安放方筒，将百分表吸在方筒上，指针指在检验棒的上母线处，检测轴承座及电动机座与检验棒上母线以及与主轴箱的 *Z* 轴螺母端面检验棒等距度，允许误差为 0.01 mm。当精度不合格时，应修磨调整垫。

8) 安装左、右压板

用压缩空气检测压板的油孔是否有堵塞现象，检查无误后用螺钉紧固压板，将压板上的加工孔用螺钉封闭。

9) 刮研镶条

待 *Z* 轴丝杠安装好后，再进行镶条的刮研。

(1) 将主轴箱放在立柱的滑动导轨面上。

(2) 安装左、右压板。

(3) 将镶条塞入立柱活动导轨与主轴箱的侧面及左、右压板面与主轴箱之间。

(4) 推拉主轴箱，刮研镶条(2 个)。

(5) 镶条刮研好后，划截长线，转加工截长。

(6) 将加工好的镶条装入主轴箱与立柱及压板之间，并用螺钉固定。

10) 刮研床身与立柱的结合面

(1) 检查机床底座部分与立柱部分外部质量，如是否需要倒角、清砂、去除毛刺等，表面是否有锈蚀，是否有砂眼，有无划痕等。

(2) 把立柱底座清理干净，装在与之相配的底面上并检查立柱与底座有无错位，并用螺钉固定。

(3) 将配重用起吊装置装入立柱内，安装支架、滚轮、链条部分，使其与主轴箱相连接。

(4) 分别移动工作台、十字滑台、主轴，检查如下精度：

Z 轴和 *X* 轴轴线运动间的垂直度，允许误差为 0.020 mm/500 mm。

Z 轴和 *Y* 轴轴线运动间的垂直度，允许误差为 0.020 mm/500 mm。

当精度不合格时，应修刮床身与立柱的结合面。

(5) 立柱与床身固定后，用 0.04 mm 塞尺检验时均不得插入。允许局部(1～2 处) 插入，但深度、宽度上不超过 5 mm，长度上不超过结合面的 1/5。

(6) 在精度合格后，收拾床体卫生，重新检查机床各个部位，把机床的工作台面、导轨面涂上防锈油，转入装配区。

10. *Y* 轴驱动装置的安装

1) 安装前准备工作

(1) 领取本组各零件，检查各零件并进行倒角和去毛刺的处理。

(2) 测量电动机座轴承孔深度。

因为深度测量胎的高度是已知的，先把测量胎放入电动机座中并用深度尺在电动机的外侧端面设定零点，然后测出电动机座外侧端面到深度测量胎的外端面之间的距离，记录数值 1，再用已知的深度测量胎的高度减去数值 1 得出数值 2，即电动机座轴承孔的深度为

电动机座轴承孔深度 = 深度测量胎高度 − 电动机座外侧端面到深度测量胎的外端面之间的距离

(3) 测量轴承的厚度值。

组合角接触球轴承是由 3 个角接触轴承组合在一起的，其组合顺序与负荷方向很重要，在轴承外径面上有一个组合记号“V”，应确认后组装。每个轴承必须根据这个记号，按照顺序正确地排列组装，叠加轴承并用深度尺测出 3 个轴承的厚度值。

(4) 计算压盖修磨后值。

压盖修磨后值 = 电动机座轴承孔深度的测量值 − 轴承的厚度测量值+ 0.05 mm。

其中，压盖修磨后值是指压盖与电动机座接触面至压盖与轴承接触面的距离，可转加工磨床修磨来保证此值。

2) 安装 *Y* 轴丝杠

(1) 将轴承按照测量时候的摆放顺序装入电动机座中，用锤子和轴承胎将其砸入，然后用力矩扳手拧紧锁紧螺母。

(2) 将轴承装入轴承座中，用锤子和轴承胎砸入，然后放入隔套，并用力矩扳手拧紧锁紧螺母。

(3) 用百分表对丝杠进行圆跳动的检查。首先将百分表表座固定在电动机座侧，使表针垂直接触丝杠端头部分的上母线，压表距离约 1 mm，然后旋转丝杠找出最高点和最低点，百分表大数值是最高点，相反则是最低点。例如，最高点和最低点之间的差是 0.10 mm，待表针停在最大值时，用锤子和套管将其砸下 0.05 mm。按此方法重复操作，直到最大值和最小值之差不超过 0.01 mm 为止。

最后分别将电动机座螺钉和轴承座螺钉锁死。

(4) 将已磨好的压盖扣在电动机座上，用螺钉按照对角线将其固定。

(5) 安装缓冲块，同时安装油管接头。

(6) 安装丝杠的螺母壳，拧紧螺钉，来回推动工作台进行调整，直至整体能平滑运动为止。

11. *X* 轴驱动装置的安装

X 轴驱动装置的安装与 *Y* 轴驱动装置的安装步骤类似，请参照上述 *Y* 轴驱动装置的安装步骤装配。

12. *Z* 轴驱动装置的安装

Z 轴驱动装置的安装与 *Y* 轴驱动装置的安装步骤类似，请参照上述 *Y* 轴驱动装置的安装步骤装配。

13. 润滑部分的安装

数控加工中心的床身、十字滑台、工作台、立柱、主轴箱等五大件构成的 3 个坐标系

(X 轴、Y 轴、Z 轴)，均需要润滑。

首先检查加工中心的五大件需要润滑的各点处的孔是否相通，有无杂物在其中；可用风源吹风，处理干净；依次安装 Z 轴分配器，X、Y 轴分配器及各分支润滑回路。

14. 气动部分的装配

气动部分主要包含气动三联件、电磁阀、气动管路等气动元件，如图 5-1-25 所示。

15. 伺服电动机的装配

进给轴电动机通过弹性联轴器与丝杠相连，主轴电动机通过带传动与主轴相连。

16. 主轴平衡装置的安装

目前，机床主轴平衡机构主要采取主轴升降平衡块和氮气缸平衡机构。

17. 气缸的安装

主轴打刀缸安装在主轴箱上面的气缸座上。

18. 冷却箱的装配

冷却箱即水箱，多为外设成套件，安装在机床底部即可，如图 5-1-26 所示。

图 5-1-25　气动部分的装配

图 5-1-26　冷却箱的装配

19. 刀库的安装与调试

1) 安装前准备工作

(1) 检查刀库支架：检查刀库支架加工尺寸是否合格，外观是否合格，漆面是否匀称，棱角处是否倒角，加工面是否有锈蚀现象。

(2) 调整刀库所需的零件：刀库所需零件都是法兰件，主要注意单件产品加工尺寸是否合格、法兰盘是否匀称。

(3) 检查刀库外观漆面是否光滑、有无划伤，刀夹是否松动，刀库防护罩接合处是否整齐。

2) 刀库的安装、调试及相关技术要求

(1) 刀库的安装。

① 将刀库支架用螺钉固定到立柱上。

要求：螺钉上要加平垫，刀库支架的加工面与立柱的加工面连接处应紧密接触，不能有缝隙。

② 将刀库支架与刀库连接。

要求：刀库支架与刀库的连接面应紧密接触，不能有缝隙。

③ 将刀库支架与上一步已经连接好的刀库组合体连接到一起。

要求：刀库支架与刀库组合体连接面应紧密接触，不能有缝隙。

④ 将各零件用螺钉紧固到立柱上。

要求：连接处不允许有松动。

(2) 刀库的调试。

① 首先将风源连接到气动板上的二联件上，其次将刀库防护罩拆下，用两根风管经气动板上的电磁阀连接到刀库气缸上的快插接头上。

② 将刀库阻尼上的螺母松开，并将阻尼退出。

③ 将 Z 轴回零。

④ 将主轴定位键拆下，把刀柄对刀环的锥安装到上轴上(在主轴箱上有打刀气缸，气缸上的电磁阀有个按钮，按下后将锥由下向上放入上轴内，然后松开按钮)，如图 5-1-27 所示。

⑤ 将气动板上的电磁阀按一下，使刀库向前，然后将对刀环的环放入刀库刀夹内，将 Z 轴用手摇脉冲发生器摇下，使对刀环的锥体与对刀环的环之间有 3～5 mm 的缝隙，如图 5-1-28 所示。

图 5-1-27 锥柄安装

图 5-1-28 对刀环安装

⑥ 观察对刀环的锥体与环是否同轴，将刀库支架上的 6 个螺钉松开，通过调整支架上的螺钉及气缸上的螺母使其同轴。

要求：对刀环的棒能顺利流畅地插入对刀环锥体与环中。

⑦ 同轴调好后，将支架上的 6 个螺钉锁紧，然后将对刀环的锥与环之间的缝隙，通过手摇脉冲发生器调整到 0.50～0.70 mm，将 Z 轴的机床坐标输入参数中(Z 轴第二参考点)。

⑧ 调整数控系统参数 4077 里的数值，将主轴定向调好。

⑨ 将刀库向后，把锥体与环取出，将气缸阻尼调好、螺母锁紧、刀库防护罩装好。

⑩ 取一把标准的刀柄，将刀柄装在主轴内。把百分表表座吸到主轴上，将百分表的表头垂直顶到刀柄的下端面，用手扶住刀柄，通过调整气缸上的打刀螺钉与主轴内的打刀

螺钉来调节打刀量。

要求：打刀量用百分表测量，应为0.20～0.30 mm。

(3) 刀库试车。

首先在编辑方式下，输入一个新的程序号，如0009，然后编辑刀库试车的程序。

例如：

```
G91 G30 Z0;
M06 T5;
G04 X3.;
M06 T10;
G04 X3.;
M06 T15;
G04 X3.;
M06 T20;
G04 X3.;
M99;
```

然后将刀柄放入程序中的相应刀夹内，把新编的程序调出。将方式选择开关选到自动方式，按循环启动按钮，刀库就顺利地运转起来了。

最后观察刀库试车情况，经过自检和交检后，如果没有问题，就可以交到下一道工序。

20. 总装防护安装

1) 底盘安装

上防护之前检查光机，看表面是否平整，将底座擦拭干净，用透明玻璃胶均匀涂抹表面。将右下底盘与右防护罩用螺钉连接在一起。其中，玻璃胶要涂得恰到好处，既防漏水又不浪费。最后用水平尺检查底盘安装的水平度，同时看底盘是否安装了大流量冲屑装置，查技术图样看防护是否要求安装无心轴、无心轴电动机以及排屑喇叭筒等。

在安装无心轴时要保证在无心轴电动机转动排屑时，不能有阻碍其转动的情况，应保证无噪声，排屑流畅。

2) 大防护安装

在底盘安装好后，在光机立柱处涂抹透明玻璃胶，先安装左片和右片，安装好后用风钻或电钻铰螺纹；下一步安装左、右拐角并把螺钉带齐；然后是将左前脸、右前脸和侧脸用螺钉连接好；把右上盖和右上套安装好。

在整个安装过程中，在保证质量的同时，还要注意机床的美观，即满足无倾斜、无划伤、无色差等要求，重点强调的是色差问题，因为色差是影响机床美观的基本问题。同时，螺钉固定也要求符合螺钉的水平和垂直位置度要求，螺钉不能倾斜，不能拧得太紧。

进行大防护安装后，基本不影响机床的送电、调试等一系列工作。后片、右上盖盖板、侧边装工作盒、白钢板、中置构件、压槽的安装工作应依次进行。

3) 门窗安装

门是整体防护的重点之一，在安装过程中必须保证滑动流畅，左、右缝隙相同，上、下等高。装配过程中需注意有无划伤和色差现象。其中，在用电钻和风钻加工的过程中，要求横平竖直、美观大方。装上门轨和下门轨后，应检查门轨表面的滑动性，先把上门门链拧紧，门轮中为过渡配合，要保证门轮有很好的滑动性，在下门与下门轨安装时，要检查门轮与门轨的接触在同一处，通过调整下门轮位置，确保门的缝隙符合要求。

窗的安装要求：窗锁的滑动性好，窗表面无划伤，钥匙带上即可。

4) 后片安装

在安装后片时，要求后防护整齐。

5) 自检和交检

整套防护安装完毕后，自检有无螺钉布置不整齐现象，有无少钉现象，有无划伤、色差和少件现象，门的滑动性是否良好等，确保整齐美观，符合要求后交检。

任务实施

数控加工中心整机装配(仿真)

数控加工中心整机装配(仿真)的具体实施步骤如下：

(1) 运行上海宇龙公司数控机床结构原理仿真软件。

开启计算机后，启动数控机床结构原理仿真软件，依次选取“数控加工中心”→“总装”，进入机床结构仿真界面，如图 5-1-29、图 5-1-30 所示。

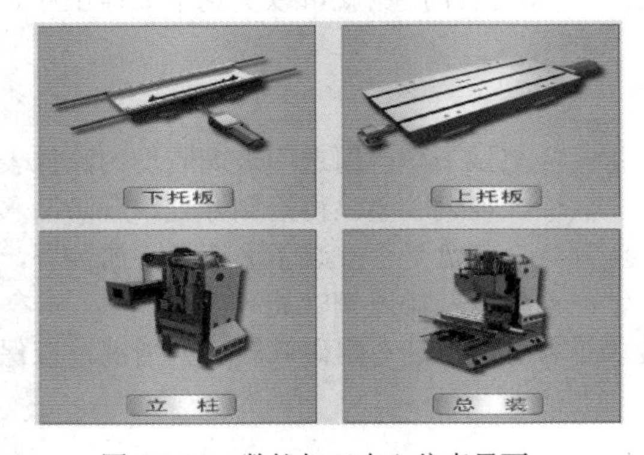

图 5-1-29　数控加工中心仿真界面

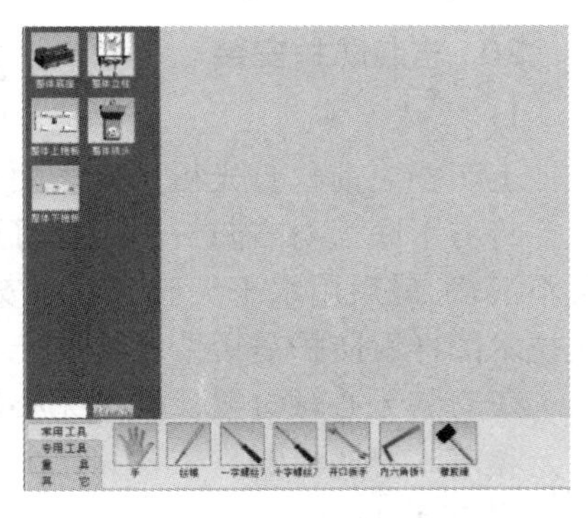

图 5-1-30　数控加工中心整机装配界面

(2) 依次安装底座、下托板、上托板(工作台)、立柱、铣头等部件，如图 5-1-31～图 5-1-35 所示。

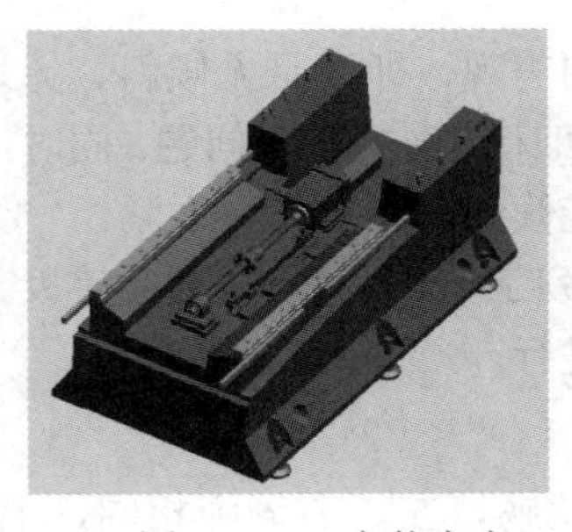

图 5-1-31　安装底座

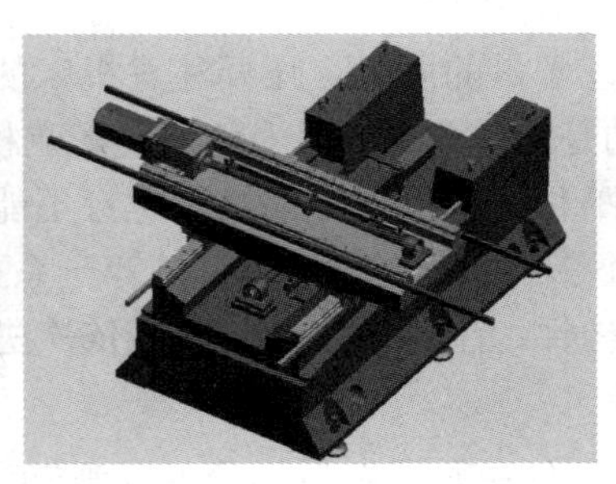

图 5-1-32　安装下托板

图 5-1-33　安装上托板

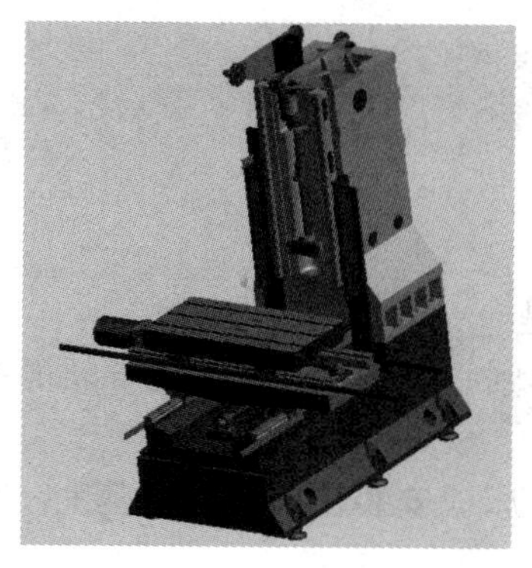

图 5-1-34　安装立柱

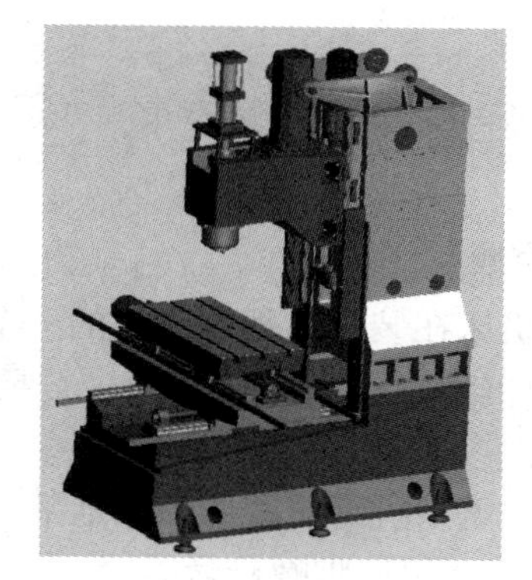

图 5-1-35　安装铣头

任务评价

数控加工中心整机装调评分标准如表 5-1-2 所示。

表 5-1-2　数控加工中心整机装调评分标准

班级：			姓名：		学号：	
任务 5.1　数控加工中心整机装调					实物图：	
序号	检测内容		配分	检测标准	评价结果	得分
1	数控加工中心整机装调	底座调平	10	安装顺序正确，各零件没有损坏		
2		*Y* 轴驱动装置安装	10	安装顺序正确，各零件没有损坏		
3		床鞍安装	10	安装顺序正确，各零件没有损坏		
4		*X* 轴驱动装置安装	10	安装顺序正确，各零件没有损坏		
5		工作台安装	10	安装顺序正确，各零件没有损坏		
6		立柱安装	10	安装顺序正确，各零件没有损坏		
7		*Z* 轴驱动装置安装	15	安装顺序正确，各零件没有损坏		
8		主轴铣头安装	15	安装顺序正确，各零件没有损坏		
9	7S 管理	装配调试规范	10	工具、量具清理后摆放整齐，保养得当		
综合得分			100			

思考与练习

一、填空题

1. 数控机床在装配过程中遵循的一个原则是 ____________。

2. 在滚珠丝杆螺母副的装配中，需要测量其轴心线对工作台滑动导轨面在垂直方向和水平方向上的____________。

3. 大型、重型机床需要专门做地基，精密机床应安装在单独的地基上，在地基周围设置_________，并用地脚螺栓紧固。

4. 地基质量的好坏，将关系到机床的________、运动平稳性、机床变形、________ 以及机床的使用寿命。

5. 机床找平工作应避免为适应调整水平的需要，引起机床的变形，从而引起导轨精度和导轨相配件的配合和连接的变化，使机床__________和__________受到破坏。

6. 数控机床的安装位置应远离__________、_________等干扰源及机械振源。

7. 数控机床主机装好后即可连接_________、_________和_________。

8. 常用的调整垫铁的类型有斜垫铁、___________、带通孔斜垫铁、____________。

9. 要用浸有清洗剂的_________或_________清理数控机床各连接面。

10. 数控机床与外界电源相连接时，应重点检查输入电源的________和________，电网输入的相序可用_________检查，也可用_________检查。

二、简答题

1. 简述数控车床整机安装过程。

2. 简述数控加工中心整机安装过程。

任务 5.2　数控机床精度检测

学习目标

(1) 熟悉数控机床精度的检测项目；

(2) 掌握数控机床精度的检测方法；

(3) 具有根据出厂合格证进行数控机床验收工作的能力；

(4) 掌握正确使用工量具的方法，并逐渐养成良好的工作习惯，提升职业素养。

任务引入

在用数控机床进行精密零件加工前，要事先知道它能否生产出好的零件是很重要的，这可以减少废品数量和机器停工时间，如图 5-2-1 所示为 CKA6150 数控车床。一台数控机床的全部验收工作是很复杂的，对试验检测手段的技术要求也很高。它需要使用各种高精度仪器，对机床的机、电、液、气等各部分及整机进行综合性能及单项性能的检测，最后得出对机床的综合评价，如图 5-2-2 所示。这项工作一般由机床厂家完成。

对于一般的数控机床用户，其验收工作主要是根据机床出厂验收合格证上规定的验收条件及实际能提供的检测手段来部分或全部地测定机床合格证上各项技术指标。如果各项数据符合要求，用户应将这些数据列入该设备进厂的原始技术档案中，作为日后维修时的技术指标依据。

图 5-2-1　CKA6150 数控车床

图 5-2-2　CKA6150 数控车床精度检测

任务分析

数控机床的几何精度检查项目大部分与普通机床相同，只是增加了一些自动化装置自身及其与机床连接的精度项目。机床几何精度会复映到零件上，主要的共性几何指标包括：

(1) 部件自身精度：床身水平、工作台面平面度、主轴(径向、轴向)跳动、进给坐标轴导轨直线度。

(2) 部件间相互位置精度：进给坐标轴进给方向垂直度、主轴旋转中心线与进给坐标轴的相互关系(平行或垂直)、主轴旋转轴线与工作面的相互关系。

相关知识

一、数控机床精度的检测指标

数控机床的精度包括几何精度、传动精度、定位精度、重复定位精度以及工件加工精度等，不同类型的机床对这些方面的要求是不一样的。

工件加工精度是衡量机床性能的一项重要指标。影响机床加工精度的因素很多，有机床本身的精度因素，还有因机床及工艺系统变形、加工中产生振动、机床的磨损以及刀具磨损等因素。在上述各因素中，机床本身的精度是一个重要的因素。

1. 保证工件加工精度的基本条件

(1) 几何精度：指机床在不运动(如主轴不转、工作台不移动等)或运动速度较低时的精度。它决定加工精度的各主要零部件间以及这些部件的运动轨迹之间的相对位置允差，反映机床主要零部件的线和面形状误差、位置或位移误差。

(2) 定位精度：指机床各坐标轴在数控装置控制下达到的运动位置精度。

定位精度取决于数控系统和机械传动误差的大小，根据实测的定位精度数值，可判断该机床加工零件所能达到的精度。

(3) 切削精度：也称工作精度，是机床的一种动态精度。切削精度的检测是在切削加工条件下对机床几何精度和定位精度的一项综合考核。切削精度的检测分为单项切削精度的检测和加工一个标准的综合性试件切削精度的检测两类。

2. 数控机床精度验收

1) 数控机床几何精度的验收

数控机床的几何精度综合反映了机床的各关键零部件及组装后的几何形状误差。机床几何精度的检测必须在机床精调后一次完成，不允许调整一项检测一项，因为在几何精度中有些项目是相互联系、相互影响的。

数控机床几何精度检测的主要内容包括：直线运动的直线度、平行度、垂直度；回转运动的轴向窜动及径向跳动；主轴与工作台的位置精度。

数控机床几何精度检测主要用到的工具包括精密水平仪、精密方箱、直角尺、平尺、百分表、千分表、高精度检验棒等。

2) 数控机床定位精度的验收

数控机床定位精度检测的主要内容包括直线运动的定位精度及重复定位精度、回转运动的定位精度及重复定位精度、直线运动反向误差(失动量)、回转运动反向误差(失动量) 和原点复归精度。

数控机床定位精度检测主要用到的工具包括金属纹线尺、测量显微镜和激光干涉仪等。实际机床定位精度检测常采用双频激光干涉仪。用户也可以用步距规完成简单的定位精度检测，如图 5-2-3、图 5-2-4 所示。

图 5-2-3　用激光干涉仪检测机床定位精度

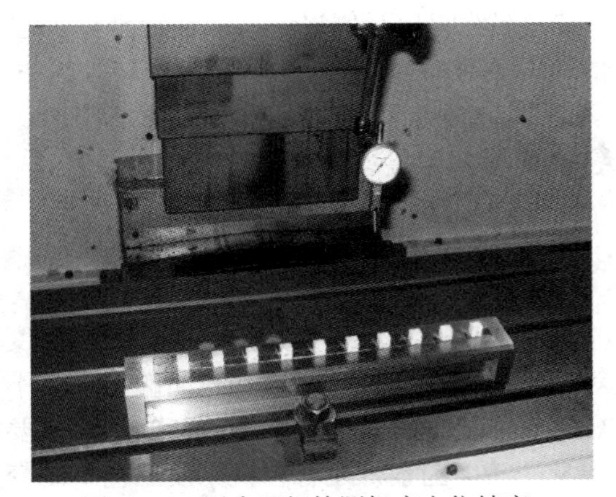

图 5-2-4　用步距规检测机床定位精度

3) 数控机床切削精度的验收

对数控车床而言，单项切削精度涉及外圆车削、端面车削和螺纹车削；综合试件涉及典型的轴类和盘类两种工件的加工。对数控铣床和加工中心而言，单项切削精度涉及孔加工精度、平面加工精度、直线加工精度、斜线加工精度、圆弧加工精度等；综合试件切削精度涉及多种几何体，一般试件的第一层是一个正方形，第二层是一个圆，第三层是在一个正方形的 4 个角钻 4 个孔，第四层是小角度和小斜率面。

数控机床切削精度检测主要用到的工具为数控三坐标测量仪。

二、数控车床几何精度的检测

为了控制数控车床的制造质量，保证工件达到所需的加工精度和表面粗糙度，国家对各类数控车床制定了精度标准，标准中规定了检验的项目、检验方法和允许的误差。

1. 床身导轨的直线度和平行度

(1) 检验工具：精密水平仪(0.02 mm/1000 mm)、专用的支架和专用桥板，如图 5-2-5 所示。

(2) 检测方法：床身导轨在垂直平面内的直线度检测方法如图 5-2-6 中的 a 所示。将水平仪纵向放置在桥板(或溜板)上，等距离移动桥板(或溜板)，每次移动距离小于或等于 500 mm。在导轨的两端和中间至少 3 个位置上进行检验，误差以水平仪读数的最大代数差值计。

床身导轨的平行度检测方法如图 5-2-6 中的 b 所示。将水平仪横向放置在桥板(或溜板)上，等距离移动桥板或溜板进行检验，误差以水平仪读数的最大代数差值计。

图 5-2-5　检验工具

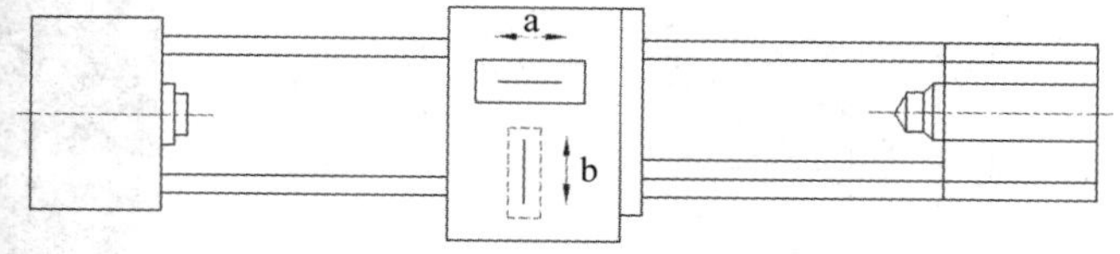

图 5-2-6　水平导轨的直线度和平行度误差的测量

(3) 允许的误差：斜导轨床身 1000 mm 内不超过 0.03 mm；水平导轨床身 1000 mm 内不超过 0.04 mm。

2. 主轴端部的跳动

(1) 检验工具：检验棒和千分表。

(2) 检测方法：主轴端部的跳动包括主轴的轴向窜动和主轴轴间支承面的径向跳动。如图 5-2-7 所示，主轴的轴向窜动测量是将千分表的测头触及固定在主轴端部的检验棒中心孔内的钢球上，如图 5-2-8 所示(对应图 5-2-7 中的 a 处)；主轴轴肩支承面的轴向跳动测量是将千分表的测头触及主轴轴肩靠近边缘处，旋转

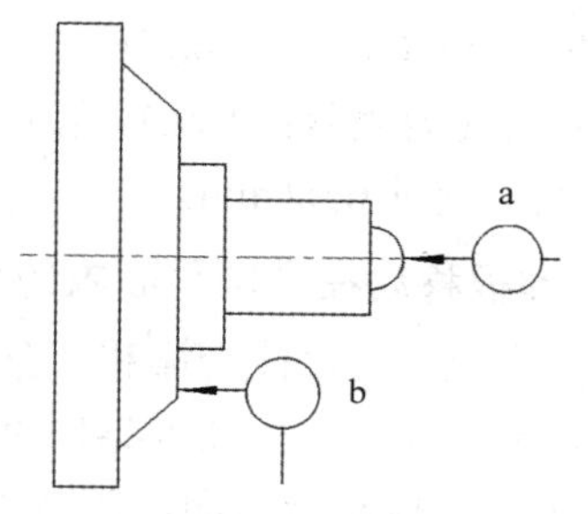

图 5-2-7　主轴端部的跳动误差测量示意图

主轴检验，如图 5-2-9 所示(对应图 5-2-7 中的 b 处)。

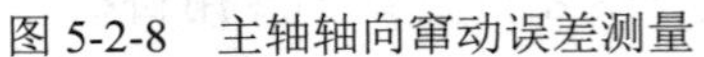

图 5-2-8　主轴轴向窜动误差测量　　　图 5-2-9　主轴轴肩支承面轴向跳动误差测量

(3) 允许的误差：测量长度在 500 mm 内时，不超过 0.015 mm；测量长度在 1000 mm 内时，不超过 0.02 mm。

3. 主轴锥孔轴线的径向跳动

(1) 检验工具：检验棒和千分表。

(2) 检测方法：将检验棒插入主轴的锥孔内，千分表固定在溜板上，使其测头触及检验棒表面，旋转主轴进行检验。检测主轴锥孔轴线近端跳动误差，如图 5-2-10 中的 a 所示；检测主轴锥孔轴线远端(L = 300 mm)跳动误差，如图 5-2-10 中的 b 所示。将检验棒分别转 90°、180°、270°，重复上述检测，误差以 4 次测量结果的平均值计，如图 5-2-11 所示。

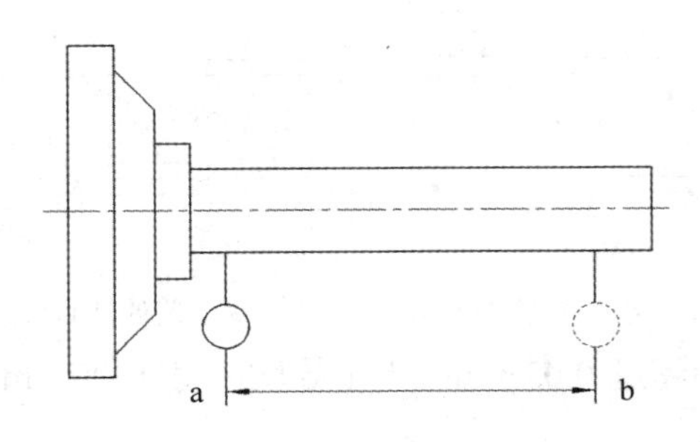

图 5-2-10　主轴锥孔轴线的径向跳动误差的测量

图 5-2-11　实物图

(3) 允许的误差：主轴锥孔轴线近端径向跳动误差不超过 0.01 mm；主轴锥孔远端径向跳动误差不超过 0.02 mm。

4. 溜板移动在主轴平面内的直线度(适用于有尾座的机床)

(1) 检验工具：检验棒和千分表。

(2) 检测方法：如图 5-2-12 所示，将检验棒支承在两顶尖间，千分表固定在溜板上，使其测头触及检验棒表面，等距离移动溜板进行检验。每次移动距离小于或等于 250 mm，将指示器的读数依次排列，画出误差曲线，并将检验棒转 180° 重复上述检验。误差以曲线相对两端点连线的最大坐标值计，如图 5-2-13 所示。

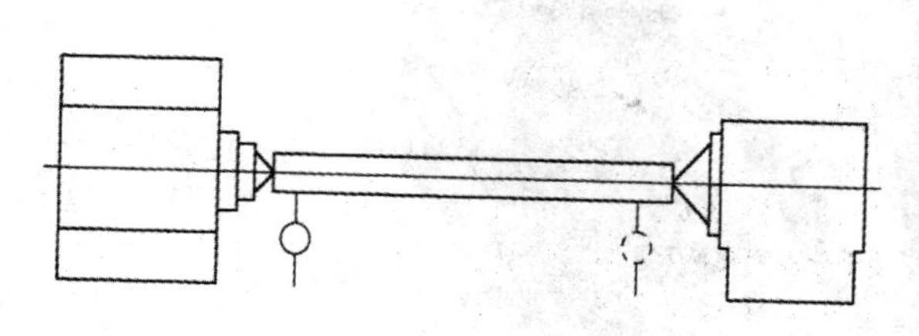

图 5-2-12　溜板移动在主轴平面内的直线度误差的测量

图 5-2-13　实物图

(3) 允许的误差：测量长度在 500 mm 内时，不超过 0.015 mm；测量长度在 1000 mm 内时，不超过 0.02 mm。

5. 刀架 X 轴方向移动对主轴轴线的垂直度

(1) 检验工具：平盘和千分表。

(2) 检测方法：如图 5-2-14 所示，将平盘安装在主轴锥孔内，并调整到与主轴轴线垂直。将千分表安装在刀架或溜板上，使千分表测头触及平盘被测表面，沿 X 轴方向移动刀架，记录千分表的最大读数；将平盘旋转 180° 后重新测量一次，取两次读数的算数平均值作为刀架 X 轴方向移动对主轴轴线的垂直度误差，如图 5-2-15 所示。

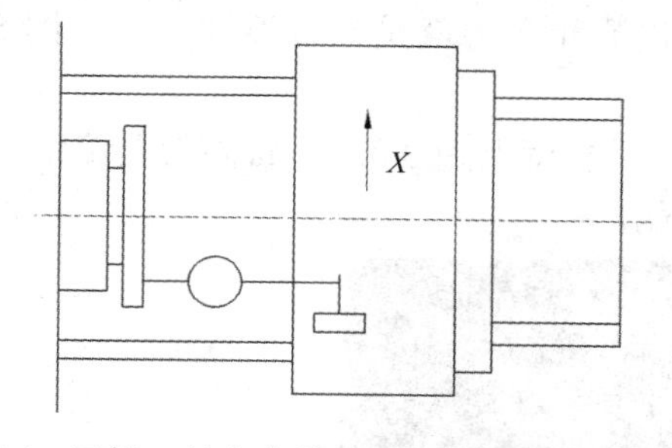

图 5-2-14　刀架 X 轴方向移动对主轴轴线的垂直度误差测量

图 5-2-15　实物图

(3) 允许的误差：在 500 mm 测量长度上，误差值不超过 0.015 mm。

6. 刀架 Z 轴方向移动与主轴轴线的平行度

(1) 检验工具：检验棒和千分表。

(2) 检测方法：如图 5-2-16 所示，将检验棒插入主轴的锥孔内，千分表固定在刀架或溜板上，使其测头触及检验棒表面，移动 Z 轴进行检验。用百分表分别在图 5-2-16 中 a、b 所示测量方向测量，主轴旋转 180° 后重新测量一次，取两次读数的算数平均值作为刀架 Z 轴方向移动与主轴轴线的平行度误差，测量实物图如图 5-2-17 所示。

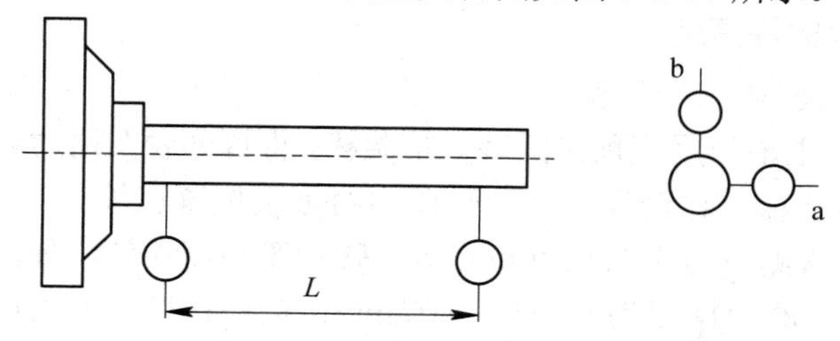

图 5-2-16　刀架 Z 轴方向移动与主轴轴线的平行度误差测量

图 5-2-17　测量实物图

(3) 允许的误差：测量长度在 300 mm 内时，不超过 0.015 mm。

7. 尾座套筒锥孔轴线对溜板移动的平行度

(1) 检验工具：检验棒和千分表。

(2) 检测方法：在尾座套筒锥孔中插入检验棒，将百分表及磁力表座固定在床鞍上，使百分表测头触及检验棒的表面，移动溜板检验。拔出检验棒，旋转 180°，重新插入尾座锥孔中，重复检验一次，两次测量结果的代数和之半就是平行度误差，如图 5-2-18 所示。

(3) 允许的误差：在水平面内，每 300 mm 测量长度上为 0.027 mm(向刀具偏)；在垂直面内，每 300 mm 测量长度上为 0.027 mm(向上偏)。

图 5-2-18　尾座套筒锥孔轴线对溜板移动的平行度误差测量

8. 床头架与尾座的等高度

(1) 检验工具：检验棒和千分表。

(2) 检测方法：在主轴与尾座顶尖间装入检验棒，将百分表及磁力表座固定在床鞍上，使百分表测头触及检验棒，移动溜板在检验棒的两极限位置上检验。将检验棒旋转 180° 再同样检验一次，两次测量结果的代数和之半，就是等高度误差，如图 5-2-19 所示。

(3) 允许的误差：冷检精度为 0.055～0.07 mm；热检精度为 0.006～0.038 mm(只许尾座高)。

图 5-2-19　床头架与尾座的等高度误差测量

三、数控加工中心几何精度的检测

用精密的水平仪将机床调平后，就可以对机床的几何精度进行检测了。数控铣床和加工中心的几何精度检测项目主要包括工作台面的平面度、直线轴移动的直线度、直线轴运动之间的垂直度、主轴旋转的轴向窜动和径向跳动等。

1. 工作台面的平面度

(1) 检验工具：精密的水平仪。

(2) 检测方法：将工作台面置于行程的中间位置，如图 5-2-20 所示，在工作台面上选择由 *O*、*A*、*C* 三点所组成的平面作为基准面，并使两条直线 *OA* 和 *OC* 相互垂直且分别平行于工作台的轮廓边。将水平仪放在工作台面上，采用两点连线法，分别沿 *OX* 和 *OY* 方向移动，依次测量台面轮廓 *OA* 和 *OC* 上的各点；然后使水平仪沿 *OY* 方向移动一个距离(d_1)，分别测量 *OX* 方向各点(每两点间距为 d_2)，测量整个工作台面轮廓上的各点，通过作图或计算，求出各测量点相对基准平面的偏差，其最大与最小偏差的代数差就是平面度误差。

(3) 允许的误差：在 300 mm 测量长度上，误差值不超过 0.016 mm。

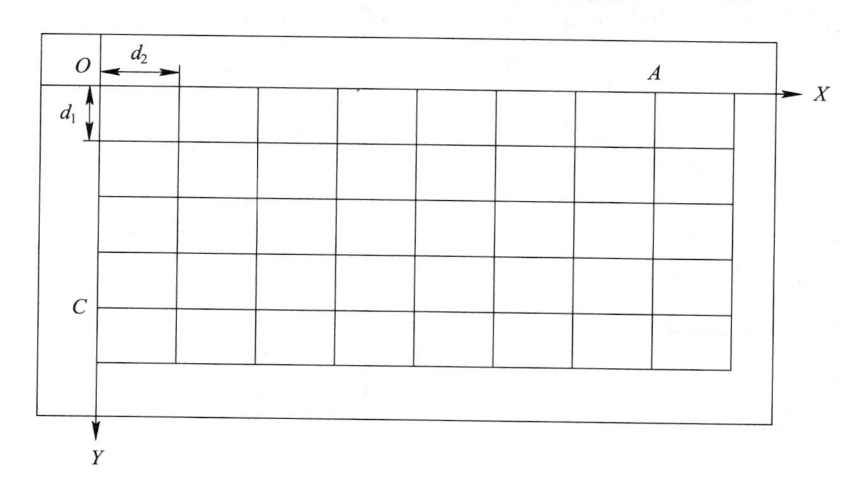

图 5-2-20　工作台面的平面度误差测量

2. X 轴轴线运动的直线度

(1) 检验工具：平尺和千分表。

(2) 检测方法：将工作台置于行程的中间位置，平尺放在工作台面上。固定千分表，使其测头触及平尺的检验面。调整平尺，使千分表读数在测量长度的两端相等。按测量长度，移动 X 轴进行检测，在 X－Y 和 Z－X 两个平面内分别进行上述检测，如图 5-2-21 所示。

(3) 允许的误差：在 300 mm 测量长度上，误差值不超过 0.015 mm。

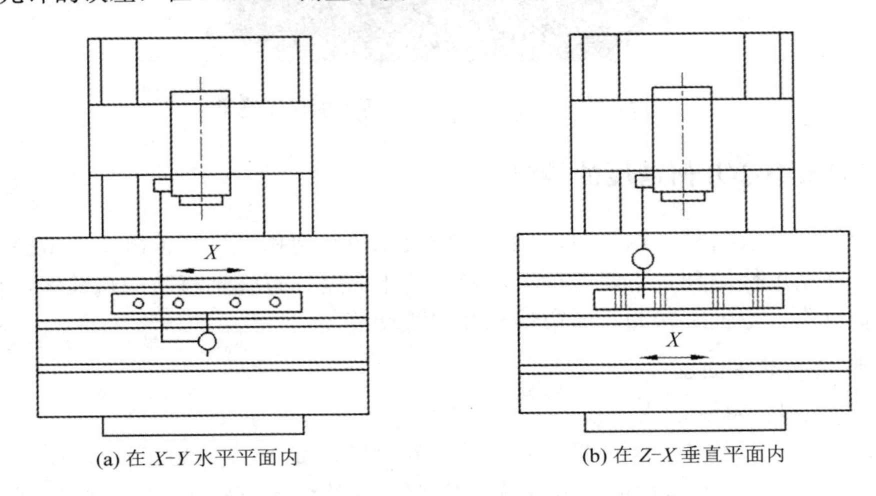

(a) 在 X–Y 水平平面内　　(b) 在 Z–X 垂直平面内

图 5-2-21　X 轴轴线运动的直线度误差测量

3. Y 轴轴线运动的直线度

(1) 检验工具：平尺和千分表。

(2) 检测方法：将工作台置于行程的中间位置，平尺放在工作台面上。固定千分表，使其测头触及平尺的检验面。调整平尺，使千分表读数在测量长度的两端相等。按测量长度，移动 Y 轴进行检测，在 Y－Z 和 X－Y 两个平面内分别进行上述检测，如图 5-2-22 所示。

(3) 允许的误差：在 300 mm 测量长度上，不超过 0.015 mm。

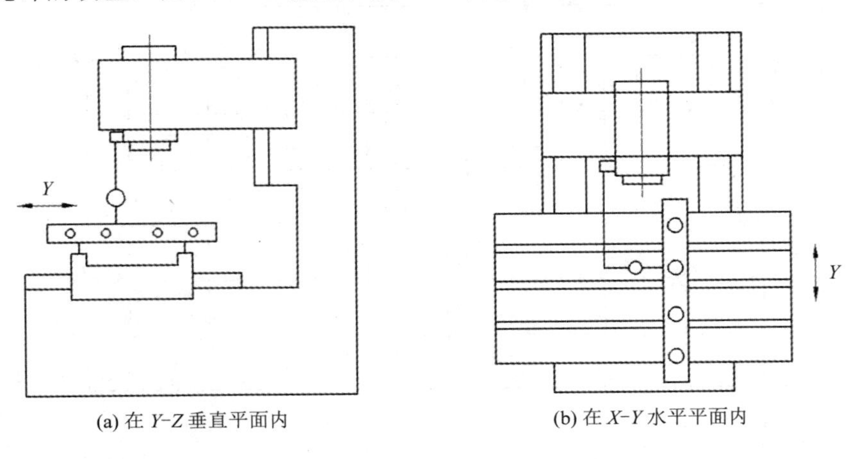

(a) 在 Y–Z 垂直平面内　　(b) 在 X–Y 水平平面内

图 5-2-22　Y 轴轴线运动的直线度误差测量

4. Z 轴轴线运动的直线度

(1) 检验工具：角尺和千分表。

(2) 检测方法：将工作台置于行程的中间位置，角尺放在工作台面上。固定千分表，使其测头触及角尺的检验面。调整角尺，使千分表读数在测量长度的两端相等。按测量长度，移动 Z 轴进行检测，在 $Z-X$ 和 $Z-Y$ 两个平面内分别进行上述检测，如图 5-2-23 所示。

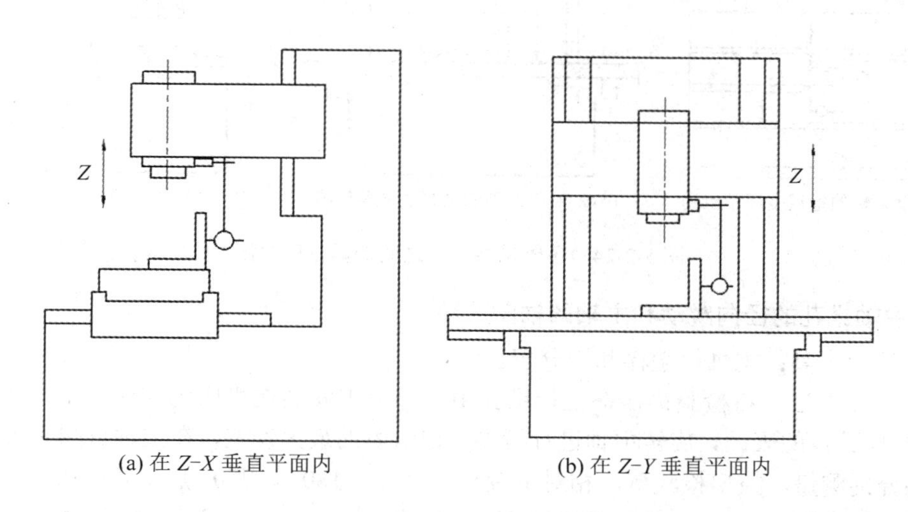

(a) 在 Z–X 垂直平面内　　(b) 在 Z–Y 垂直平面内

图 5-2-23　Z 轴轴线运动的直线度误差测量

5. 各轴轴线运动之间的垂直度

检测的项目包括 Y 轴和 X 轴的垂直度检测、Z 轴和 X 轴的垂直度检测和 Z 轴和 Y 轴的垂直度检测。

(1) 检验工具：大理石方尺和千分表。

(2) 检测方法：如图 5-2-24(a)所示为 Y 轴和 X 轴的垂直度误差检测方法，把大理石方尺水平安放在工作台面上，将千分表固定在主轴上，首先调整 X 轴方向基准面，然后将测头触及大理石方尺的 Y 轴的侧面，移动机床 Y 轴，千分表的最大误差即为 Y 轴轴线与 X 轴轴线运动之间的垂直度误差。

如图 5-2-24(b)所示为 Z 轴和 X 轴的垂直度误差检测方法，把大理石方尺平行于 X 轴方向安放在工作台面上，将千分表固定在主轴上，将测头触及大理石方尺的侧面，移动机床 Z 轴，千分表的最大误差即为 Z 轴轴线与 X 轴轴线运动之间的垂直度误差，取 X 轴方向的 3 个不同位置测量值的平均值。

如图 5-2-24(c)所示为 Z 轴和 Y 轴的垂直度误差检测方法，把大理石方尺平行于 Y 轴方向安放在工作台面上，将千分表固定在主轴上，将测头触及大理石方尺的侧面，移动机床 Z 轴，千分表的最大误差即为 Z 轴轴线与 Y 轴轴线运动之间的垂直度误差，取 Y 轴方向的 3 个不同位置测量值的平均值。

(3) 允许的误差：在 500 mm 测量长度上，不超过 0.016 mm。

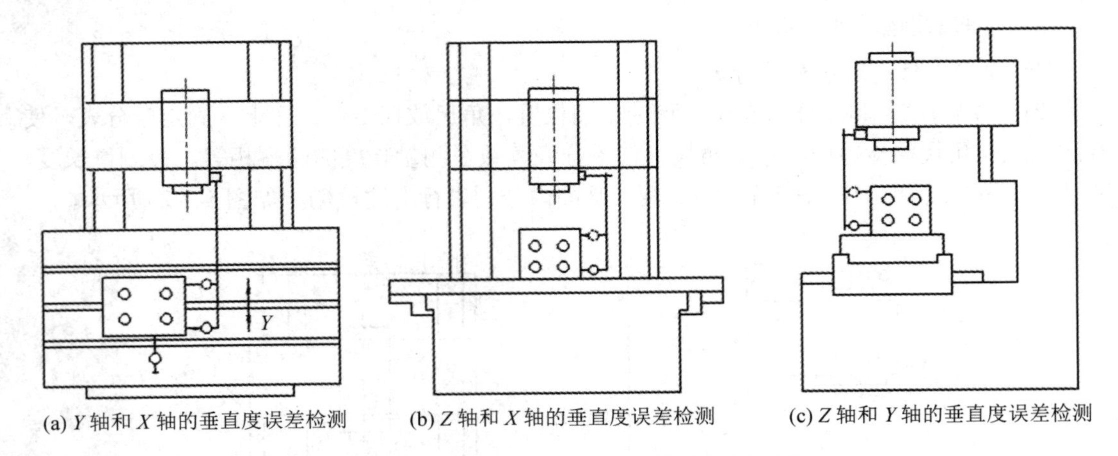

(a) Y 轴和 X 轴的垂直度误差检测　(b) Z 轴和 X 轴的垂直度误差检测　(c) Z 轴和 Y 轴的垂直度误差检测

图 5-2-24　各轴轴线运动之间的垂直度检测

6. 主轴锥孔的径向跳动和主轴的轴向窜动

(1) 检验工具：主轴检验棒和千分表。

(2) 检测方法：将检验棒插在主轴锥孔中，千分表安装在机床的工作台上，千分表的测头触及检验棒的表面，旋转主轴进行检测，记录表的最大误差，在主轴近端和远端(L 为 300 mm)分别测量。拔出检验棒，相对主轴旋转 90°、180°、270° 后重新插入主轴锥孔，在每个位置分别检测。取 4 次检测的平均值为主轴锥孔的径向跳动误差，如图 5-2-25(a)所示。

主轴的轴向窜动误差通过专用的检验棒测量，实际中也可以采用如图 5-2-25(b)所示的方法进行简单检测。在检验棒的端部放置钢球，通过杠杆表(千分表)的测头触及钢球，旋转主轴进行测量，千分表的最大误差即为主轴的轴向窜动误差。

(3) 允许的误差：主轴锥孔的径向跳动误差，近端误差不超过 0.01 mm，远端误差不超过 0.02 mm；主轴的轴向窜动误差不超过 0.02 mm。

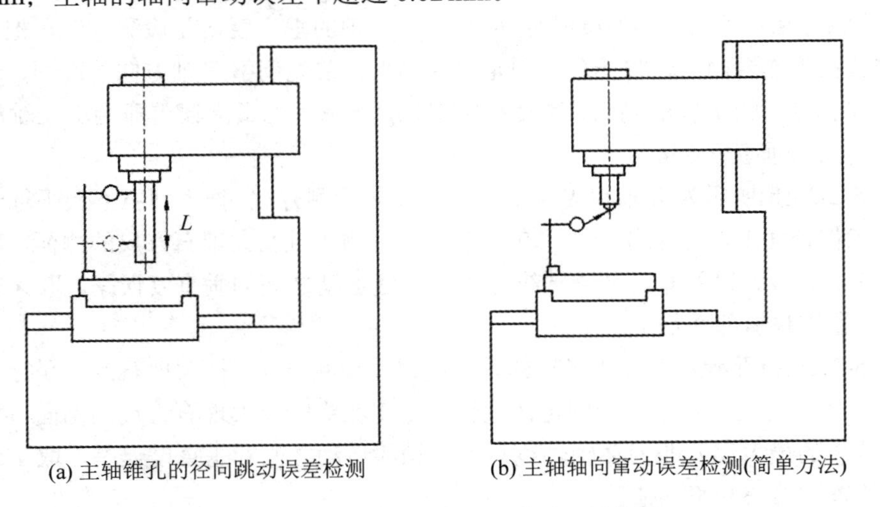

(a) 主轴锥孔的径向跳动误差检测　(b) 主轴轴向窜动误差检测(简单方法)

图 5-2-25　径向跳动和轴向窜动误差检测

任务实施

数控车床主轴顶尖跳动度检测(仿真)

数控车床主轴顶尖跳动度检测(仿真)的具体实施步骤如下：

(1) 运行上海宇龙公司数控机床结构原理仿真软件。

开启计算机后，启动数控机床结构原理仿真软件，依次选取“数控车床”→“主轴箱模块”→“装配”，进入机床结构仿真界面，如图 5-2-26、图 5-2-27 所示。

图 5-2-26　数控车床仿真界面

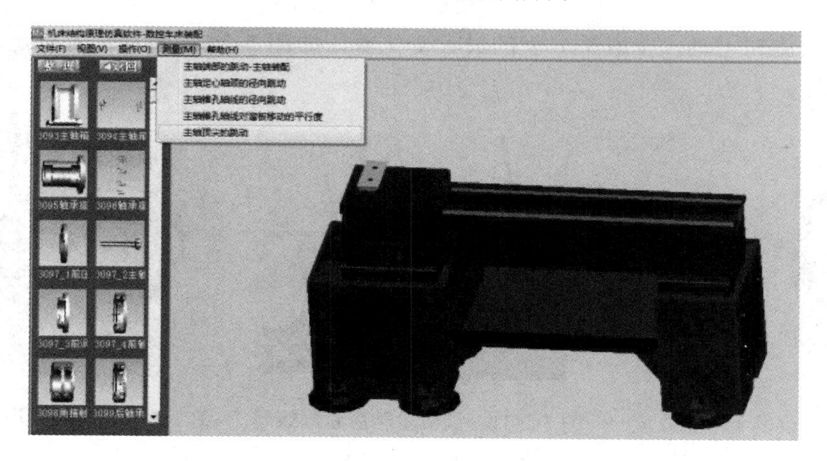

图 5-2-27　数控车床主轴精度检测界面

(2) 用抹布分别清洁主轴锥孔、主轴顶尖，安装主轴顶尖，如图 5-2-28 所示。

(a) 清洁主轴锥孔

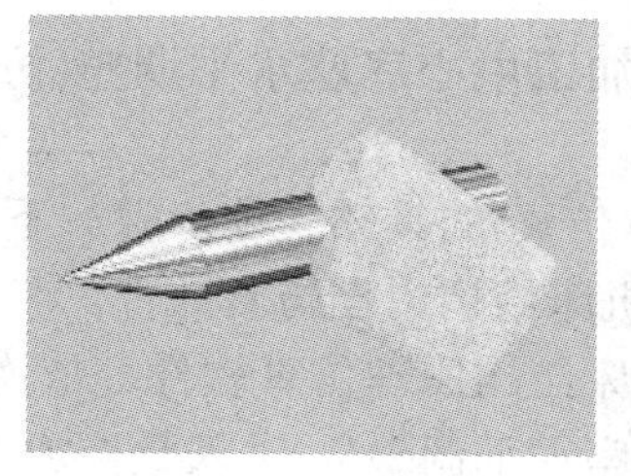

(b) 清洁主轴顶尖

(c) 安装主轴顶尖

图 5-2-28　清洁主轴锥孔及顶尖

(3) 移动溜板靠近主轴，安装千分表及表座，将表头垂直触及顶尖锥面，适量压表，并将表调零，如图 5-2-29 所示。

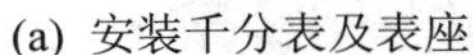

(a) 安装千分表及表座

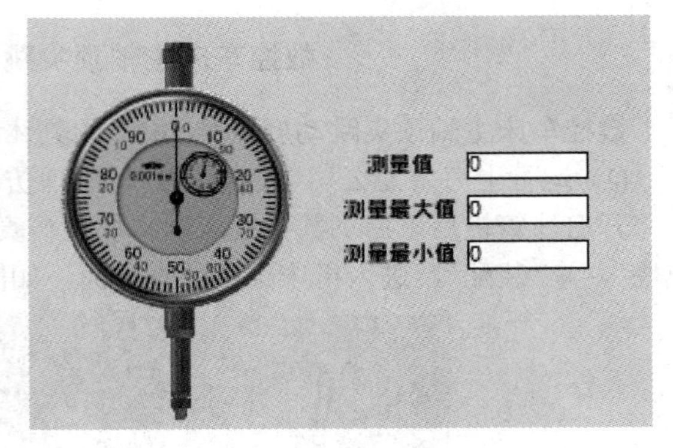

(b) 千分表调零

图 5-2-29　安装千分表及表座

(4) 用手转动主轴两圈以上，读取千分表的最大变化量，顶尖的跳动度误差为千分表读数的最大变化量除以 $\cos\alpha$(α 为顶尖锥角的一半)，如图 5-2-30 所示。

(5) 若主轴顶尖跳动度超过 0.015 mm，则用月牙扳手调节主轴后紧固螺母，如图 5-2-31 所示。

(6) 再次旋转主轴，读取千分表的最大变化量，如图 5-2-32 所示，若满足精度要求，则完成检测。

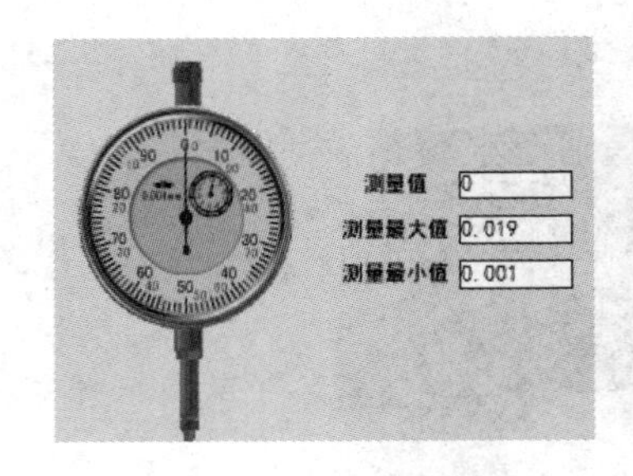

图 5-2-30　读取千分表数值

图 5-2-31　调节主轴后紧固螺母

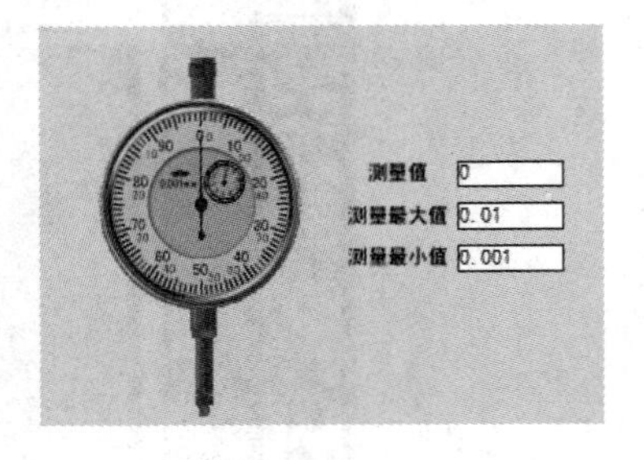

图 5-2-32　再次读取千分表数值

(7) 拆除千分表、顶尖，清洁百分表并入盒，清洁主轴顶尖并涂油、入盒，整理数控车床。

数控加工中心底座水平调整(仿真)

数控加工中心底座水平调整(仿真)的具体实施步骤如下：

(1) 运行上海宇龙公司数控机床结构原理仿真软件。

开启计算机后，启动数控机床结构原理仿真软件，依次选取“数控加工中心”→“底座”→“装配”→“测量”→“底座水平调整”，进入数控加工中心仿真界面，如图 5-2-33、图 5-2-34 所示。

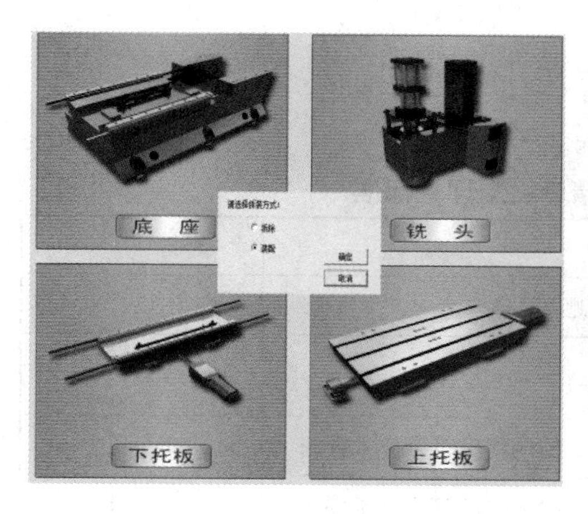

图 5-2-33　数控加工中心仿真界面

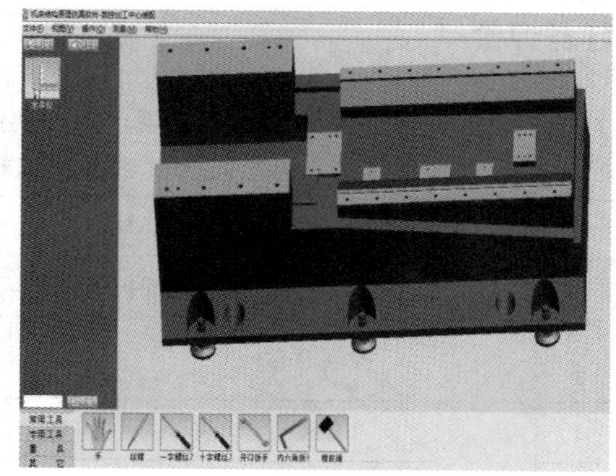

图 5-2-34　数控加工中心底座调整界面

(2) 在水平和垂直方向分别放置水平仪，根据水平仪的初始状态(见图 5-2-35)，可判断出机床底座后面右脚偏高。采用开口扳手拧松底座螺母，调节底座螺杆，使底座处于水平状态，如图 5-2-36、图 5-2-37、图 5-2-38 所示。

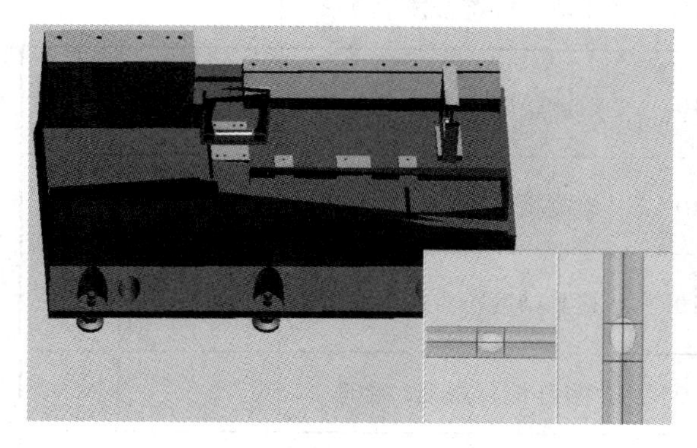

图 5-2-35　水平仪初始状态

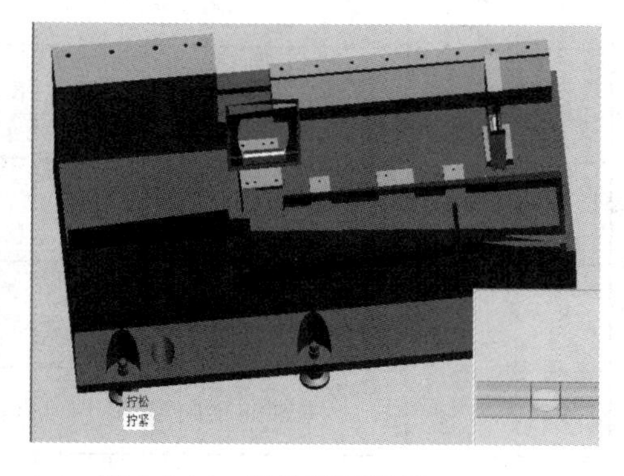

图 5-2-36　拧松底座螺母

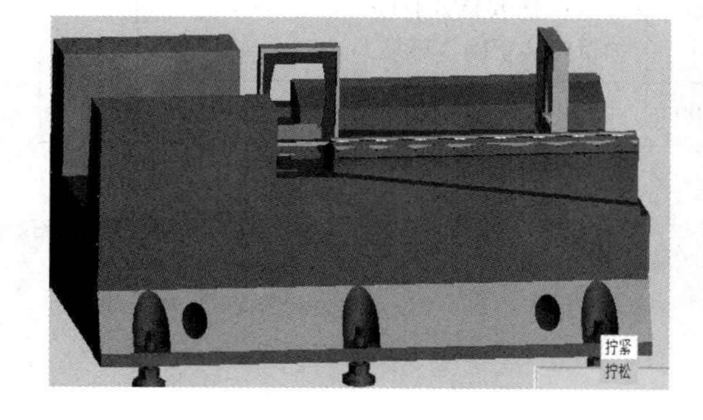

图 5-2-37　调节底座螺杆

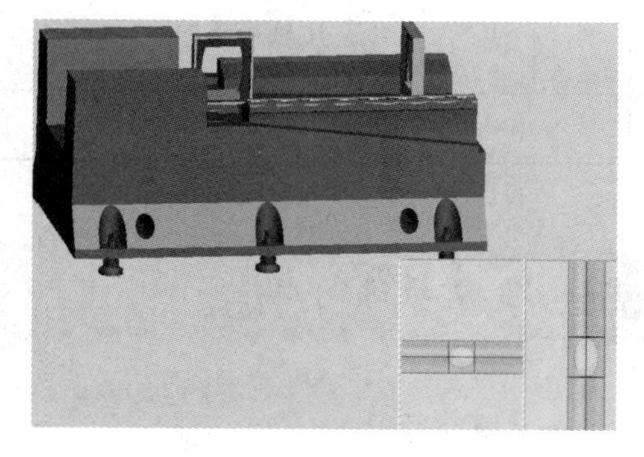

图 5-2-38　底座调平

(3) 用开口扳手拧紧底座螺母，拆除水平仪。

任务评价

数控机床精度检测评分标准如表 5-2-1 所示。

表 5-2-1　数控机床精度检测评分标准

班级：		姓名：			学号：	
任务 5.2　数控机床精度检测					实物图：	
序号	检测内容		配分	检测标准	评价结果	得分
1	数控机床精度检测	机床水平调整	15	检测精度符合技术要求		
2		X 轴轴线运动的直线度	10	检测精度符合技术要求		
3		Y 轴轴线运动的直线度	10	检测精度符合技术要求		
4		Z 轴轴线运动的直线度	10	检测精度符合技术要求		
5		X 轴与 Y 轴的垂直度	10	检测精度符合技术要求		
6		X 轴与 Z 轴的垂直度	10	检测精度符合技术要求		
7		Z 轴与 Y 轴的垂直度	10	检测精度符合技术要求		
8		主轴锥孔的径向跳动	10	检测精度符合技术要求		
9		主轴的轴向窜动	10	操作流程规范、合理		
10	文明生产	工具保养、摆放、主轴箱防护罩	5	工量具擦净，上油均匀、适量；摆放整齐有序；防护罩安装正确、可靠		
综合得分			100			

思考与练习

一、填空题

1. 定位精度的检验在一般精度标准上规定了 3 项，分别为____________，____________，反向偏差值。

2. 机床的几何精度________________和热态时是有区别的。

二、选择题

1. 数控机床切削精度检验____________对机床几何精度和定位精度的一项综合检验。

A. 又称静态精度检验，是在切削加工条件下

B. 又称动态精度检验，是在空载条件下

C. 又称动态精度检验，是在切削加工条件下

D. 又称静态精度检验，是在空载条件下

2. 用游标卡尺测量孔的中心距，此测量方法为__________。

A. 直接测量　　B. 间接测量　　C. 绝对测量　　D. 比较测量

3. 数控机床的位置精度主要指标有____________。

A. 定位精度和重复定位精度　　B. 分辨率和脉冲当量

C. 主轴回转精度　　D. 几何精度

4. 工作台定位精度测量时应使用___________。

A. 激光干涉仪　　B. 百分表　　C. 千分尺　　D. 游标卡尺

5. 车床主轴轴线有轴向窜动时，对车削_________精度影响较大。

A. 外圆表面　　B. 丝杆螺距　　C. 内孔表面　　D. 外圆表面

6. 车床主轴在转动时若有一定的径向圆跳动，则工件加工后会产生_________的误差。

A. 垂直度　　B. 同轴度　　C. 斜度　　D. 粗糙度

7. 数控机床几何精度检查时首先应该进行__________。

A. 连续空运行试验　　B. 安装水平的检查与调整

C. 数控系统功能试验　　D. 上电测试

三、简答题

1. 数控车床几何精度检测指标有哪些？

2. 简述数控车床与主轴有关的几何精度检测方法。

附录A　职业院校技能竞赛实操试题

数控机床装调与技术改造赛项

任务1：数控机床电气设计与安装(10分)

题目：正确绘制“排屑电动机电气控制”原理图，包括排屑电动机控制主电路、排屑控制输入/输出回路和排屑电动机报警回路的设计、接线及调试。

根据现场提供的器件、工具及资料，绘制“排屑电动机电气控制”原理图，包括排屑电动机控制主电路、排屑控制输入/输出回路、排屑电动机报警回路，并按照电气原理图完成排屑机构正转与反转功能的接线与调试。

项目要求：

(1) 根据现场提供的元器件，正确设计绘制“排屑机构正反转”电气原理图。

(2) 在设备指定接线区域完成相应功能接线。

(3) 根据设计的电气原理图完成该部分电路接线，保证连接正确可靠，保证功能正常运行，设计图纸必须跟实际连接电路一致。

(4) 所有线号由选手自定义，所有线路必须经过端子排。

备注：

(1) 排屑电动机工作电源是三相380V AC。

(2) 系统PLC输入/输出信号如下：

排屑电动机正转输出信号为Y0.0，排屑电动机反转输出信号为Y0.1。

(3) 电源接口信息说明：

外部电源380V AC交流电输入端口如下(从端子排上取用)：

火线1——线号L1；火线2——线号L2；火线3——线号L3；零线——线号N

由选手根据题目自行取用，完成设计后，先由裁判与技术人员确认后，方能插上安全线进行上电。

要求：

(1) 电气原理图绘制整齐、位置排布合理、图面清晰，表示方法符合规范，原理图上应有识别标记或标注。

(2) 根据设计的电气图纸完成该部分电路的连接工作，保证连接正确可靠。连接线上应有识别标记或标注。

(3) 接线前的准备工作要充分，接线时工具使用正确。

(4) 接线符合工艺要求，凡是连接的导线，必须压接接线耳，套上赛场提供的号码管，实物编号和原理图编号要一致。

(5) 电路接线规范，符合GB 50254—2014电气装置安装工程低压电器施工及验收规范。

注意：选手在设备上电前需先自行检查所连接线路的正确性，并经裁判或现场技术人员检查无误后方可通电运行。当技术人员或裁判发现有虚接、错误连接，可能导致电源或负载短路、设备损坏或人员安全问题时，可以终止选手通电。

任务2：数控机床机械部件装配与调整(10分)

题目：主轴的装配、检测与调整。

1. 工件准备与清洁(0.5分)

对零件摆放区的主轴零部件进行清点、核对，并按照正确的工艺步骤清洁，按照安装工艺步骤将零部件整齐码放到装配区，如发现零部件上有毛刺，按照正确的工艺方法去除毛刺。

2. 主轴轴承安装(1.5分)

根据主轴安装工艺要求安装主轴轴承，正确选择轴承安装方向，轴承组对形式正确。

3. 主轴轴承回转精度调整(1分)

调整前轴承外环与主轴后轴承轴径接触圆之间回转游隙，确认安装完成后，请裁判确认回转精度。

(1) 测量前轴承外环与主轴后轴承轴径接触圆之间回转跳动Δr，并将实测值填入记录表中。

(2) 测量前轴承外环端面跳动Δa，并将实测值填入记录表中。

4. 前轴承锁紧螺母锁紧(1.5分)

在确认轴承的轴向预紧完成后，在记录表上写出：

(1) 前轴承预紧力(N·m)；

(2) 后轴承预紧力(N·m)。

请将赛场力矩扳手调至前轴承预紧力矩值，并申请裁判确认(仅验证选手掌握力矩扳手的调整和使用)。

注：选手实际预紧主轴前、后锁紧螺母时要使用赛位提供的钩扳手。

5. 实测主轴套筒端面到主轴前轴承外环的深度(1.5分)

实测主轴套筒端面到主轴前端盖凹台的深度，测量步骤如下：

(1) 用深度尺测量主轴套筒端面到主轴套隔台的深度K_1。

(2) 根据主轴安装工艺卡测量K_2。

(3) 按照工艺要求计算$K = K_2 - K_1 + A$。

(4) 检验单锥孔跳动Δs。

(5) 将上述实测值填入记录表。

要求：机械主轴的装配、检测与调整应符合赛卷提供的主轴装配工艺图中的要求。

6. 机械主轴与主轴测试台对接安装(2分)

(1) 将主轴安装在赛场提供的主轴测试架上。

(2) 在电机座上安装交流异步电动机。

(3) 预装弹性联轴节(对接两轴)。

(4) 调整交流异步电机轴与主轴传动芯轴的同轴度。

(5) 锁紧联轴器。

要求：

(1) 机械主轴本体应符合主轴安装工艺要求，机械主轴在测试台上应调整至主轴中心线与电机轴中心线同轴，联轴节安装规范。

(2) 调整电机轴与主轴传动芯轴同轴，选手可采用百分表或千分表检测。

(3) 在异步电机安装时提供 0.01 mm、0.02 mm、0.05 mm 铜皮和 0.2 mm、0.4 mm、0.5 mm 规格 U 形垫片作调整垫，请合理选用。

(4) 当电机轴与主轴传动芯轴同轴度＞0.3 mm 时，不允许带电旋转。

7. 简述主轴安装工艺并写入记录表中(2 分)

任务 3：数控机床故障诊断与维修(15 分)

1. 立式数控机床技术指标

立式数控机床技术指标如附表 1 所示。

附表 1　立式数控机床技术指标

序号	名　称		单位	参数	备注
1	三轴行程	*X* 轴最大行程	mm	600	
2		*Y* 轴最大行程	mm	400	
3		主轴最前端面到工作台面(最小)	mm	170	
4		主轴最前端面到工作台面(最大)	mm	590	
5		主轴中心线到立柱前面距离	mm	456	
6	工作台	T 形槽(槽数 × 槽宽 × 槽距)	mm	3 × 18 × 125	
7		工作台最大载重	kg	300	
8		工作台尺寸	mm	700 × 420	
9	主轴	主轴最高转速	r/min	10000	
10		主轴电机功率	kW	7.5	
11		主轴锥口类型		BT40	
13	速度	切削进给速度(*X*/*Y*/*Z*)	mm/min	≥1～10000	
14		快速移动速度(*X*/*Y*/*Z* 轴)	m/min	48	
15	丝杠	丝杠螺距	mm	16	
16	冷却			有气冷	
17	气压		MPa	0.5～0.8	
19	机床精度	定位精度(*X*/*Y*/*Z*)	mm	≤0.016	
19		重复定位精度(*X*/*Y*/*Z*)	mm	≤0.01	
20	机床重量		kg	2500	
21	外形尺寸		mm	2120 × 1880 × 2300	
22	刀库类型			斗笠式(BT40-12T)	

2. 故障排查注意事项

(1) 故障排查涉及系统参数、伺服参数及PLC程序，以解除报警、准确实现功能动作作为完成任务的标志。根据附表2第三列的“技术指标检验标准”排除故障，并将故障现象、故障原因及修正参数写入到记录表中(每个故障申请排除倒扣2分)。

(2) 此任务12道题前后故障关联，例如：紧急停止报警可能是由紧急停止信号和伺服使能或主轴报警共同造成的，最终效果以解除所有报警、附表2第三列技术指标验证通过为标准。

(3) 将数控系统故障排查过程记入排查记录表中(每个故障申请排除倒扣2分)。

附表2　故障表

序号	检查事项	技术指标检验标准	配分
1	数控系统上电正常	正常外部电气接线	
2	屏幕出现报警	屏幕出现FSSB报警及其他报警，解除	
3	轴移动正常	在点动(JOG)或手轮、快速方式下机床无动作或者动作有误，解除	
4	伺服移动方向正确	*X*/*Y*/*Z*轴在JOG方式下作+/-移动，确认轴运动方向符合立式数控机床相关坐标定义标准	
5	分别用手轮、JOG方式或MDI方式移动*X*轴1.5mm，确认距离是否准确，如果移动距离不准确，则需调整	检测手轮或MDI方式下进给轴移动的实际距离与显示数值是否相等	
6	进给轴倍率修调正确	手动(JOG)速度为100%时，机床运行速度为3000mm/min	
7	主轴旋转方向、速度、倍率正确，无报警	在MDI方式下，执行M03 S500指令，确认主轴实际旋转、显示的转速值，如不正确，调整至正确	
8	确认主轴转速是否正确	在MDI方式下，执行M03 S500指令，确认主轴旋转方向和转速值；如不正确，调整至正确	
9	主轴定向准确	在MDI或自动方式下执行M19指令时主轴定向	
10	进给倍率修调	移动各进给轴，在F0/F25/F50/F100状态时，速度按照F0/F25/F50/F100增速	
11	进给伺服报警	解除SV0417报警	
12	进给功能是否有效	修改梯形图，使自动或MDI方式下，执行加工程序时，主轴速度到达信号有效。(主轴不转时，进给轴不能在自动或MDI方式下移动)	

任务 4：虚拟制造仿真(10 分)

1. 选手使用赛场提供的仿真软件，编写 PMC 程序，实现智能制造虚拟仿真软件自动化连贯动作

根据附图 1 所示的工作流程要求完成机床上、下料动作的程序编写。

(1) 自动方式(MEM)下执行 M50 指令后，机床返回第二参考点位置，其机械坐标为 X：−250，Y：−20，Z 轴坐标不进行更改。

(2) 上述流程中机床返回第二参考点和启动真实机床加工动作与仿真软件中机床动作功能同时实现。

(3) 流程中字体为斜体加下画线的部分均为在执行前一步流程后，软件中自动实现的。

2. 按照工作流程，可自动连续实现 3 个毛坯的加工入库，3 个流程结束后自动停止

(1) 真实机床加工将执行 G03 I-8. F500 动作。

(2) 编程所需软件与系统互联地址如附表 3 所示。

(3) 按要求进行操作数控验证。

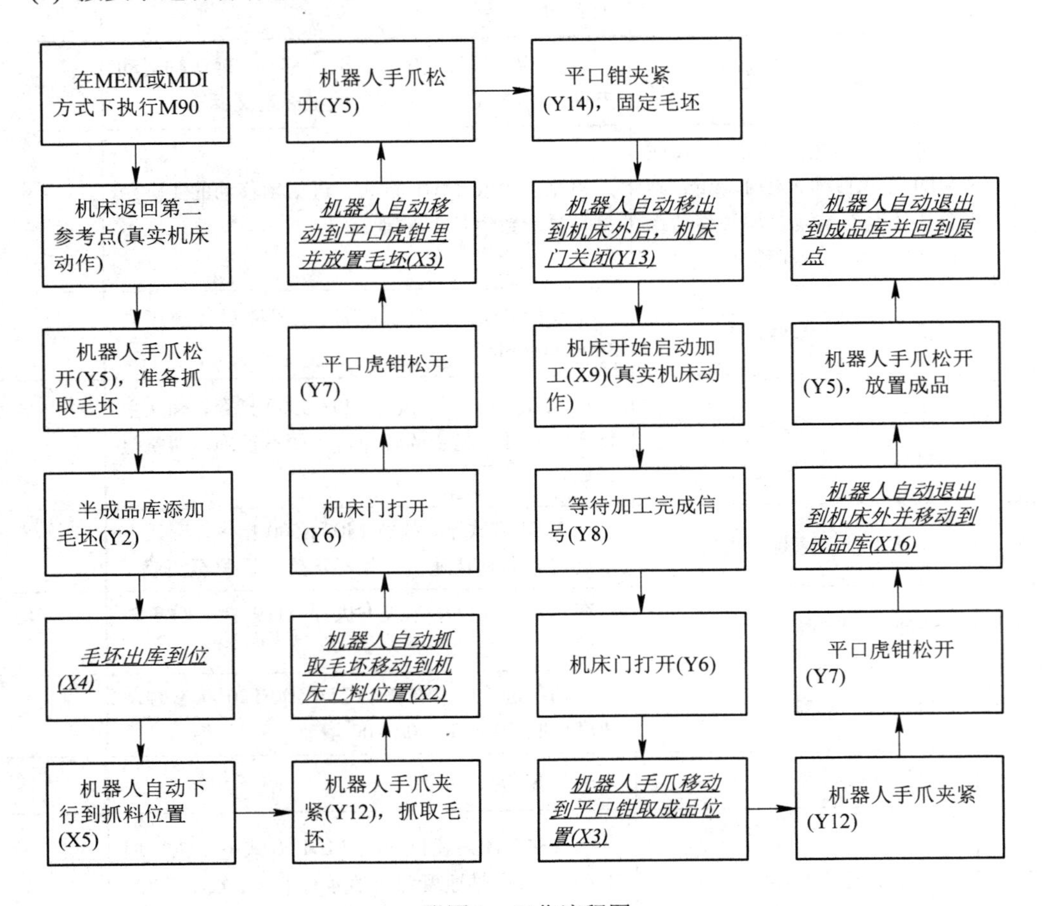

附图 1　工作流程图

附表3 软件与系统互联地址

地址	含 义	仿真→机床	地址	含 义	机床→仿真
X2	机器人到达机床上料位置	X0.0	Y2	添加毛坯	Y0.0
X3	机器人手爪到达平口钳位置	X0.1	Y5	机器人手爪松开	Y0.1
X4	机器人移动到传送带抓料位置上方	X0.2	Y6	机床门打开	Y0.2
X5	机器人移动到传送带抓料位置	X0.3	Y7	平口钳松开	Y0.3
X9	机床启动加工	X0.4	Y8	机床加工完成信号	Y0.4
X10	机床门打开到位	X0.5	Y12	机器人手爪夹紧	Y0.5
X11	机床门关闭到位	X0.6	Y13	机床门关闭	Y0.6
X12	平口钳松开到位	X0.7	Y14	平口钳夹紧	Y0.7
X13	平口钳夹紧到位	X1.0			
X16	移动到成品放置位置	X1.1			

任务5：数控机床技术改造与功能开发(30分)

1. 加装智能制造工件测头，并用环规校准(8分)

根据所提供的测头，按照附表4第三列要求完成各项任务。

附表4 测头操作过程

序号	项 目	要 求
1	放置测头接收器	将测头接收器固定于电气柜顶部合适位置
2	测头电气连接	(1) 连接测头接收器电源线。 (2) 连接“工件测头开启”信号线至PLC输出点，并在PLC中编辑相应M代码开启/关闭测头的梯形图。 (3) 连接“测头状态”信号线至数控系统测量输入点。 (4) 在MDI下开启测头，输入测量信号测试指令“G91G31X50F50”，用手触碰测头测针，检查机床是否停止运动
3	测针对中调整	利用百分表或千分表调整测针圆跳动，使之不超过0.03 mm
4	测头径向标定	(1) 用磁铁固定或利用工作台上的台钳轻夹自备环规，保持上表面平行工作台面。 (2) 将测头装至机床主轴，并手动定位至环规大约中心位置，测球要低于环规上表面。 (3) 测头开启，执行代码M85。 (4) MDI 编写并执行测头标定宏程序： G65P9901M102.D； 其中，D为环规准确直径；标定结果位于#500，#501，#502，#503。 (5) 测头关闭，执行代码M86
5	环规直径测量	(1) 用磁铁固定或利用工作台上的台钳轻夹自备环规，保持上表面平行工作台面。 (2) 将测头装至机床主轴，并手动定位至环规大约中心位置，测球要低于环规上表面。 (3) 测头开启，执行代码M85。 (4) MDI方式下执行 G65P9901M2.D_S。 其中，D为环规准确直径；S为更新的工件坐标系编号。注：#100用于存储环规直径测量值。 (5) 将环规直径值存储到#610，编写#610=#100 并执行。 (6) 测头关闭，执行代码M86

2. 连接变频器及主轴动态测试(8 分)

项目要求：将根据任务 2 装配好的机械主轴和异步电机在本节中连接至变频器，并通过机床 MDI 或操作面板备用键控制主轴分别以 200 r/min、500 r/min、800 r/min 的转速旋转，进行动态测试。

(1) 连接现场提供变频调速器，根据赛场提供的变频器技术资料最终实现：变频器动力输出端(电箱端子排)至交流电机；数控系统模拟指令电压接入变频器(电箱)端子排；系统正反转及公共端指令接入变频器(电箱)端子排。

要求：选手现场压接端子、标注线号(现场提供线号管)、接线，参见附图 2。

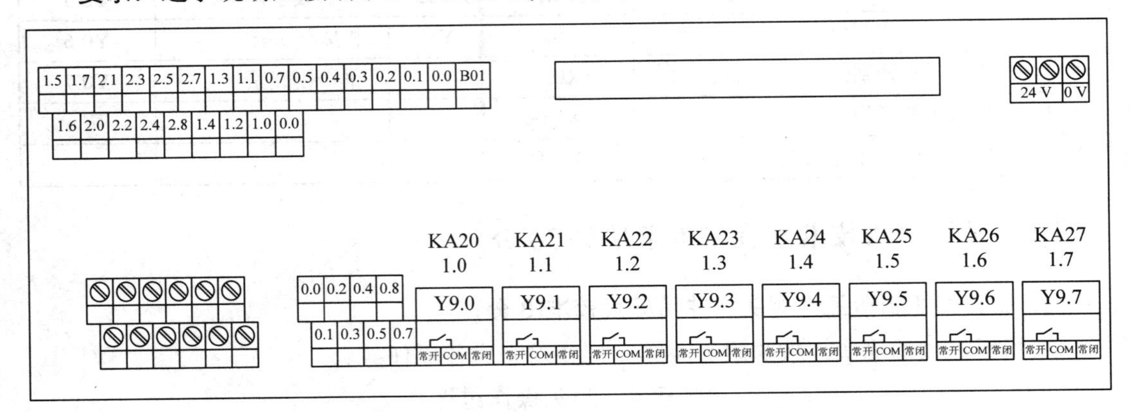

附图 2　模拟主轴正反转端子图

(2) 开通第二主轴，激活模拟主轴接口。开通模拟主轴功能，主轴运转后对主轴振动值进行检测，检测结果填入测试记录表中。

注：主轴芯轴和电机轴同轴度大于 0.3 mm 时不能进行此测试。

3. PC 与 CNC 互联互通(4 分)

根据现场提供的设备接口和以太网线，实现 PC 与 CNC(数控系统)的连接，如附表 5 所示。

附表 5　通 信 设 置

检查事项	技术指标检验标准	实现结果	配分
系统是否与 PC 联通	(1) IP 地址设置正确； (2) 硬件联通； (3) 通过数控机床的协议调用文件	在数控系统端操作，可将 PC 上的程序文件复制到数控系统	4 分

4. 完成指定功能开发(10 分)

编辑 PLC 程序，进行参数设置，实现：

(1) 通过 MDI 键盘输入 S 指令、M 指令控制主轴正/反转。

(2) 通过自定义机床操作面板的 5 个备用键分别作为“主轴正转”“主轴反转”“增速按钮”“减速按钮”“主轴停止”功能键，按下某个键后，其对应的按钮 LED 点亮，通过增速/减速按钮每按一次增/减速 10%，如附表 6、附表 7 所示。

(3) 将实现第二主轴功能以及实现主轴调速修改的参数、梯形图填入记录表中。

附表6 地 址 表

新定义内容	在操作面板上定义	输入地址	输出地址
主轴正转	K1	R901.4	R911.4
主轴反转	K2	R901.5	R911.5
增速按钮	K3	R901.6	R911.6
减速按钮	K4	R901.7	R911.7
主轴停止	X1000	R903.3	R913.3

附表7 指 令 表

分 类	正转/反转/主轴停	备 注
主轴指令	M102/M103/M104	也可自行定义未用M代码
主轴速度指令	S	

任务6：数控机床精度检测(10分)

本任务要求基于标准GB/T 17421.4—2016机床检验通则第4部分：数控机床的圆检验、GB/T 18400.2—2010(ISO10791-2：2001)加工中心检验条件第2部分：立式或者带垂直主回转轴的万能主轴头机床几何精度检验(垂直Z轴)和GB/T 17421.1—1998机床检验通则第1部分：在无负荷或精加工条件下机床的几何精度，对数控机床的圆度误差和几何精度进行检测。

1. 数控机床几何精度检测(5分)

项目要求：

(1) 依据GB/T 18400.2—2010(ISO10791-2：2001)精密加工中心检验条件(2)中的部分测量标准以及GB/T 17421.1—1998通用标准，利用所提供的工具、量具、检具，按照下列要求检测加工中心的几何精度，将检测的数据填入记录表中。

(2) 工具、量具、检具选用合理，使用方法正确。

(3) 几何精度检测指标。

① *X*轴轴线运动的直线度(G1项)。

② *Y*轴轴线运动和*X*轴轴线运动间的垂直度(G9项)。

③ 主轴轴线和*Z*轴轴线运动间的平行度(G12项)。

④ 主轴轴线和*X*/*Y*轴轴线运动间的垂直度(G14项)。

⑤ 工作台面和*X*/*Y*轴轴线运动间的平行度(G17项)。

2. 运动精度检测——用球杆仪检测圆轨迹运动精度(5分)

项目要求：按照附表8要求，使用球杆仪对机器某指定位置按GB/T 17421.4—2016或ISO230-4：2005标准要求测量*X*-*Y*平面的平面圆度(假定机器温度为20℃，膨胀系数为11.7)，并将检测数据写入记录表中。

附表 8　圆轨迹运动精度检测

序号	检 测 项 目	要　求
1	编制 *X-Y* 平面测试程序(可以借鉴仪器帮助手册中的已有程序)，并输入数控系统	半径：100 mm，进给速度 1000 mm/min
2	设定球杆仪测试中心	在机床上建立测试程序的坐标系原点
3	测试程序调试	不安装球杆仪运行测试程序
4	蓝牙连接调试	使用外置 USB 蓝牙模块将球杆仪与电脑连接起来
5	配置校准规	配置校准规，30～100 mm 中任意一种均可
6	安装球杆仪并测试	将球杆仪检测结果数据存放在 D：\选手文件夹\下面
7	按 GB/T 17421.4—2016 分析圆度误差	

任务 7：试切件加工及测量(15 分)

1. 试切件加工(10 分)

项目要求：根据现场提供的毛坯、加工图纸(见附图 3)及指定的加工内容，编制加工程序，完成试切件的切削。零件加工精度最终经三坐标测量后，结果记入试切件的编程与加工记录表中。

2. 工件在线测量(5 分)

项目要求：更换任务 5 中的在线测头，启动检测程序，调用圆检测宏指令，检测加工后的圆直径。

(1) 检测程序可以调用测量宏程序。

(2) 检测结果通过程序赋值到宏变量#100 中。

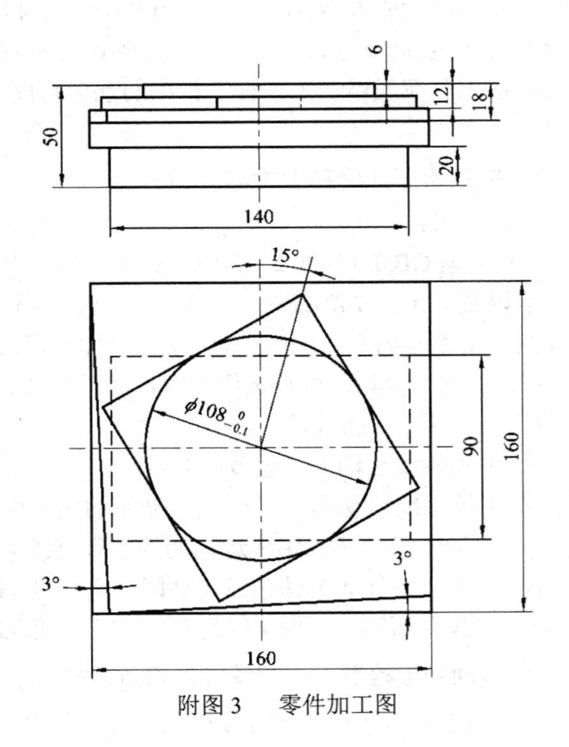

附图 3　零件加工图

附录B 1+X数控设备维护与维修(中级)实操考核任务书

说明：

1. 本试卷共100分，考试时间180分钟

2. 考生注意事项

(1) 考生须遵守生产管理制度，正确着装、文明操作，否则扣除安全文明生产得分，严重者取消考试资格，成绩记为0分。

(2) 考生须遵守安全操作规程，违反者扣除安全文明生产得分，若在实操过程中发生人身安全事故或严重设备事故，终止考试，成绩记为0分。

(3) 考生在考试过程中应听从安排，不得与工作人员、考评员和考试监督人员发生争执且不听劝阻，否则终止考试，成绩记为0分。

(4) 考生在考试过程中不得使用自带U盘及其他移动设备拷贝相关文件，不得使用相机、手机等对试题进行拍照，否则取消考试资格，成绩记为0分。

(5) 除表中有说明外，其他不限制各任务的先后顺序。

(6) 在考核中对试题内容有疑问，或是需要进行功能验证时，需举手示意，等待考评员前来处理。

(7) 除项目1，其他需要验证的任务以项目为单位，可以在考核过程中进行验证，验证所需时间不累加至考核时间，也可在考核结束后进行验证，不管采用哪种方式，一旦开始进行验证，则作为考核结果进行提交，不得再次进行任务实施。

(8) 如果在该任务表格有“跳过”选项时，代表该任务中没有完成的要求，需要执行功能恢复，考生可申请执行跳过，设备恢复时间计入考核时间。

(9) 不需要进行功能验证的任务，以试卷填写答案作为评分标准。

序号	项目名称	任务序号	说 明	现场功能验证	配分
1	项目1数控设备故障排查	任务	完成该任务后方可进行后续任务	需要	10
2	项目2数控装置维修	任务1	按任务要求完成，并申请确认后，方可进行后续任务	需要	10
		任务2	按任务要求完成	需要	10

续表

序号	项目名称	任务序号	说　明	现场功能验证	配分
3	项目 3 伺服驱动装置维修	任务 1	按任务要求完成	需要	8
		任务 2	按任务要求完成	需要	8
		任务 3	按任务要求完成	需要	14
4	项目 4 主轴装置与刀库、辅助装置维修	任务	需在项目 3 完成后，按任务要求完成	需要	8
5	项目 5 PLC 维修	任务 1	按任务要求完成	需要	8
		任务 2	按任务要求完成	需要	9
6	项目 6 精度测量与补偿	任务	需在项目 3 中任务 1 完成后，按任务要求完成	需要	10
7	项目 7 安全文明生产	任务	按任务要求完成	需要	5

项目 1：数控设备故障排查(10 分)

任务：数控设备线路故障与报警排查(10 分)

任务描述：登录数控设备考核系统，确认当前的报警或异常状态，按照任务要求排查电气线路故障，根据考核系统故障表查找故障点(只有一次答题机会)，填写故障原因记录表，保证数控设备开机处于正常无报警状态。

序号	任务要求	完成/跳过	考生签字	考评员签字
1	确保机床能够执行正常开关机操作(可跳过)			
2	消除 CNC 系统画面显示 SV1067 报警(可跳过)			

故障原因记录表

序号	故障原因	备注
1		
2		

项目 2：数控装置维修(共 20 分)

任务 1：数据备份/恢复(10 分)

任务描述：按照任务要求，选择正确的操作，完成数据的备份和恢复，完成后请现场考评员进行结果评定，完成任务后方可进行后续任务的实施。

序号	任务要求	完成/跳过	考生签字	考评员签字
1	首先将考核机床的 SRAM 数据打包备份至存储卡			
2	将存储卡上的参数文件(文件名 CNC-PARA.TXT)装载至 CNC 系统			
3	将存储卡上的 PMC 程序文件(文件名 PMC1.000)装载至 CNC 系统			

注：误操作删除故障盘原始文件，需扣除1分，并由考评员恢复故障盘文件。

任务2：操作履历信号记录(10分)

任务描述：按照任务要求，完成操作履历画面下的信号记录，并将记录数据输出至电脑，并在调试记录表中记录调试参数和信号。

序号	任务要求	完成/跳过	考生签字	考评员签字
1	开启操作履历画面显示功能			
2	在信号选择画面设定“单程序段”按键信号地址作为监控			
3	修改2号刀具偏置值为：长度10.00			
4	将刀偏修改后的操作履历数据输出至电脑，并标注出2号刀具偏置变更履历			

调试记录表

序号	调试数据(参数/信号)	备注
1		
2		
3		

项目3：伺服驱动装置维修(共30分)

任务1：虚拟第4轴追加(8分)

任务描述：按照任务要求，通过参数处理完成第4轴功能的追加，并在调试记录表中记录调试参数和信号。

序号	任务要求	完成/跳过	考生签字	考评员签字
1	设定参数使第4轴有效，轴名称为B轴			
2	设定参数使第4轴为旋转轴，具备旋转轴360度循环显示功能			
3	设定该轴最大切削速度为2000度/分钟，手动进给速度为10转/分钟，并在MDI和JOG方式下验证设定			

调试记录表

序号	调试数据(参数/信号)	备注
1		
2		
3		

任务2：机床伺服轴运行状态监控与测试(8分)

任务描述：按照任务要求，完成机床运行状态监控以及运行测试，排查并解决功能验证中出现的问题，在调试记录表中记录调整参数或信号。

序号	任务要求	完成/跳过	考生签字	考评员签字
1	在USER文件夹下的LIBRARY文件夹下严格按照如下格式编写测试程序(程序名注释必须有): 09002 (TEST); G00X-50; IF[#1000 EQ 1]GOTO10; /S100M03; G01X-100.F500; N10M30;			
2	开启“程序段跳过”，运行测试程序(可跳过)			
3	通过参数调整消除运行中出现的 SV411 超差报警			
4	开启伺服监控画面，监控运行中 X 轴电机运行状态，记录运行中出现的最大跟随误差、电机最高转速(转/分钟)			

调试记录表

序号	调试数据(参数/信号)	备注
1		
2		
3		
4		

任务 3：完成试切件加工(14 分)

任务描述：如附图 4 所示，毛坯是 100 mm × 100 mm × 100 mm 铝合金材质，粗加工已经完成，侧面加工余量为 0.5 mm，底面已完成精加工，按照任务要求完成试切件加工。

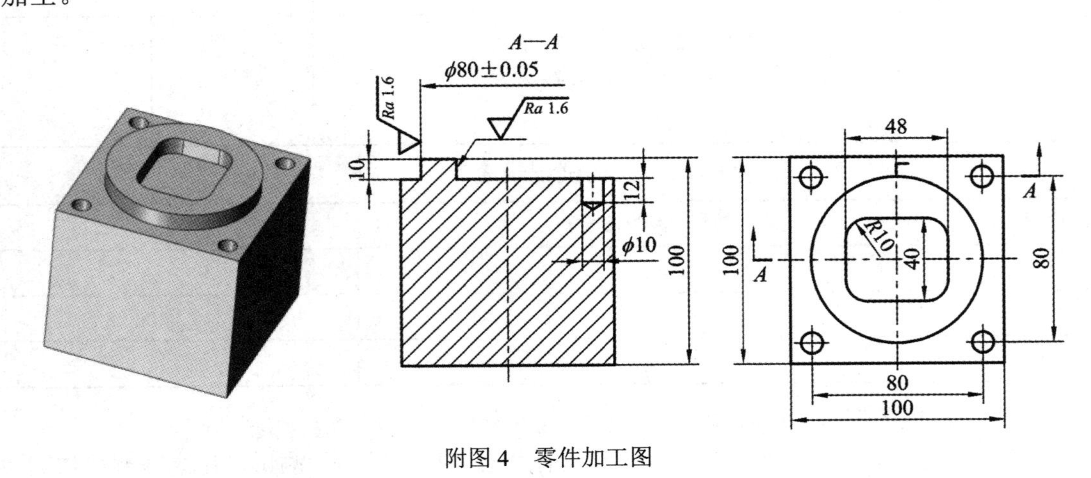

附图 4　零件加工图

序号	任务要求	完成/跳过	考生签字	考评员签字
1	在对应的视图位置标注工件原点坐标			
2	使用 D8 的立铣刀切削ϕ80 外轮廓，编写加工程序并进行切削，直至达到尺寸要求			
3	使用 D8 的立铣刀切削 48 × 40 凹槽内轮廓，编写加工程序并进行切削，直至达到尺寸要求			
4	进行内外轮廓加工时，需要使用刀具半径补偿，完成时需取消			
5	在内外轮廓加工时，设定检测点，加工程序可停止，进行尺寸检测			

调试记录表

序号	调试数据(加工程序)
1	
2	

项目 4：主轴装置与刀库、辅助装置维修(共 8 分)

任务：主轴与刀库功能验证(8 分)

任务要求：按照任务要求完成主轴操作，排查并解决功能验证中出现的问题，在调试记录表中记录调整参数或信号。

序号	任务要求	完成/未完成/跳过	考生签字	考评员签字
1	执行 S200M03 指令，确认主轴正常旋转(可跳过)			
2	开启主轴监控画面，记录执行 S200M03 指令时，当前主轴电机转速			
3	使用主轴电机内置传感器作为定向检测器件，确定主轴定向执行			
4	执行主轴位置 2048(诊断 445)的定向调整			

调试记录表

序号	调试数据(参数/信号)	备　注
1		
2		
3		
4		

项目 5：PLC 维修(共 17 分)

任务 1：梯形图与信号监控操作(8 分)

任务描述：按照任务要求完成信号跟踪操作，在调试记录表中记录调试参数或信号。

序号	任务要求	完成/未完成	考生签字	考评员签字
1	以周期为 8 ms 的采样方式记录 R9091.5 和 R9091.6 信号变化，启动并检验信号追踪			
2	“循环暂停”键松开后停止信号的追踪			
3	计算 R9091.5 和 R9091.6 信号周期			

调试记录表

序号	调试数据(参数/信号)	备　注
1		
2		
3		
4		

任务 2：按照任务要求完成外部报警的排查(9 分)

序号	任务要求	完成/未完成	考生签字	考评员签字
1	检索出 EX1090ALM12345 外部报警对应的 A 寄存器地址，并记录在调试记录表上			
2	检索梯形图，查询出 EX1090 报警所对应的 X 地址，并记录在调试记录表上			
3	通过强制操作，使该外部报警有效			

调试记录表

序号	调试数据(参数/信号)	备　注
1		
2		
3		
4		

项目6：精度测量与补偿(共10分)

任务：几何精度测量

任务描述：按照任务要求完成以下机床几何精度的测量，并将测量的精度值填写在调试记录表中。(10分)

序号	任务要求	完成/未完成	考生签字	考评员签字
1	数控设备水平调试，并记录测量结果至调试记录表			
2	检测 *Z* 轴与主轴轴线在 *X-Z* 平面内的平行度，并记录测量结果至调试记录表			
3	检测主轴径向跳动，并记录测量结果至调试记录表			

调试记录表

序号	调试数据(参数/信号)	备　注
1		
2		
3		
4		

项目7：安全文明生产(共5分)

序号	检查项目	完成/未完成	考生签字	考评员签字
1	着装规范			
2	遵循安全操作规程			
3	工作结束后清理现场			

参 考 文 献

[1] 韩鸿鸾，董先. 数控机床机械系统装调与维修一体化教材[M]. 北京：机械工业出版社，2017.
[2] 孙大海，徐国权. 数控机床机械装调与维修[M]. 南京：江苏教育出版社，2013.
[3] 朱强，赵宏立. 数控机床故障诊断与维修[M]. 北京：人民邮电出版社，2019.
[4] 谢尧，陆齐炜. 数控机床机械部件装配与调整[M]. 北京：机械工业出版社，2017.
[5] 龚仲华. 数控机床装配与调整[M]. 北京：高等教育出版社，2017.
[6] 郑小年. 数控机床装调与维修综合实训：全国职业院校技能大赛典型案例[M]. 北京：高等教育出版社，2012.
[7] 付承云. 数控机床安装调试及维修现场实用技术[M]. 北京：机械工业出版社，2011.
[8] 周兰，赵小宣. 数控设备维护与维修(中级) [M]. 北京：机械工业出版社，2020.